여
행
은

꿈
꾸
는
순
간
,

시
작
된
다

리얼
홋카이도

여행 정보 기준

이 책은 2023년 12월까지 수집한 정보를 바탕으로 만들었습니다.
정확한 정보를 싣고자 노력했지만, 여행 가이드북의 특성상
책에서 소개한 정보는 현지 사정에 따라 수시로 변경될 수 있습니다.
변경된 정보는 개정판에 반영해 더욱 실용적인 가이드북을 만들겠습니다.

한빛라이프 여행팀 ask_life@hanbit.co.kr

리얼 홋카이도

초판 발행 2023년 11월 20일
초판 2쇄 2024년 1월 8일

지은이 이무늬, 이근평 / **펴낸이** 김태헌
총괄 임규근 / **책임편집** 고현진 / **편집** 정은영 / **디자인** 천승훈, 이소연 / **지도** 조연경 / **일러스트** 김슬기
영업 문윤식, 조유미 / **마케팅** 신우섭, 손희정, 김지선, 박수미 / **제작** 박성우, 김정우

펴낸곳 한빛라이프 / **주소** 서울시 서대문구 연희로2길 62 한빛빌딩
전화 02-336-7129 / **팩스** 02-325-6300
등록 2013년 11월 14일 제25100-2017-000059호
ISBN 979-11-93080-13-9 14980, 979-11-85933-52-8 14980(세트)

한빛라이프는 한빛미디어(주)의 실용 브랜드로 우리의 일상을 환히 비추는 책을 펴냅니다.

이 책에 대한 의견이나 오탈자 및 잘못된 내용에 대한 수정 정보는 한빛미디어(주)의 홈페이지나 아래 이메일로
알려주십시오. 잘못된 책은 구입하신 서점에서 교환해 드립니다. 책값은 뒤표지에 표시되어 있습니다.

한빛미디어 홈페이지 www.hanbit.co.kr / 이메일 ask_life@hanbit.co.kr
페이스북 facebook.com/hanbit.pub / 포스트 post.naver.com/hanbitstory

지금 하지 않으면 할 수 없는 일이 있습니다.
책으로 펴내고 싶은 아이디어나 원고를 메일(writer@hanbit.co.kr)로 보내주세요.
한빛라이프는 여러분의 소중한 경험과 지식을 기다리고 있습니다.

홋카이도를 가장 멋지게 여행하는 방법

리얼 홋카이도

이무늬·이근평 지음

IB 한빛라이프

작가의 말

이무늬　배경여행가. 책, 영화, 드라마를 보고 주인공의 모습이 지워진 배경에 들어가 보는
여행을 하고 있습니다. 백과사전 회사에 다녔습니다. 건조하고 차가운 글을 쓰고 편집하는 일을
업(業)으로 삼으니, 촉촉하고 다정한 글을 찾고 쓰는 일이 낙(樂)이 되었습니다. 지금은 IT회사
에 재직 중입니다.

저서《다정한 여행의 배경》　**홈페이지** www.istandby4u2.com

2016년 12월 10일. 홋카이도에 역대급 눈 폭탄이 쏟아져 삿포로에는 29년 만에 최고 적설량인 65cm의 눈이 쌓였습니다. 오타루 운하 근처 작은 결혼식장에서 저희 부부(저자)는 결혼식을 올렸습니다. 그날, 신치토세 공항에 도착해야 했던 비행기 대부분이 결항해 가족과 친구들이 인천, 도쿄(신치토세 공항에 착륙할 수 없어 심지어 도쿄 나리타 공항까지 날아간 비행편도 있었습니다) 등지에서 발이 묶였습니다. 이들은 우여곡절 끝에 그날 자정이 돼서야 겨우 오타루에 도착했습니다. 그러면서도 다들 "평생 잊지 못할 결혼식"이라 했고, 누군가는 "내 결혼식보다 더 기억에 남을 것 같다"며 따뜻하게 웃었습니다.

저희 이야기를 '브런치 스토리'에서 보신 〈한빛라이프〉 출판사에서 홋카이도 가이드북 집필을 제안하셨을 때, 이곳에 대해 이야기한다면 꼭 둘이 함께해야 한다고 생각했습니다. 그때 그 '감사'에 빚을 갚아야 한다는 마음가짐도 한몫했습니다. 저희 둘은 홋카이도를 구석구석 돌아다니며 자연이 주인공인 홋카이도의 겨울 그리고, 봄·여름·가을 계절의 흐름을 카메라와 노트북에 차곡차곡 쌓아왔습니다.
취재와 집필 작업이 마무리될 때쯤 '코로나19'라는 역병이 발발했습니다. 하늘길이 막혔습니다. '언제 다시 여행이라는 것을 떠나는 날이 올까' 싶을 정도로 울적한 나날들이었습니다. 그리고 3년 만에 다시 신치토세 공항에 도착했습니다. 여전히 같은 자리에서 해맑게 웃고 있는 도라에몽의 모습에 어이없이도 눈물이 났습니다. 오랜 시간 세상의 빛을 보지 못하고 폴더 한구석에 숨죽이고 있던 원고와 사진들을 꺼냈습니다. 죽어있던 글에 새 생명을 불어넣는 기분으로 수많은 밤을 지새웠습니다. 드디어 독자들께 홋카이도의 매력을 소개할 수 있게 됐습니다.

요 몇 년간 일본 최북단 소야곶, 최동단 네무로 노삿푸곶까지 인구 몇 명 되지 않은 작은 마을까지 홋카이도 구석을 누볐습니다. 한 페이지, 한 페이지 온 힘을 다하고 싶었습니다. 고백하건대 책의 전체 분량으로 따지고 보면 그다지 효율적인 작업은 아니었습니다. 그래서 책이 완성되면 홋카이도에는 더 이상 가고 싶지 않을 것 같다는 생각도 들었습니다. 하지만, 아니죠. 지금 또 다시 신치토세 공항행 왕복표 가격을 알아보고 있습니다.
홋카이도는 광활한 땅덩어리가 매번 다른 얼굴을 보여주는 곳입니다. 집필 작업이 매번 새로웠던 이유입니다. 누구는 "아프니까 청춘"이라는데 저희는 "새로우니까 홋카이도"라고 까르르 웃곤 합니다. 가도 가도 지겹지 않고, 다녀오면 다녀올수록 그리워집니다. 어떤 여행지보다도 로맨틱한 곳입니다. 눈이 소복이 쌓인 순백하고 고요한 매력에 이끌려 결혼식까지 올린 저희처럼 많은 분들이 홋카이도의 낭만에 빠져보면 좋겠습니다.

ps. 책이 나오기까지 너무나도 오랜 시간이 걸린 것 같습니다. 오랜 시간 동안 기다려 주고 함께 고생해 준 한빛라이프 분들께 진심으로 감사드립니다.

이근평　여행을 좋아하는 편은 아닌 듯합니다. 다만 여행을 계획하고, 여행의 여운을 되새기는 건 누구 못지않게 좋아한다고 생각합니다. 차가운 뭔가를 캐묻고 글로 표현하는 일을 업으로 삼고 있습니다. 그러면서도 그 순간의 기록이 아닌, 앞뒤로 남을 기억을 항상 바랍니다. 저의 책도 그렇게 남으면 좋겠습니다.

저자와 직접 소통하는
〈리얼 홋카이도〉
여행 정보 공유방

일러두기

- 이 책은 2023년 12월까지 수집한 정보를 바탕으로 만들었습니다. 정확한 정보를 싣고자 노력했지만, 여행 가이드 북의 특성상 소개한 정보는 현지 사정에 따라 수시로 바뀔 수 있습니다. 여행을 떠나기 직전에 한 번 더 확인하시기 바라며 바뀐 정보는 개정판에 반영해 더욱 실용적인 가이드북을 만들겠습니다.

- 일본어 및 기타 외국어의 한글 표기는 국립국어원의 외래어 표기법을 따랐습니다.

- 대중교통 및 도보 이동 시의 소요 시간은 대략적으로 적었으며 현지 사정과 이용 교통수단, 개인의 스타일에 따라 달라질 수 있습니다.

- 이 책에 수록된 지도는 기본적으로 북쪽이 위를 향하는 정방향으로 되어있습니다. 정방향이 아닌 경우 별도의 방 위 표시가 있습니다.

주요 기호

🚶 가는 방법	📍 주소	🕐 운영 시간	¥ 요금	📞 전화번호
🏠 홈페이지	🚶 명소	🛍 상점	🍴 맛집	✈ 공항
JR JR역	🚇 지하철·전철역, 노면 전차 정류장			

모바일로 지도 보기

각 지도에 담긴 QR코드를 스마트폰으로 스캔하면 이 책에서 소개한 장소들의 위치가 표시된 지도를 볼 수 있습니다. '지도 앱으로 보기'를 선택하고 구글 맵스 앱으로 연결하면 거리 탐색, 경로 찾기 등을 더욱 편하게 이용할 수 있습니다. 앱을 닫은 후 지도를 다시 보려면 구글 맵스 애플리케이션 하단의 '저장됨' – '지도'로 이동해 원하는 지도명을 선택합니다.

리얼 시리즈 100% 활용법

PART 1
여행지 개념 파악하기

홋카이도에서 꼭 가봐야 할 장소부터 여행 시 알아두면 도움이 되는 도시 및 지역 특성을 소개합니다. 기초 정보부터 추천 코스까지 홋카이도 여행을 미리 그려볼 수 있는 정보를 담았습니다.

PART 2
테마별 여행 정보 살펴보기

홋카이도를 조금 더 깊이 들여다볼 수 있는 읽을거리를 담았습니다. 키워드별로 모아 보는 볼거리부터 먹거리, 쇼핑까지 여행지의 매력을 다채롭게 들여다 봅니다.

PART 3~4
지역별 정보 확인하기

홋카이도의 관광 명소, 음식점, 카페, 술집, 상점 등을 자세히 안내합니다. 홋카이도 여행의 중심 도시인 삿포로부터 오타루, 아사히카와, 비에이, 후라노, 하코다테 등 굵직한 여행지는 물론 비교적 먼 외곽 지역까지 빠짐없이 소개합니다.

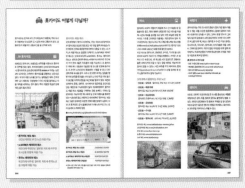

PART 5
실전 여행 준비하기

여행 준비부터 홋카이도 내 이동, 숙소 선택과 예약 등 여행 전 알아두면 좋은 내용을 담았습니다. 특히 온천 이용과 렌터카 대여 & 운전 관련 팁도 함께 담아, 여행을 보다 든든하게 준비할 수 있습니다.

Contents

홋카이도를 품에 안는 추천 코스

PART 2

가장 멋진
홋카이도 테마 여행

PART 3

진짜 홋카이도를
만나는 시간

PART 4

홋카이도 외곽을 가장 멋지게 여행하는 방법

PART 5

실전에 강한 여행 준비

PART 1

미리 보는
홋카이도

우리를 부르는
홋카이도의 장면 열 가지

Scene 1

아직 아무도 걷지 않은 순백의 눈길

Scene 2

오도리 공원에 앉아 바라보는
삿포로 TV탑

Scene 3

뜨듯한 온천물에 앉아 푸는
여행의 피로

Scene 4
마음까지 취하는 보랏빛 라벤더 향기

Scene 5
세상에서 제일 진한 우유 맛 아이스크림

Scene 6
생각지도 못한 순간에 갑자기
마주치는 동물들

Scene 8

대자연을 느끼며
드라이브

Scene 7

바다가 입안 가득 들어오는 기분

Scene 9

홋카이도에서가 아니면 좀처럼
맛볼 수 없는 클래식 맥주

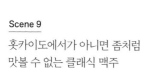

Scene 10

피톤치드 듬뿍 마시는 산책의 순간

숫자로 보는 홋카이도

1869년

하코다테 전쟁이 끝나고, 홋카이도 땅에 '에조蝦夷'라는 이름 대신 홋카이도란 이름이 붙은 해. 개척사가 설치되고, 본격적인 개척의 역사가 시작된다.

−41℃

1902년 1월 25일 아사히카와시의 최저 기온. 일본 기상 관측 역사상 최저치로, 아직까지 깨지지 않고 있다.

234곳

일본 47개 행정구역 중 가장 많은 온천지가 있는 홋카이도. 234곳의 온천지가 있다.(일본 환경성 자료, 2022년 기준)

★ 온천지란? 온천이 나는 곳에 숙박 시설이 마련된 곳.

70%

홋카이도 전체 면적의 약 70%가 산림. 우리나라도 산림 면적 비율은 60%대이기에 그리 대단해 보이지 않을 수도 있지만, 도민 1명당 산림 면적이 9,920m²(3,000평)이 넘는다는 수치를 보면 홋카이도가 얼마나 숨쉬기 좋은 곳인지 느낄 수 있다.

4%

일본 전체 인구의 4%만이 홋카이도에 살고 있으며, 인구 밀도가 1km²당 66명으로 일본에서 가장 낮다. 동일 면적에 6,386명이 살고 있는 도쿄의 1/100 수준.

216%

홋카이도의 식량 자급률은 무려 216%(2022년 기준)로 일본 전국 1위다. 홋카이도 도민이 지금의 2배가 되어도 충분히 먹고살 수 있다는 의미다.

★ 식량 자급률이란? 현지 식량 소비량 중 해당 지역에서 생산되는 식량의 비율.

83,454km²

홋카이도 총면적은 83,454km²로, 일본 전체 면적의 22%를 차지한다. 남한 면적(100,410km²)의 4/5 수준.

79.54km²

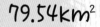

홋카이도에는 일본에서 가장 큰 칼데라 호수가 있다. 칼데라는 화산이 폭발한 후 마그마로 인해 화산의 일부가 무너지며 생긴 냄비 모양의 분지를 뜻하는데, 이곳에 물이 고여 형성된 것이 칼데라 호수다. 홋카이도 동부에 위치한 굿샤로 호수가 일본에서 가장 큰 칼데라 호수로, 총면적이 79.54km²에 달한다.

1위

홋카이도는 일본 전국에서 '가장 매력적인 행정 구역'에 2009년부터 2023년까지 14년 연속 1위를 차지하고 있다.

내 취향에 맞는
홋카이도 여행지 탐색

넓디넓은 홋카이도에서 어느 지역을 갈까? 평소 여행 취향, 스타일에 딱 맞는 지역을 골라보자! 우선은 삿포로,
오타루, 아사히카와, 하코다테 등 큰 도시들을 거점 삼아 여행하고, 각각의 도시 근교에 좋은 온천지가
있으니 반나절에서 하루 정도 휴식을 거쳐 가는 것도 좋다. 홋카이도의 매력이 어느 정도 느껴지기 시작했다면
그 다음에는 북쪽 도시인 왓카나이, 동쪽에 있는 구시로, 아바시리, 중심부에 있는 도카치의 대자연 속으로
깊숙이 들어가 볼 것! 홋카이도는 여러 번 방문해도 매번 다른 얼굴을 보여주는 땅이니 말이다.

왓카나이
일본 최북단은 한번
가봐야지 P.314

닛카
위스키 마니아라면
놓쳐서는 아니 될 곳! P.206

오타루
디저트와 오르골
러버들의 성지 P.180

삿포로
화려한 대도시의 밤을
즐기고 싶은 자 P.112

노보리베쓰
노곤 노곤한 온몸을 녹여내는
온천 여행 P.174

하코다테
바다 향이 물씬 느껴지는
아침 시장의 활기를 느끼러 P.252

아사히카와
귀여움은 못 참지. 눈길 산책하는 펭귄들을 만나러 가요 P.213

아바시리
신비로운 유빙 여행 P.294

비에이
인스타그램용 인증 사진 풍경 맛집 P.239

후라노
보랏빛 라벤더 향기에
취하러 P.224

구시로
석양을 사랑하는 자, 이 도시로 P.278

오비히로
나는야 고기 러버! 부타동의 고장 P.306

광활한 대지,
홋카이도 한눈에 보기

홋카이도는 일본에서 혼슈 다음으로 크고, 면적이 대한민국의 4/5 정도에 달하기 때문에 섬 전체를 여행하려면
넉넉히 보름은 잡아야 한다. 또한 지역별로 지리적, 문화적 특색도 뚜렷하므로 도시별 정보를 미리 알아두면 좋다.

왓카나이

오타루 小樽

한때 홋카이도 경제를 책임졌던 경제 금
융의 도시였다. 지금은 운하, 오르골당,
스시 거리 등 매력적인 명소들이 많은 국
내외 여행객을 불러 모으는 관광 도시로
탈바꿈하였다.

삿포로 札幌

현청 소재지이며 홋카이도 정치, 경제, 문
화의 중심지다. 홋카이도에서 유일하게
지하철이 있는 제1의 도시. 최근에는 도
시 이노베이션 추진 컨소시엄을 구축하
여, IT 기업 및 인재를 확보하는 데 주력
하는 등 첨단 도시로 발돋움하고 있다.

오타루   삿포로

무로란 室蘭

홋카이도를 대표하는 항만 도시이
자 공업 도시로, 중공업 분야 공장들
이 밀집해 있다. 카레라멘으로도 유
명하다.

무로란

하코다테 函館

홋카이도에서 아직까지도 유일하게 신
칸센이 들어가는 도시. 일찍 서구에 문
호를 개방했기 때문에 홋카이도 안에
서도 세련미를 자랑하는 곳이다.

하코다테

왓카나이 稚內
러시아 사할린섬과 맞닿은 최북
단 도시. 수산업이 발달했다.

아사히카와 旭川
홋카이도에서 두 번째로 인구가 많
은 대도시. 홋카이도 북부의 산업
과 문화를 책임지고 있다.

아바시리 網走
홋카이도 동쪽 끝에 위치해 교도소
가 있을 정도로 척박한 도시였으나,
오히려 이를 관광 상품화하고 오호
츠크해에 떠내려 오는 유빙을 활용
해 관광 도시로 자리매김했다.

• 아사히카와

아바시리

• 후라노

구시로

후라노 富良野
일본 국민 드라마 《북쪽 나라에
서》 덕분에 주변 지역과 함께 관광
도시로 급부상했다. 지리적으로 홋
카이도의 가장 중앙부에 있어 홋카
이도의 '배꼽' 도시로도 불린다.

오비히로

오비히로 帯広
도카치 산맥을 중심으로 농업, 축산업이 발
달했고, 이를 기초로 식료품 가공 및 제조업
도 발달해 있다. 먹거리로는 부타동(돼지고
기 덮밥)이 유명하다.

구시로 釧路
홋카이도 동부 지역의 중심 도시로, 공업
단지가 크게 조성되어 있다. 로바타야키,
장기 등의 먹거리도 유명하다.

홋카이도 이동 한눈에 보기

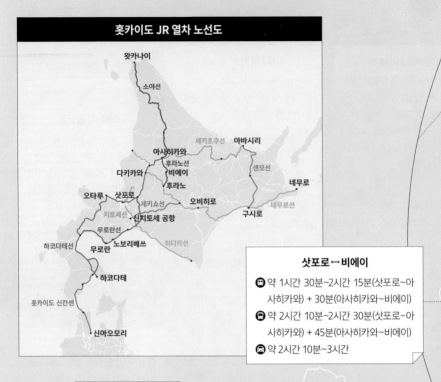

홋카이도 JR 열차 노선도

왓카나이

소야선

아사히카와
세키호쿠선 · 아바시리
후라노선
다키카와 · 비에이
후라노 · 센모선
오타루 · 삿포로 · 네무로
세키쇼선 · 오비히로
치토세선 · 신치토세 공항
구시로
무로란선 · 네무로선
하코다테선 · 무로란 · 노보리베쓰
히다카선
하코다테
홋카이도 신칸센
신아오모리

삿포로 ↔ 비에이

- 약 1시간 30분~2시간 15분(삿포로~아사히카와) + 30분(아사히카와~비에이)
- 약 2시간 10분~2시간 30분(삿포로~아사히카와) + 45분(아사히카와~비에이)
- 약 2시간 10분~3시간

삿포로 ↔ 오타루

- 30~45분
- 약 1시간
- 약 45분

삿포로 ↔ 노보리베쓰

- 1시간 15분~2시간
- 약 1시간 40분
- 약 1시간 30분

왓카나이

오타루 · 삿포로

노보리베쓰

하코다테

JR 열차 | 버스 | 자동차 | 비행기

삿포로↔왓카나이

- 🚃 약 5시간 10분
- 🚌 약 6시간 30분
- 🚙 4시간 30분~5시간 20분
- ✈️ 약 55분

삿포로↔아바시리

- 🚃 약 5시간 30분~7시간 40분
- 🚌 약 6시간 30분
- 🚙 약 4시간 10분~약 5시간 30분
- ✈️ 약 45분

아바시리

삿포로↔아사히카와

- 🚃 1시간 30분~2시간 15분
- 🚌 약 2시간 10분~2시간 30분
- 🚙 약 2~3시간

아사히카와

비에이

후라노

삿포로↔후라노

- 🚃 약 1시간 30분~2시간 15분(삿포로~아사히카와) + 1시간 10분~1시간 40분(아사히카와~후라노)
- 🚌 약 2시간 40분
- 🚙 약 2시간~2시간 50분

오비히로

구시로

삿포로↔구시로

- 🚃 약 4시간 30분
- 🚌 약 5시간~5시간 30분
- 🚙 약 4시간

삿포로↔하코다테

- 🚃 약 3시간 45분
- 🚌 약 5시간 30분
- 🚙 약 3시간 30분

삿포로↔오비히로

- 🚃 약 2시간 45분
- 🚌 약 3시간 30분
- 🚙 2시간 45분~3시간 30분

홋카이도 여행의 기본 정보

언어

일본어

비자

대한민국 국적 국민은 여행을 목적으로 일본을 방문하는 경우 최대 90일까지 무비자 체류가 가능하다.

전압

일본의 전압은 100볼트로, 변환 플러그(일명 돼지코)가 필요하다. 변환 플러그는 한국에서 사 가는 것이 저렴하고, 잊었을 경우 일본 내 편의점에서도 구매할 수 있다. 호텔 프런트에서 빌려주는 경우도 많다.

통화

일본의 화폐 단위는

엔円(¥)

환율

100엔 = 약 900원

(2023년 12월 기준)

비행 시간

인천 국제공항에서 홋카이도 신치토세 국제공항까지

약 2시간 50분

시차

한국과 일본의 시차는

없다.

전화 걸기

일본에서 한국으로 걸 때는 한국 국가 번호 +82, 한국에서 일본으로 걸 때는 +81을 누른 후 지역 번호, 휴대폰 번호의 맨 앞자리 '0'을 제외한 전화번호를 입력해 전화를 건다.

소비세

2019년 10월 일본의 소비세가 8%에서 10%로 인상되었다. 다만, 주류를 제외한 식료품과 정기구독 중인 신문, 음식점에서 포장하거나 배달하는 경우 등에는 소비세가 8% 적용된다. 대부분의 음식점 메뉴판이나 물건 가격표에는 세금을 포함하지 않은 가격이 쓰인 경우가 많다. '稅込'라고 되어 있으면 세금이 포함된 가격, '+稅'라고 되어 있으면 세금이 더 붙는다는 의미.

긴급 연락처

주삿포로 대한민국 총영사관
· 대표 전화(근무 시간) +81-11-218-0288
· 영사 콜센터(24시간, 서울) +82-2-3210-0404(유료)
· 긴급 전화(근무 시간 외) +81-80-1971-0288

홋카이도 축제 캘린더

2월

삿포로 눈 축제 さっぽろ雪まつり

눈과 얼음으로 만든 대형 조각품들이 전시되는 세계적인 축제. 2월에는 삿포로 눈 축제 시즌에 맞춰 홋카이도 대부분의 도시에서 크고 작은 축제가 열린다!

🚶 오도리 공원 일대 🕐 통상 2월 4~11일

오타루 유키아카리 길 축제
小樽雪あかりの路

철도 선로와 운하 주변 눈길을 스노 캔들로 장식하는 축제.

🚶 구 데미야선 철길, 운하 부근 🕐 2월 초 약 열흘간

5월

마쓰마에 벚꽃 축제
松前さくらまつり

벚꽃이 아름답기로 유명한 마쓰마에 공원의 1만여 그루 나무에 벚꽃이 핀다.

🚶 마쓰마에성 🕐 4월 말~5월 초

마쓰마에 벚꽃 축제

하코다테 고료가쿠 축제
箱館五稜郭祭

고료가쿠 역사를 후세에 전하려는 목적으로 열리는 축제. 연극 콘테스트 등이 열린다.

🚶 고료가쿠 공원 주변 🕐 5월 20일경 이틀간

삿포로 라일락 축제

삿포로 라일락 축제
さっぽろライラックまつり

삿포로시 나무로 지정된 라일락의 개화 시기에 맞춰 열리는 축제.

🚶 오도리 공원 일대 🕐 5월 20일경 이틀간

6월

요사코이 소란 축제 YOSAKOI ソーラン祭り

고치현의 요사코이 마쓰리에 홋카이도의 민요 소란절을 접목해 여는 축제로, 시내 곳곳에서 역동적인 군무를 하는 이벤트가 열린다.

🚶 오도리 공원 및 삿포로 시내 곳곳 🕐 6월 초·중순 나흘간

7월

삿포로 여름 축제 さっぽろ夏まつり

오도리 공원에서 열리는 비어 가든을 비롯해, 시내 곳곳에서 여름밤을 즐기는 축제가 열린다.

🚶 오도리 공원, 다누키코지, 스스키노
🕐 통상 7월 21일~8월 16일

8월

노보리베쓰 지옥 축제
登別地獄まつり

6m 높이의 수레에 탄 염라대왕이 노보리베쓰 온천가를 행진하는 퍼레이드.

🚶 노보리베쓰 온천가
🕐 8월 마지막주 토·일요일

9월

삿포로 오텀 페스트 さっぽろオータムフェスト

홋카이도의 음식을 테마로 한 페스티벌. 홋카이도 각지의 제철 식재료를 사용한 요리를 맛볼 수 있다.

🚶 오도리 공원 일대 🕐 9월 8일경부터 약 3주간

11~12월

삿포로 화이트 일루미네이션
さっぽろホワイトイルミネーション

남북으로 시원하게 뻗은 삿포로의 거리를 환상적으로 밝히는 빛의 축제.

🚶 삿포로 시내 곳곳 🕐 11월 말부터 3월 초까지

삿포로 뮌헨 크리스마스 마켓
ミュンヘン・クリスマス市 in Sapporo

삿포로와 자매 도시 협정을 맺은 뮌헨의 크리스마스 마켓을 재현한 축제.

🚶 오도리 공원
🕐 11월 말~12월 25일

일본의 공휴일 ★2024년 기준

- **1월 1일** 신정
- **1월 둘째 주 월요일** 성년의 날
- **2월 11일** 건국 기념일
- **2월 23일** 일왕 탄생일
- **3월 20일** 춘분
- **4월 29일** 쇼와의 날(전 일왕 생일)
- **5월 3일** 헌법 기념일
- **5월 4일** 녹색의 날
- **5월 5일** 어린이날
- **7월 셋째 주 월요일** 바다의 날
- **8월 11일** 산의 날
- **9월 셋째 주 월요일** 경로의 날
- **9월 22일** 추분
- **10월 둘째 주 월요일** 스포츠의 날
- **11월 3일** 문화의 날
- **11월 23일** 근로 감사의 날

일본의 연휴

- **연말연시** 12월 29일~1월 3일 전후
- **골든 위크** 4월 29일~5월 5일 전후
- **오봉** 8월 13~15일 전후
  (한국의 추석과 같은 일본 명절)

★ 공식 공휴일은 아니며, 회사 및 기관별로 다름

홋카이도 날씨와 옷차림

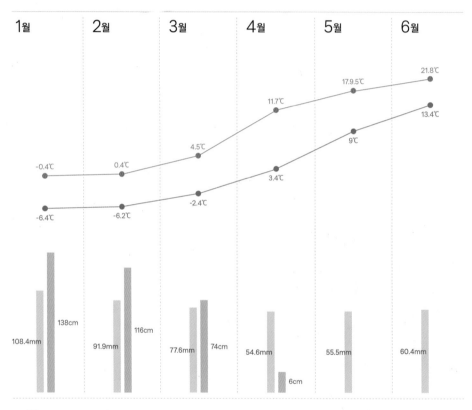

● 평균 최고 기온   ● 평균 최저 기온   ▮ 월평균 강수량   ▮ 월평균 적설량   ★ 삿포로 기준

| 1월 | 2월 | 3월 | 4월 | 5월 | 6월 |

21.8℃
17.9.5℃
11.7℃
4.5℃
-0.4℃   0.4℃
-2.4℃   3.4℃   9℃   13.4℃
-6.4℃   -6.2℃

138cm
116cm
108.4mm   91.9mm   77.6mm   74cm   54.6mm   55.5mm   60.4mm
6cm

겨울 12~3월

방한 대책을 철저히 세워야 한다. 모자, 목도리나 넥워머, 장갑, 따뜻한 양말과 신발은 필수. 특히 비에이, 후라노 등 눈이 많이 오는 지역을 방문할 시엔 눈에 빠져 신발이 젖을 수 있으니 방수까지 되면 더 좋다. 바다가 가까운 오타루, 아바시리와 같은 지역은 바닷바람이 무척 매섭다. 어느 지역이든 따뜻한 실내와 추운 실외를 오가는 일정에는 옷을 여러 겹 껴입고 나서 하나둘 벗으며 조절한다. 홋카이도의 겨울 추위는 3월까지 계속된다.

봄 4~6월

꽃도 피기 시작하고 봄이 오는 계절이지만 바람이 강하게 불 수 있으니 얇은 바람막이나 카디건, 스카프 정도는 챙겨가는 것이 좋다. 낮에는 반소매나 얇은 셔츠, 반바지나 얇은 긴바지로 다닐 수 있는 기온.

홋카이도는 그 면적이 대한민국의 4/5에 달할 만큼 상당히 넓기 때문에,
지역별로 기후 차이도 매우 크다. ACCU와 같은 날씨 사이트
(www.accuweather.com) 및 날씨 애플리케이션 등을 통해 가려는
곳의 날씨를 1~2주 전에 미리 파악해 두자. 동해와 면한 오타루,
왓카나이와 같은 도시들은 흐리거나 눈이 내리는 날이 많고, 태평양에
면한 구시로 지역은 비교적 맑은 날이 많으며 눈이 적다. 홋카이도의
중심 도시 삿포로는 서울에 비하면 의외로 겨울철 기온은 크게 낮지 않은데,
연중 눈 내리는 날이 평균 124.4일이나 될 정도로 눈이 많이 내린다.
여름은 서울에 비하면 매우 시원하고 별로 습하지 않아 쾌적하다.

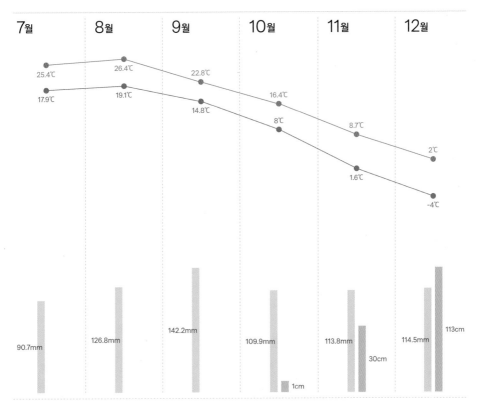

| 7월 | 8월 | 9월 | 10월 | 11월 | 12월 |

25.4℃　26.4℃　22.8℃　16.4℃　8.7℃　2℃

17.9℃　19.1℃　14.8℃　8℃　1.6℃　-4℃

90.7mm　126.8mm　142.2mm　109.9mm　113.8mm　114.5mm

1cm　30cm　113cm

여름
7~8월

홋카이도의 여름은 비교적 짧은 편이며 장
마가 없다. 몇몇 해안 도시를 제외하면 끈적
임 없이 쾌적한 여름휴가를 보낼 수 있다. 다
만 햇살이 매우 강하기 때문에 선글라스와 모자로 자외
선 차단 준비는 철저히 할 것. 밤에는 10℃ 전후까지 기온
이 떨어지는 곳도 있으니 긴소매 윗옷 한 장쯤은 챙겨가
는 것이 유용하다.

가을
9~11월

쾌청한 날씨가 이어지는 계절이지만 가을을
느끼기도 전에 여름에서 급속도로 겨울이 되
어버린다. 가을은 옷차림이 가장 애매한 시
즌. 긴소매, 긴바지에 트렌치코트, 목도리와 장갑을 같이
준비해 가는 것이 좋다. 특히 11월쯤 되면 눈이 많이 내
리기 시작하는 곳도 있으니 코트나 다운 점퍼까지는 챙
겨가자.

★ 출처 : 일본 기상청 1991~2020년 평균/ 삿포로시 기준

홋카이도의
역사

아이누족

지금은 차별받는 소수 민족의 상징이지만, 1만 년 전 홋카이도에 자리를 잡은 뒤 꽤 오랜 시간 이 땅의 주인으로 생활했다. 아이누인이 역사서에서 존재감을 드러 내기 시작한 것은 5세기에 사할린, 7세기에 일본 본토 등과 교류가 시작될 무렵. 이때만 해도 나름 독자적인 아이누 문화를 만들고 있었다. 하지만 14세기, 일본 인이 홋카이도 최남단에 자신들의 거주지를 뜻하는 와진치和人地를 세우면서 아 이누인의 생활에 변화가 생기기 시작했다. 이곳을 통치하는 마쓰마에번松前藩이 생기고, 일본 본토인은 에도 막부로부터 아이누인과의 독점 교역권을 받아 착취 를 본격적으로 시작한 것이다. 이에 따라 일어난 아이누인의 반란은 곧 진압됐 고, 에도 막부는 일본인을 홋카이도로 이주시켜 통제권을 강화하기 시작했다.

이후 일본 제국주의 시대에 제정된 '아이누 보호법'은 아이누인 역사에 또 한 번 비극이 됐다. 이 법을 통해 수렵이 금지되는 등 생활 터전을 빼앗기고, 일본어와 일본식 이름을 강요받았다. 현재는 동화되거나 아이누인임을 숨기는 경우가 많 아 정확한 숫자는 파악하기 어렵지만, 아이누인의 정체성을 가진 인구가 1만 명 을 조금 웃도는 것으로 추정된다. 일본 정부는 2008년 소수 민족으로, 2019년에 는 원주민으로 이들의 지위를 인정했다.

'개척'의 역사

홋카이도에서 아이누의 색을 지웠다는 건 일본 본토 입장에서는 '개척'을 의미한 다. 1500년대 후반 도요토미 히데요시가 마쓰마에 가문의 홋카이도 간접 지배 권을 인정하며 홋카이도가 일본 영토라는 인식이 싹트기 시작했지만, 19세기 중 반까지만 해도 이 땅은 일본에게 여전히 불모지였다.

지금 우리가 여행하는 '일본으로서 홋카이도'의 시작은 1869년 '개척사'라는 관 청이 설치되면서부터다. 이 추진에는 메이지 정부가 러시아의 남하 정책에 위기 의식을 느낀 점 역시 한몫했다. 러시아를 견제하기 위해서라도 미국식 시스템으 로 홋카이도를 개척해야 했던 일본은, 미국에서 윌리엄 스미스 클라크 농학부 교 수 등 전문가를 초빙했다. 그후 1876년 홋카이도 대학의 전신인 삿포로 농학교 가 개교했고, 모델 농장 등이 설치되며 낙농·축산을 기반으로 하는 홋카이도식 대규모 경영이 자리 잡기 시작했다.

당시의 흔적은 삿포로 곳곳에 남아있다. 관광지로 유명한
삿포로 시계탑의 원형 삿포로 농업학교 연무장, 홋카이도
본청사가 각각 1878년과 1888년 세워진 것은 이 시기 개
척사 활동의 산물이다. 오도리 공원을 중심으로 바둑판
처럼 구획된 도시 구조 역시 이 시기 미국의 도시를 본뜬
모양새다.

북방 영토(남쿠릴 열도) 분쟁

네무로 등 홋카이도 동북부 지역을 여행하다 보면 '북방
영토는 일본 영토'라는 팻말을 수시로 발견할 수 있다. 북
방 영토는 '쿠나시르Кунашир(구나시리国後)', '이투루프 и
туруп(에토로후 択捉)', '시코탄 Шикотан(色丹)', '하보마이Ха
бомай 歯舞)' 군도로 구성된 쿠릴 열도의 최남단 4개 지역으로, 이 영토를 언젠가는 되찾겠다는 일본의 외침이다.
일본은 1855년 러시아와 화친 조약을 맺으면서 현재 이
들 4개 지역을 영유하고 사할린을 양국 국민의 공동 거주
지로 남겨두었다. 이후 1875년 상트페테르부르크 조약을
맺은 일본은 쿠릴 열도 전체를 넘겨받고 사할린섬을 러시
아에 넘겼는데, 1905년 러일 전쟁에서 이긴 뒤에는 그 대
가로 사할린섬 남쪽을 차지했다. 그러나 상황은 제2차 세
계대전 때 소련이 승기를 잡으며 바뀌었다. 이미 전쟁 중
쿠릴 열도와 사할린섬을 차지한 소련은 1952년 발효된
샌프란시스코 강화 조약 등을 거치면서, 이들 땅을 모두
실효 지배하게 됐다.
일본은 여전히 불복하고 있다. 시코탄과 하보마이 군도는
원래부터 4개 지역과 별개로 홋카이도의 일부이므로, 당
시 조약과 관계없이 자기들 땅이라는 게 패전 직후 일본
의 주장이었다. 그러더니 1960년대에 들어서부터는 4개
지역을 북방 영토로 묶고 이곳을 모두 돌려받아야 한다
는 주장을 펼치고 있다. 물론 러시아는 이에 응할 생각이
없는 듯하다. 2022년 3월 러시아 외무성은 우크라이나 침
략에 따른 일본의 대러 제재 조치에 반발하면서 남쿠릴
열도에 대한 협상은 없다고 선언했다.

참고 자료 :

구와바라 마사토桑原真人, 가와카미 준川上 淳 저,
《홋카이도의 역사를 알 수 있는 책北海道の歴史がわかる本》,
아리스샤亜璃西社

홋카이도 연대표

○ **15,000년 전**
대륙과의 연결이 끊어지며, 홋카이도가 섬이 된다.

○ **3~13세기**
오호츠크 해안부를 중심으로 북방 해양성 문화가
전개된다. ▶홋카이도립 북방 민족 박물관 P.299

○ **1456년**
아이누족이 사용하던 단도短刀 마키리의 가격을
둘러싸고 아이누족과 왜인이 대립한다.

○ **1808년**
마미야 린조, 마쓰다 덴주로가 왓카나이에서 출발하여
사할린섬을 조사했고, 사할린이 섬이라는 사실을 확인
한다. 이를 기념하는 마미야 린조의 동상이 서있다.
▶소야곶 P.317

○ **1854년**
에도 막부는 외국과의 교섭이나 방위를 위해
하코다테에 전담 기관을 설치한다.
▶하코다테 봉행소 P.270

○ **1869년**
본격적으로 홋카이도를 개척하기 위한 개척사를
설치하고, 에조에서 홋카이도라는 이름으로
개칭한다. ▶홋카이도 개척촌 P.167

○ **1888년**
아카렌가가 준공된다. ▶홋카이도청 구 본청사 P.123

○ **1956년**
삿포로 TV탑이 설치되고, 홋카이도에 TV 시대가
개막한다. ▶삿포로 TV탑 P.125

○ **1972년**
삿포로에서 제11회 동계 올림픽이 열린다.
▶오쿠라야마 전망대 P.156

○ **1988년**
하코다테~아오모리를 오가는 JR 쓰가루 해협선이
개업하고, 신치토세 공항이 개항한다.

홋카이도를 품에 안는 추천 코스

COURSE ①
홋카이도 핵심만 콕!
삿포로+오타루 3박 4일

삿포로와 오타루의 주요 명소를 빠짐없이 둘러보는 코스다. 첫 홋카이도 여행 시 추천한다.

🏠 **숙소 위치** 전 일정 삿포로

🚌 **주요 교통수단** 지하철 및 버스

💴 **여행 경비** 신치토세 공항 왕복 교통비 3,980엔 + 삿포로 시내 교통비 1,050엔 + 삿포로~오타루 교통비 3,180엔 + 입장료 4,340엔 + 식비 20,000엔 = **총 32,550엔~**

수프카레 킹

DAY 1
인천 → 삿포로

12:30 신치토세 공항 도착 후 삿포로 시내로 이동

JR 열차 40분 + 도보 17분

13:30 첫 끼는 수프카레 킹에서 수프카레로 든든하게 시작하기

도보 8분

15:00 삿포로 TV탑에 올라 오도리 공원 내려다보기

도보 8분

16:00 삿포로 시계탑에서 삿포로 역사 탐방

도보 6분 + 지하철 1분 + 도보 9분

18:00 스스키노로 이동해 아카렌가 징기스칸 구락부에서 징기스칸 맛보기

도보 10분 + 지하철 4분 + 도보 7분

20:00 삿포로역 JR타워 전망대에 올라가 삿포로 야경 감상

21:00 숙소에서 휴식

삿포로 시계탑

DAY 2

마루야마 & 삿포로맥주 박물관

10:00 마루야마 공원 근처에 있는 모리히코에서
모닝커피 한 잔

도보 10분

11:00 마루야마 공원 산책하기
마루야마 동물원에서 귀여운 동물들 만나기

13:00 동물원 내에서 점심 식사

도보 23분 + 버스 25분

15:30 삿포로맥주 박물관으로 이동하여
개척사맥주 맛보기

버스 12분 + 도보 7분

18:00 가니쇼군에서 즐기는 게 요리

20:00 숙소에서 휴식

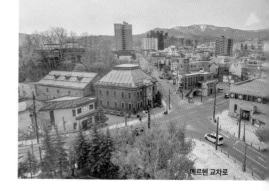

메르헨 교차로

DAY 3

오타루

09:00 오타루로 이동하여 르타오 오픈 런하기

도보 12분

10:00 사카이마치 충분히 구경하며 운하까지 걸어가기

도보 9분

12:00 스시야도리에서 스시 즐기기

도보 4분 + 버스 15분

14:00 덴구야마 로프웨이 타고 올라가 영화
〈러브레터〉 첫 장면 그려보기

버스 9분 + 도보 6분 + JR 열차 35분

17:30 삿포로로 돌아오기

지하철 3분 + 노면 전차 3분 + 도보 5분

18:30 유명 라멘 맛집 에비소바 이치겐에서
새우라멘 한 그릇!

도보 5분 + 노면 전차 4분

20:30 스스키노에서 여행의 마지막 밤 즐기기
사토에서 시메파르페 체험도 놓치지 말 것

모리히코

삿포로맥주 박물관

DAY 4

삿포로 → 인천

09:00 메가 돈키호테, 드러그스토어,
스텔라 플레이스 돌며 기념품 쇼핑

도보 5분 + 지하철 3분 + 도보 6분

12:00 마지막은 네무로 하나마루에서
회전초밥으로 아쉬움 달래기

도보 6분 + JR 열차 50분 + 도보 6분

14:00 신치토세 공항 도착
놓친 상품이 있다면 면세점에서!

COURSE ②
라벤더의 계절, 여름의 홋카이도
삿포로+후라노 3박 4일

여름휴가로 홋카이도 여행을 떠난다면 보랏빛 향연이 펼쳐지는 라벤더의 마을 후라노를 놓쳐선 안 된다.
후라노에 다녀온 후 여행 후반부에 삿포로 일정을 넣으면 맛집 탐방, 쇼핑까지 알찬 여행 일정이 완성된다.

🏠 **숙소 위치** 1일차 후라노 + 2·3일차 삿포로

🚌 **주요 교통수단** 렌터카 및 지하철, 노면 전차

🚃 **추천 패스** 홋카이도 익스프레스웨이 패스(렌터카 여행 시), JR 삿포로-후라노 에어리어 패스(기차 여행 시)

💰 **여행 경비** 2일간 렌터카 비용 약 10,000엔 + 유류비 약 2,000엔 + 홋카이도 익스프레스웨이 패스 3,700엔 + 삿포로 시내 교통비 700엔 + 입장료 3,300엔 + 식비 18,000엔 = **총 37,700엔~**

팜 도미타

DAY 1

인천 → 신치토세 공항 → 후라노

12:30 신치토세 공항 도착하여
국내선 터미널 라멘도조에서 라멘 한 그릇

셔틀버스 15분

14:00 공항 근처에서 렌터카 수령하기

자동차 2시간~2시간 30분

16:30 후라노 도착, 숙소 체크인하기

자동차 15분

17:30 닝구르 테라스 둘러보기
카페 모리노토케이에서 커피 한잔

자동차 15분

18:30 후라노역 근처 구마게라에서
후라노 향토 요리 맛보기

20:00 장거리 운전으로 지친 몸 푹 쉬기

닝구르 테라스

DAY 2

팜 도미타, 화인가도 드라이브

10:00 붐비기 전에 팜 도미타에 일찍 도착해
라벤더 향연 만끽하기

12:00 팜 도미타 내부 식당에서 점심 식사 +
라벤더 아이스크림 후식도 놓치지 말기

14:00 237번 국도의 별칭 화인가도를 드라이브하며
꽃향기에 취해보기

자동차 15분

16:00 히노데 라벤더 공원 구경 후,
삿포로로 이동해 렌터카 반납

자동차 2시간 10분~3시간

19:00 마쓰오 징기스칸에서 징기스칸 맛보기

21:00 충분한 휴식!

산포로 TV탑

모이와산

메가 돈키호테

DAY 3

삿포로 시내

10:00 삿포로 TV탑에 올라
오도리 공원 내려다보기

도보 3분

12:00 수프카레 킹에서 수프카레 맛보기

도보 4분

14:00 기타카로에서 아이스크림을 사 먹으며
오도리 공원 산책

도보 6분

15:00 삿포로 시계탑에서 인증 사진 남기기

도보 9분 + 노면 전차 18분 + 도보 9분

17:00 모이와산 전망대로 이동하여
반짝이는 삿포로 야경 기다리기

도보 9분 + 노면 전차 24분 + 도보 3분

19:30 가니테이에서 게 요리 코스 즐기기

DAY 4

삿포로 → 인천

09:00 메가 돈키호테, 드러그스토어,
스텔라 플레이스 돌며 기념품 쇼핑

도보 5분 + 지하철 3분 + 도보 6분

12:00 마지막은 네무로 하나마루에
회전초밥으로 아쉬움 달래기

도보 6분 + JR 열차 50분 + 도보 6분

14:00 신치토세 공항 도착
놓친 상품이 있다면 면세점에서!

COURSE ③
춥지만 낭만적인, 겨울 홋카이도
삿포로 + 아사히카와 + 비에이 3박 4일

겨울 홋카이도 여행이라면 새하얀 설원이 펼쳐진 비에이에서 인증 사진을 남기고,
앙증맞은 펭귄 산책을 볼 수 있는 아사히카와 지역 여행을 추천한다.

🏠 **숙소 위치** 1일차 삿포로 + 2일차 아사히카와 + 3일
차 비에이

🚌 **주요 교통수단** 지하철 및 버스

🎫 **추천 패스** JR 삿포로 - 후라노 에리어 패스

💰 **여행 경비** 신치토세 공항 리무진 버스 1,300엔 +
아사히카와 시내 버스 1,390엔 + 후라노 에리어 패
스 10,000엔 + 비에이 시내 버스 1,540엔 + 입장료
2,740엔 + 식비 15,000엔 = **31,970엔~**

DAY 1

인천 → 삿포로

12:30 신치토세 공항 도착 후 삿포로 시내로 이동

리무진 버스 1시간 + 도보 2분

13:30 삿포로 미소라멘의 원조,
아지노산페이에서 라멘 한 그릇

도보 5분

15:00 삿포로 TV탑에 올라 오도리 공원 내려다보기

도보 8분

16:00 삿포로 시계탑에서 인증 사진 남기기

도보 14분

18:00 네무로하나마루에서 회전초밥 양껏 맛보기

도보 3분

20:00 삿포로역 JR타워 전망대에 올라가
삿포로 야경 감상하기

21:00 숙소에서 휴식

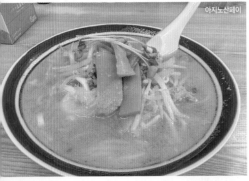
아지노산페이

오도리 공원

삿포로 TV탑

아오이케

아사히야마 동물원

DAY 3

비에이

10:00 비에이의 상징 크리스마스트리 나무, 켄과
메리의 나무, 세븐스타 나무 등 투어 상품으로
유명 나무들 하나하나 돌며 인증 사진 남기기

(비에이역에서) 도보 15분

13:30 비에이센카에서
점심 식사 + 주전부리 타임 갖기

도보 16분 + 버스 26분

15:00 흰 수염 폭포, 아오이케 구경하기

도보16분 + 버스 26분

18:00 시로카네 온천 마을에서
온천욕 즐기며 하룻밤 머물기

DAY 4

비에이 → 인천

10:00 서둘러 공항으로 출발

버스 1시간 30분 + JR 열차 2시간 10분

15:00 신치토세 공항 도착
놓친 상품이 있다면 면세점에서!

DAY 2

아사히카와

09:00 아사히카와로 출발하기

JR 열차 1시간 30분 + 버스 40분

12:00 아사히야마 동물원 도착하여
동물원 안에서 점심 식사

14:30 뒤뚱뒤뚱 산책하는 펭귄과 만나기

버스 1시간

16:00 미우라 아야코 기념 문학관 방문

도보 6분 + 버스 8분 + 도보 6분

18:00 히쓰지야에서 징기스칸 맛보기

20:00 숙소에서 휴식

흰 수염 폭포

COURSE ④

부모님과 함께하는 효도 여행
도야호+하코다테 3박 4일

모처럼 아들, 딸 노릇 톡톡히 해보려 마음먹었다면 도야 호수 온천 마을에서의
힐링 타임을 선물해 드리고 야경이 아름다운 하코다테까지 모셔보자!

🏠 **숙소 위치** 1일차 도야호 온천 마을+2·3일차 하코다테

🚌 **주요 교통수단** 렌터카

🚃 **추천 패스** 홋카이도 익스프레스웨이 패스

💴 **여행 경비** 4일간 렌터카 비용 약 20,000엔+유류비
약 6,500엔+홋카이도 익스프레스웨이 패스 6,300엔
+입장료 2,800엔+식비 15,000엔 = **50,600엔~**

베이 하코다테

도야호

라멘도조

DAY 1

인천 → 도야호

12:30 신치토세 공항 도착하여
국내선 터미널 라멘도조에서 라멘 한 그릇

13:00 공항 근처에서 렌터카 수령

자동차 1시간 30분

15:00 도야호 온천 마을 도착,
숙소 체크인 후 마을 산책

17:00 온천욕 즐기기. 밥맛이 더욱 좋아진다!

18:00 숙소에서 저녁 식사 후 휴식

DAY 2

하코다테

10:00 하코다테로 출발하기

자동차 2시간 30분

12:30 다이치노 메구미에서 징기스칸
혹은 수프카레로 점심 식사

도보 5분

14:00 가네모리 아카렌가 창고,
베이 하코다테 산책하기

도보 4분

16:00 그램 베이에어리어 하코다테에서
세상에서 가장 폭신한 팬케이크 맛보기

도보 12분+케이블카 3분

17:00 하코다테산 전망대에 올라
해가 떨어지길 기다리기

케이블카 3분+도보 15분

19:00 하코다테 비어에서
하코다테 특산 맥주와 함께 저녁 식사

21:00 숙소에서 휴식

고료가쿠 타워

DAY 3

고료카쿠, 유노카와 온천

08:00 아침 시장 구경 후 아지노이치방에서
신선한 해산물로 아침 식사

자동차 11분

10:00 고료가쿠 타워 올라가 보기,
타워에서 내려와 고료가쿠 산책하기

도보 2분

13:00 멘추보 아지사이 본점에서
홋카이도 3대 라멘 중 하나인 시오라멘 맛보기

자동차 10분

15:00 유노카와 온천 숙소 체크인 후 마을 산책하며
열대 식물원에가서 온천 즐기는 원숭이들 만나기

17:00 저녁 식사 전 온천욕

18:00 숙소에서 든든한 저녁 식사 후 휴식

DAY 4

하코다테 → 인천

09:00 늦지 않게 공항으로 출발하기

자동차 3시간 30분~4시간

13:00 신치토세 공항 도착
놓친 상품이 있다면 면세점에서!

하코다테 전망대

COURSE ⑤
욕심 부리지 않고 쉬엄쉬엄 즐기는
삿포로 + 노보리베쓰 2박 3일

일본 여행이니까 온천은 가봐야 하고, 쇼핑도 포기할 수 없는 여행자들에게 최적의 코스.
도시 여행도 즐기고, 힐링도 하는 두 마리 토끼를 잡는 여행. 짧고 굵게 즐겨보자!

🏠 **숙소 위치** 1일차 삿포로 + 2일차 노보리베쓰

🚃 **주요 교통수단** JR 열차 및 버스

🚌 **추천 패스** JR 삿포로 - 노보리베쓰 에리어 패스

💴 **여행 경비** JR 삿포로 - 노보리베쓰 에리어 패스
9,000엔 + 노보리베쓰 시내 교통비 700엔 + 입장료
2,800엔 + 식비 10,000엔 = **22,500엔~**

175°DENO 탄탄면

마루미 커피 스탠드

JR 타워 전망대

DAY 1

인천 → 삿포로

12:00 삿포로 시내로 이동

JR 열차 40분 + 도보 16분

13:00 일본에서 맛보는 매운 맛,
175°DENO 탄탄면 맛보기

도보 3분 + 버스 17분 + 도보 2분

14:30 삿포로 TV탑에 올라 오도리 공원 내려다보기

도보 10분

15:30 마루미 커피 스탠드에서 커피 한잔 또는
커피 아이스크림으로 후식 즐기기

도보 3분 + 버스 17분 + 도보 2분

16:30 삿포로 맥주박물관에서 개척사 맥주와 징기스
칸 맛보기

도보 3분 + 버스 7분 + 도보 6분

19:00 마쓰오 징기스칸에서 후쿠오카의 맛 즐기기

도보 10분

20:00 JR 타워 전망대에 올라
반짝이는 삿포로의 야경 내려다보기

21:00 숙소에서 휴식

DAY 2

노보리베쓰

10:00 메가 돈키호테, 드러그스토어 돌며
기념품 쇼핑

도보 3분

12:00 가라쿠에서 수프카레 맛본 후,
노보리베쓰로 이동

도보 20분 + JR 열차 1시간 16분 + 버스 10분

15:00 곰 목장 탐방

17:00 숙소 체크인 후
노보리베쓰 온천 마을 산책 & 온천욕

18:00 숙소에서 저녁 식사 후 휴식

DAY 3

노보리베쓰 → 인천

09:00 아침 온천으로 아쉬운 마음 달래기

버스 10분 + JR 열차 1시간

12:00 신치토세 공항에 일찍 도착하여
라멘도조에서 라멘 한 그릇

14:00 면세점 쇼핑 후 집으로!

노보리베쓰 온천

노보리베쓰 온천

47

COURSE ⑥
장거리 운전 고수들의 코스
아바시리+시레토코+아칸+구시로 4박 5일

4~5시간씩 이동해야 하는 장거리 운전에도 피로를 별로 느끼지 않는다면, 가족, 연인, 친구끼리
차 안에서 도란도란 얘기 나누는 시간을 즐기는 여행자에게 추천하는 코스다.

- ♠ **숙소 위치** 1일차 아바시리 + 2일차 시레토코 + 3일차 아칸호 + 4일차 구시로
- 🚌 **주요 교통수단** 렌터카
- ▬ **추천 패스** 홋카이도 익스프레스웨이 패스(렌터카 여행 시), JR 홋카이도 레일 패스 5일권(기차 여행 시)
- ⓧ **여행 경비** 5일간 렌터카 비용 약 25,000엔 + 유류비 약 12,000엔 + 홋카이도 익스프레스웨이 패스 6,800엔 + 입장료 2,800엔 + 식비 15,000엔 = **61,600엔~**

유빙 관광 쇄빙선 오로라

아바시리 감옥

DAY 1

인천 → 아바시리

- **13:00** 신치토세 공항 근처에서 렌터카 수령 후 아바시리로! 중간 중간 휴식을 잊지 말 것
- **18:00** 숙소 체크인 후 야키니쿠 아바시리 맥주관에서 고기와 맥주로 체력 회복하기
- **20:00** 푹 쉬기

DAY 2

아바시리

- **09:30** 유빙 관광 쇄빙선 오로라 탑승
  - 자동차 3분
- **12:00** 스시 레스토랑 나베에서 스시로 점심 식사
  - 자동차 10분
- **14:00** 아바시리 감옥 박물관 구경
  - 자동차 1시간 30분
- **16:00** 시레토코로 이동
- **18:00** 숙소 체크인 후 숙소 근처에서 저녁 식사
- **20:00** 온천욕 후 푹 쉬기

아칸호

아이누코탄

DAY 4

구시로 습원, 구시로

09:00 아칸호 산책, 빙어 낚시,
스노모빌 등 체험하기

자동차 2시간

14:00 호소오카 전망대에 올라
구시로 습원 바라보기, 습원 산책

자동차 40분

17:00 숙소 체크인 후 누사마이 다리의 석양 구경하기

도보 8분

18:00 구시로의 명물 로바타야키 맛보기

도보 1분

20:00 아쉽다면 도리마쓰에서 장기 포장해서
숙소에서 맥주와 함께 즐기기

DAY 5

구시로 → 신치토세 공항

08:00 간식거리, 먹을거리 준비하여
신치토세 공항으로 향하기

자동차 4시간

14:00 렌터카 반납 후 면세점 쇼핑

DAY 3

시레토코, 아칸호

10:00 시레토코 5호 산책, 혹은 유빙 워크 체험하기

자동차 20분

13:00 우토로어항 근처에서 점심 식사 후
아칸호로 이동

자동차 3시간

16:00 숙소 체크인

17:00 아이누코탄 산책하기

18:00 숙소에서 맛있는 저녁 식사

20:00 충분한 휴식

누사마이 다리

COURSE ⑦

어디까지 가봤니? 일본 최북단
왓카나이 + 레분섬 + 리시리섬 3박 4일

러시아와 가까운 일본의 최북단 왓카나이에 한번 가보고 싶은 여행자들에게 제안하는 최적의 코스.
멀리까지 가는 김에 레분섬, 리시리섬까지 돌아보고 오는 것을 추천한다.

🏠 **숙소 위치** 1일차 왓카나이 + 2일차 리시리섬 + 3일차 왓카나이

🚌 **주요 교통수단** 렌터카

💴 **여행 경비** 신치토세 공항 ~ 왓카나이공항 국내선 항공권 약 30,000엔 + 리시리·레분 렌터카 약 26,950엔(유류비 포함) + 페리 6,600엔 + 식비 15,000엔 = **총 78,550엔~**

소야곶

오시도마리 페리 터미널

신치토세 공항 국내선 터미널

왓카나이 시내

DAY 1

인천 → 왓카나이

13:30 신치토세 공항 도착하여 국내선 터미널에서 맛있는 점심 식사

15:30 왓카나이행 국내선 비행기 탑승

비행기 1시간

16:30 왓카나이 공항 도착하여 시내로 이동 후 숙소 체크인

18:00 구루마야 겐지에서 문어 샤부샤부로 저녁 식사

20:00 휴식

스토콘곶

DAY 2

리시리섬

09:00 일본 '최북단의 비'가
서있는 소야곶 찾아가기

자동차 35분

11:00 리시리섬행 페리 탑승

페리 1시간 40분

13:00 리시리섬 오시도마리 페리 터미널에서
점심 식사

14:00 렌터카 빌리기

자동차 10분

15:00 히메누마 산책, 시로이코이비토 언덕에서
리시리후지산 바라보기

19:00 숙소 부근에서 신선한 해산물로 저녁 식사

20:30 푹 쉬기

DAY 3

레분섬

09:20 렌터카 반납 후 레분행 페리 탑승

페리 40분

10:10 레분섬 가후카 페리 터미널 도착 후
렌터카 수령

자동차 33분

11:00 스코톤곶 탐방

자동차 33분

13:00 가후카 페리 터미널 근처에서 점심 식사

자동차 10분

15:00 북쪽의 카나리아들 기념 공원,
모모다이와 네코다이 구경하기

자동차 7분

17:10 렌터카 반납 후 왓카나이행 페리 탑승

페리 2시간

19:05 왓카나이 도착해서 저녁 식사

21:00 숙소에서 휴식

DAY 4

왓카나이 → 인천

11:50 왓카나이 공항에서 신치토세 공항으로
국내선 비행기로 이동

비행기 1시간

14:00 면세점 쇼핑 후 집으로!

리시리섬 저녁 식사

PART 2

가장 멋진
홋카이도
테마 여행

때 따라 놓쳐서는 안 될

계절별 홋카이도 절경

 春

봄 베스트 3

① **마루야마 공원** P.154에 흩날리는 벚꽃잎

② **고료가쿠 타워** P.269에서 내려다보는 벚꽃 풍경

③ **오도리 공원** P.124 끝자락에 화려하게 피어나는 자목련

이번 여행지로 홋카이도를 선택한 당신은 분명
자연을 사랑하는 여행자일 것이다. 그렇다면 여행 시기는
연중 언제라도 괜찮다. 홋카이도는 사계절 아름다운
절경을 준비하고 당신을 기다리고 있을 테니.

여름 베스트 3

① **후라노** P.224를 보랏빛으로 물들이는 라벤더

② **아오이케** P.242의 맑고 투명한 파랑

③ 오타루 근교에서 만나는 **샤코탄** P.207 블루

가을 베스트 3

① **홋카이도 대학 P.126**의 노랑노랑한 은행나무길
② 가을에 가장 아름답다는 **구시로 P.278**의 석양
③ 단풍 든 **조잔케이 온천 P.176**의 가을

冬

겨울 베스트 3

① **아바시리** P.294에서 만나는 겨울 왕국, 유빙

② 새하얗게 눈으로 지워진 **비에이** P.239

③ 눈으로 뒤덮인 풍경 속에서 흰 연기가 피어오르는 **노보리베쓰** P.174

반짝반짝 여행의 밤을 수놓는

야경이 아름다운 스폿

굳이 여행을 떠나지 않아도 방안에서 구글어스로 세계 일주를 할 수 있는 세상.
그럼에도 불구하고 여행이 존재하는 이유 중 하나는 '야경'이 아닐까.
높은 곳에 올라 바라보는 야경은 너무나도 황홀한데
막상 카메라에 담고 보면 고개가 갸우뚱해지니,
야경만큼은 꼭 실제로 찾아가 두 눈 안에 담아야 한다!

홋카이도
야경
베스트 4

하코다테산 전망대

일본 3대 야경 중 하나로, 하코다테산 전망대에서 내려다
보는 야경 안에 한반도의 지형이 담겨 있다.

No.2
삿포로 모이와산 전망대

날씨가 좋은 밤엔 엄청난 행렬에 지칠 수 있지만 포기하지 말길. 수많은 호박색 보석이 눈앞에 펼쳐진다.

No.3
삿포로 JR 타워 전망대

일본 신新 3대 야경이라 주장하는 도시, 삿포로의 반짝반짝 빛나는 풍경. 비교적 줄을 오래 서지 않아도 돼 좋다!

No.4
오타루 덴구야마 로프웨이

바다를 낀 땅 위에 불빛이 오밀조밀 켜지는 오타루의 밤. 다른 도시들보다 화려하진 않지만 아기자기한 매력이 있다.

남는 건 사진뿐
인스타그래머블한
스폿 9

홋카이도는 인스타그램 업로드용 사진을 듬뿍 담아 올 수 있는 최적의 여행지라 할 수 있다!
맑고 청정한 자연을 프레임 삼아 인생 사진을 남겨도 좋고, 겨울이라면 새하얀 설경을 카메라에 담아보자.

② 비에이의 크리스마스트리 **P.248**를 빼놓을 순 없지

① 후라노 라벤더밭 **P.227**을 배경으로 보랏빛 아이스크림

③ 눈 내린 오타루의 낭만

④ 가스등이 도시를 밝히는 구시로의 밤

핑쿠핑쿠한 하코다테의 목욕탕 다이쇼유 **P.265**

삿포로의 반짝이는 겨울 밤거리

닝구르 테라스 **P.232**에서 요정처럼

켄과 메리의 나무 **P.244** 앞에서
자동차 광고 모델 되어보기

시레토코에서 유빙을 배경으로
파랑파랑 유빙 맥주

보고 떠나면 여행이
더욱 깊어져요!
작품의 배경이 된 홋카이도

책이나 영화, 드라마를 통해 어떤 장면을 마주하고,
가보고 싶다는 마음이 생기고, 직접 다녀와서
오래도록 그리워할 수 있는 여행.
홋카이도는 일본 사람에게도 이국적인 장소여서
다양한 작품의 배경이 되고 있다.

홋카이도를 배경으로 한
소설

무라카미 하루키의 《양을 쫓는 모험》, 《댄스 댄스 댄스》
• 삿포로

무라카미 하루키의 초기 장편 소설들에서 홋카이도는 매우 중요
한 배경으로 등장한다. 특히 두 소설 속에 그려진 삿포로의 모습
이 너무나도 현실감 넘치고 생생하다. 《양을 쫓는 모험》의 주인공
이 오도리 공원 P.124 벤치에 앉아 옥수수를 뜯어 먹는 장면을 읽고
가면, 나도 오도리 공원에서 옥수수를 하나 뜯어 먹어야 할 것 같
은 기분이 든다.

사쿠라기 시노의 《호텔 로열》, 《빙평선》, 《별이 총총》 등
• 구시로를 비롯한 홋카이도 동부

사쿠라기 시노는 홋카이도 구시로에서 태어나 아바시리, 루모이
등을 전전했다. 그 덕분인지, 홋카이도 동부를 지칭하는 '도동'을
가장 아름답고도 서글프게 그려내는 작가다.

미우라 아야코 《빙점》의 도시 • 아사히카와

우리나라에서도 유명한 소설 《빙점》의 무대는 아사히카와. 이 작
품을 읽어본 적이 있다면 미우라 아야코 기념 문학관 P.215, 시오카
리 고개 기념관 P.216을 놓치지 마시길.

홋카이도를 배경으로 한
영화

이와이 슌지 감독, 나카야마 미호 주연의 〈러브레터〉 • 오타루

오타루와 〈러브레터〉는 떼려야 뗄 수 없는 사이. 풋풋하고 아련한 첫사랑을
아름답게 그린 이 영화에서는 스토리만큼이나 아름답게 담긴 오타루의 풍경
이 돋보인다. 〈러브레터〉를 오마주한 작품 〈윤희에게〉(임대형 감독, 김희애
주연) 속에서도 오타루는 무척이나 낭만적이고 아름답다.

사토 타케루 주연의 〈세상에서 고양이가 사라진다면〉 • 하코다테
하코다테는 서른 살의 우편 배달부인 주인공이 사는 마을. 포스터에도 하코
다테의 명물 시영 전차 속 모습이 담겼다.

미야자키 아오이 주연의 〈파코다테진〉 • 하코다테
외관이 무척 깜찍한 다이쇼유 P.265가 주인공의 집으로 등장한다. 여고생 주
인공 엉덩이에 갑자기 꼬리가 생겨났다는 이야기로, 줄거리는 조금 기이하다.

가미키 류노스케, 후쿠다 마유코 주연의 〈리틀 디제이〉 • 하코다테
풋풋한 첫사랑을 그리고 있다. 영화 속 두 주인공이 데이트를 하는 장면에 하
치만자카 P.261 등 하코다테의 명소들이 등장한다.

다카쿠라 켄, 히로스에 료코 주연의 〈철도원〉 • 이쿠도라역

주인공 철도원이 평생 지켜온 시골의 작은 역 호로마이의 실제 무대는 남후라노에 있는 이쿠도라역 P.235.

오이즈미 요 주연의 〈해피해피 브레드〉,
〈해피해피 와이너리〉, 〈해피해피 레스토랑〉 • 도야 호수 등

홋카이도가 배경인 힐링 영화 3부작. 〈해피해피 브레드〉는 도야 호수 P.178를 배경으로 빵 이야기가 전개되며, 〈해피해피 와이너리〉는 호스이 와이너리를 배경으로 와인 이야기, 〈해피해피 레스토랑〉은 홋카이도 서쪽 마을 세타나초를 배경으로 치즈 이야기가 펼쳐진다.

사토 코이치, 혼다 쓰바사 주연의 〈터미널〉 • 구시로

사쿠라기 시노의 소설을 영화화한 〈터미널〉에는 구시로의 누사마이 다리 P.283, 구시로역 등이 배경으로 등장한다.

미나토 가나에의 원작 소설을 영화화한
〈북쪽의 카나리아들〉 • 리시리, 레분

전교생이 6명인 레분섬의 한 분교에서 벌어진 사건의 실체를 20년 뒤 선생님과 학생들이 추적하면서 이야기가 펼쳐진다. 리시리섬 P.321과 레분섬 P.326 두 곳을 돌아다니다 보면 곳곳에 영화 배경을 알리는 표지판이 눈에 띈다. 영화를 보지 않고 가면 좀 아쉬운 마음이 들 수도 있다.

홋카이도를 배경으로 한
드라마

넷플릭스 오리지널 일본 드라마 〈퍼스트 러브 하츠코이〉
• 삿포로, 기타미

일본 최다 판매 기록을 보유한 우타다 히카루 데뷔 앨범의 타이틀곡, 'First Love'를 주요 소재로 한 드라마. 서로에게 한눈에 반한 중학교 3학년생 남녀 주인공이 성인이 되고 엇갈린 삶을 살아가다 재회하는 러브스토리. 두 주인공이 다시 만나는 도시 삿포로를 비롯하여, 아사히카와, 오타루, 기타미 등 홋카이도 구석구석 아름다운 스폿이 드라마 속 배경이 되었다.

극작가 구라모토 소우의 작품들 〈북쪽 나라에서〉, 〈바람의 가든〉, 〈다정한 시간〉 • 후라노

후라노로 여행을 떠날 예정이라면 구라모토 소우의 드라마들을 찾아보면 좋다. 일본 드라마 작가의 대부라고도 불리는 그는 도쿄 출신이지만 후라노에 정착해 살며 후라노가 배경인 여러 히트작을 내놨다. 닝구르 테라스 P.232, 모리노토케이 P.238 등 후라노를 대표하는 명소들 대부분이 그가 지은 드라마 속에 담겨있다.

홋카이도를 배경으로 한
만화

초밥 장인 성장 스토리 《미스터 초밥왕》에 등장하는 오타루 스시야도리 P.200, 《신의 물방울》에서 언급되는 후라노 아이스와인을 파는 후라노 와이너리 P.233, 《에키벤》 홋카이도편(3권으로 구성)에는 홋카이도 곳곳의 맛있는 에키벤(역에서 파는 도시락)이 소개되어 있다. 여유가 있다면 실제로 낙농업에 종사했던 만화가 아라카와 히로무가 그린 《백성 귀족》, 《은수저》 속 도카치 P.310에도 방문해 보자!

추운 겨울,
움츠러든 몸을 녹이는
따끈한 온천 여행

일본의 47개 행정구역 중에서 가장 많은
온천지 234개를 자랑하는 홋카이도!
종일 걷고 이동하느라 땅땅하게 부어있을
다리를 달래줄 온천욕을 충분히 즐겨보자.

조잔케이 온천 P.176

접근성이 좋은 데다, 숙박 시설의 선택지도 넓고 당일 입
욕이 가능한 곳도 많아 비교적 가볍게 온천욕을 체험해
볼 수 있다.

노보리베쓰 온천 P.174

홋카이도를 처음 방문한다면 우선은 마을 전체가 유황
냄새로 덮여있고 온천 백화점이라 불릴 정도로 다양한
성분의 온천이 용출되는 바로 이곳이 적격.

도카치다케 온천 P.236

깊은 산속에서 깨끗한 공기와 온천을 함께 즐기는 곳. 세 곳밖에 없는 숙박 시설이 낡은 편이지만 가슴 속까지 맑아지는 듯한 경험을 만끽할 수 있다.

유노카와 온천 P.268

원래 치료용으로 이용했다고 하며, 매끈매끈해진 피부를 선물해 준다! 위치는 하코다테 근교.

가와유 온천 P.288, 굿샤로호 P.288

장거리 운전 등으로 먼 도시까지 이동하며 여행을 할 땐 중간 중간 아시유(발만 담그는 온천욕)를 해가며 발과 종아리의 피로를 풀기만 해도 큰 도움이 된다.

느릿느릿 쉬엄쉬엄

홋카이도 산책 여행

온전한 '휴식'을 하러 떠난다면 여러 곳을 방문하려는 욕심은 내려놓자.
좋은 산책길을 찾아 걷다가 쉬다가 하며 보내는 여행에 홋카이도는 최적의 장소다.

삿포로 홋카이도 대학 P.126

일본 대학 중에서 캠퍼스가 가장 큰 홋카이도 대학은 도심 속 공원이기도 하다. 가을에는 포플러 가로수길이 장관이고, 건물들도 고풍스럽고 아름다워 산책할 맛이 난다.

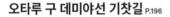

오타루 구 데미야선 기찻길 P.196

폐선된 데미야선에 조성한 산책길. 여름에는 음악제, 유리 공예 축제가 열리고, 겨울엔 스노 캔들로 장식해 두어 계절을 불문하고 아름답다.

아사히카와 외국 수종 견본림 P.216

미우라 아야코 기념 문학관에 가려면 시간을 조금 여유롭게 두고 방문하는 것이 좋다. 문학관 바로 옆에 있는 외국 수종 견본림을 꼭 산책해 봐야 하기 때문. 비에이강을 곁에 두고 걷는 아름다운 숲길이다.

러너들의 천국에서 달려보자!
삿포로 러닝 코스

여행 중에도 유산소 운동은 포기 못한다면, 혹은 색다른 장소를 뛰어보는
경험을 즐기는 러너라면, 삿포로에서도 힘차게 달려볼 것!

① 도요히라강 강변 코스

삿포로의 젖줄 도요히라강을 옆에 두고 달리는 러닝 코
스. 도요히라강은 72.5km 길이의 상당히 긴 강인 데다,
일정한 간격으로 다리가 놓여있기 때문에 달리는 거리를
유연하게 조절할 수 있다는 점에서 매우 매력적이다. 게
다가 강변길이 잘 정비되어 안전하게 달릴 수 있다.

길이 원하는 만큼 조절 가능
난이도 하(거의 평지)

② 나카지마 공원 순회 코스

나카지마 공원은 규모가 그리 크지 않기 때문에 한 바퀴
를 다 돌아도 1km 정도다. 다만 봄가을에는 풍경이 무척
아름다워 마냥 뛰지 못하고 멈춰 서서 풍경을 돌아보게
되는 단점 아닌 단점이 있다.

길이 1~2km 정도　**난이도** 하(거의 평지)

③ 마루야마 공원 코스

오르막 내리막 변주가 있는 달리기를 좋아한다면 마루야
마로 향하자. 마루야마공원역에서 홋카이도 신궁을 거쳐
육상 경기장, 야구장으로 향하는 산길이 꽤 가파르지만
아침 새소리를 들으며 상쾌한 공기를 들이켜다 보면 어느
덧 내리막길을 만나게 된다.

길이 4~5km 정도　**난이도** 중상

④ 홋카이도 대학 코스

홋카이도대학 병원에서 출발, 처음에는 대학 바깥쪽 길
을 뛰다가 북쪽 입구를 통해 대학 안으로 들어와 달리는
코스를 추천한다. 홋카이도 대학 안에는 숲도 있고 달리
는 길이 다채로워 뛰는 맛이 난다. 바닥에 도쿄 올림픽 코
스를 나타내는 표시도 있으니 인증 사진도 잊지 말자.

길이 8~9km 정도　**난이도** 중(대학 부지가 커서 코스가 길다)

자연을 고스란히 느끼며 달리는
드라이브 코스 Best 7

렌터카 여행자의 특권! 시원시원하게 뻗은 도로와 창밖으로 펼쳐지는 자연 풍광에
마음 속까지 정화되는 홋카이도 드라이브 여행. 대도시나 연휴 기간만
제외하면 거의 도로가 막히지 않아 기분 좋은 드라이브를 즐길 수 있다.
홋카이도를 만끽하는 7개 베스트 드라이브 코스를 소개한다.

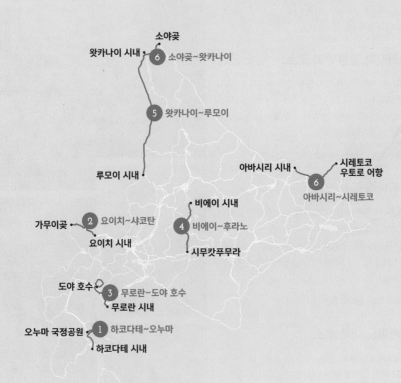

소야곶

왓카나이 시내　6 소야곶~왓카나이

5 왓카나이~루모이

루모이 시내

아바시리 시내　시레토코
우토로 어항
6 아바시리~시레토코

비에이 시내

가무이곶　2 요이치~샤코탄
요이치 시내
4 비에이~후라노
시무캇푸무라

도야 호수　3 무로란~도야 호수
무로란 시내

오누마 국정공원　1 하코다테~오누마
하코다테 시내

아오모리현

① 하코다테~오누마

하코다테에서 출발해서 오누마 국 정 공원을 돌아보는 드라이브 코스. 오누마 부근까지는 별로 특별할 것 없는 길이 이어지다가, 어느 순간 오른쪽으로 고마가다케산이 보이기 시작하면서 무척 아름다운 자연 풍광이 펼쳐진다. 시간 여유가 있다면 오누마 국정 공원을 한 바퀴 돌며 드라이브를 즐기다 목적지로 향하는 것을 추천한다. 다만 자전거로 순회하는 사람들이 많으니 조심히 운전하자.

- **시작 지점** 하코다테 시내
- **끝나는 지점** 오누마 공원 P.267 일대
- **드라이브 코스 길이** 약 40~45km
- **소요 시간** 약 1시간

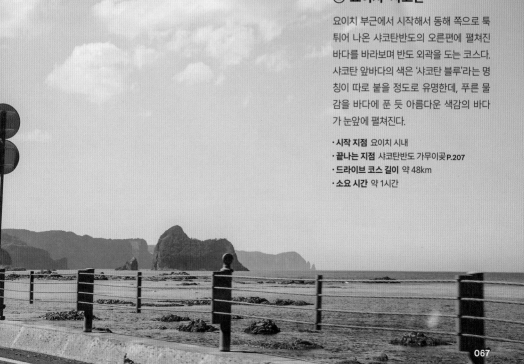

② 요이치~샤코탄

요이치 부근에서 시작해서 동해 쪽으로 툭 튀어 나온 샤코탄반도의 오른편에 펼쳐진 바다를 바라보며 반도 외곽을 도는 코스다. 샤코탄 앞바다의 색은 '샤코탄 블루'라는 명칭이 따로 붙을 정도로 유명한데, 푸른 물감을 바다에 푼 듯 아름다운 색감의 바다가 눈앞에 펼쳐진다.

- **시작 지점** 요이치 시내
- **끝나는 지점** 샤코탄반도 가무이곶 P.207
- **드라이브 코스 길이** 약 48km
- **소요 시간** 약 1시간

③ 무로란~도야 호수

신치토세 공항에서 자동차로 도야 호수
를 방문한다면 453번 도로를 따라 산길
을 가로질러 가는 길도 있지만, E5 도로를
이용해 무로란을 거쳐 바닷길 드라이브를
즐기며 가는 방법도 있다. 바닷가에 오밀
조밀 모여있는 마을 풍경을 구경하며 가
다가, 도야 호수 직전에 있는 아푸타 あぷ
た P.179 휴게소에 들러 성게알덮밥 정식
을 즐겨보자. 도야 호수를 한 바퀴 도는
드라이브 코스는 길이 좁은 편이라 차가
많은 시기엔 드라이브를 즐기기 어려울
수 있지만, 녹음이 이어진 길 사이사이로
보이는 호수 풍경이 잔잔하고 고요해서
힐링하는 시간을 보낼 수 있다.

- **시작 지점** 무로란 시내
- **끝나는 지점** 도야 호수를 한 바퀴 순회
- **드라이브 코스 길이** 약 80km
- **소요 시간** 약 2시간

④ 비에이~후라노

비에이에서 후라노를 거쳐 시무캇푸무
라까지 이어지는 237번 국도에는 화인
가도花人街道라는 애칭이 붙어있다. 양옆
으로 라벤더, 무스카리, 해바라기, 코스
모스 등 계절별로 다양한 색과 향을 품
은 꽃밭이 펼쳐져 향기로운 드라이브 코
스다. 물론 라벤더 시즌이 가장 아름답
다. 시무캇푸무라占冠村에는 명소가 적기
때문에 가미후라노, 나카후라노를 거쳐
후라노까지만 드라이브해도 충분하다.

- **시작 지점** 비에이 시내
- **끝나는 지점** 시무캇푸무라
- **드라이브 코스 길이** 약 82km
- **소요 시간** 약 1시간 30분

⑤ 왓카나이~루모이

하늘과 맞닿은 지평선이 계속 이어지고, 작은 키의 거친 식물들이 혹독한 바닷바람을 견디며 도로 양옆에 엉켜 있는 풍경을 보면서 운전하다 보면, '내가 지금 지구에 있는 것이 맞을까?' 싶은 착각에 빠진다. 앞뒤로 달리는 차가 한 대도 없을 때도 많고, 과연 사람이 살까 싶은 집도 몇 채 스쳐 지나가며 나도 모르게 깊은 생각에 잠기게 된다. 물론 전방 주시, 안전 운전을 위해 집중력을 놓치면 안 된다.

- **시작 지점** 왓카나이 시내 ·**끝나는 지점** 루모이 시내
- **드라이브 코스 길이** 약 180km ·**소요 시간** 약 3시간

⑥ 소야곶~왓카나이

일본의 최북단을 달리는 드라이브 코스. 날씨가 좋은 날엔 바다 건너 사할린섬이 보이기도 한다. 도로 왼편에 노랑, 분홍, 하늘색 파스텔 톤 페인트가 칠해진 집에서 일본보다는 러시아 분위기가 나고, 시내가 가까워질수록 러시아어가 병기된 교통 표지판이 보여 더욱 색다른 분위기가 난다.

- **시작 지점** 소야곶 ·**끝나는 지점** 왓카나이 시내
- **드라이브 코스 길이** 약 32km ·**소요 시간** 약 35분

⑦ 아바시리~시레토코

왼쪽에는 오호츠크해가, 오른쪽엔 샤리산이 보이는 드라이브 코스. '하늘과 이어진 길天に続く道'이라는 이름의 약 30km 직선 길을 지나는데, 석양 무렵 먼 지평선을 바라보며 달리는 시간이 무척 낭만적이다.

- **시작 지점** 아바시리 시내 ·**끝나는 지점** 시레토코 우토로어항
- **드라이브 코스 길이** 약 75km ·**소요 시간** 약 1시간 15분

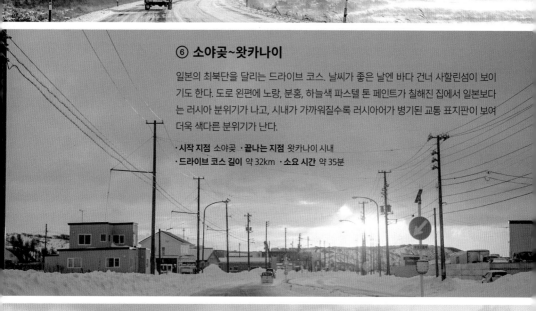

귀여운 걸 보면 스트레스가 줄어든대요

동물들을 만나러 가는 시간

아사히야마 동물원 P.215

둥근 터널형 수조를 통해 마치 하늘을 나는 듯한 펭귄을, 겨울에는 눈길을 산책하는 펭귄을 만날 수 있는 동물원. 동물들의 행동 하나하나를 흥미롭게 관찰할 수 있도록 구성한 기획력이 돋보이는 곳이니, 동물을 좋아한다면 꼭 한번 방문해 봐야 한다.

아칸 국제 쓰루 센터 P.287

구시로, 아칸 호수 근처에 있는 두루미 센터. 새하얀 눈 위에서 춤을 추는 듯한 두루미를 카메라에 담을 수 있다. 멸종 위기에 처한 두루미들이 꽤 많이 모여있는 풍경은 좀처럼 만나기 어렵기 때문에 더욱 특별한 경험이다.

굿샤로호 P.288

일본 최대 칼데라 호수이자, 온천도 솟아나는 굿샤로 호수에서 우아하게 유영하는 백조들을 만날 수 있다. 백조들 뒤로 펼쳐진 나카지마섬도 좋은 피사체가 되어준다.

사실 홋카이도에서는 길을 걷다가도, 드라이브를 하다가도 갑자기 여우나 사슴과 마주치는 경우가 종종 있다.
우연에 기대어 마주치는 일도 기쁘지만, 동물을 좋아하는 여행자라면 매력적인 동물들을 만나러 직접 찾아가 보자.

마루야마 동물원 P.153

굉장히 바빠 보이는 래서판다들이 사는 곳! 유리로 된 터널 수조는 코앞에서 북극곰과 바다표범이 헤엄치는 장면을 볼 수 있고, 일단 삿포로 시내에 있어 접근성이 매우 좋다.

덴구야마 로프웨이 P.191 다람쥐 공원

오타루 시내 전경이나 야경을 보러 올라간 김에 들러볼 수 있는 작은 공원. 사람을 전혀 무서워하지 않는 다람쥐들이 있다. 해바라기 씨를 구매해서 다람쥐들에게 주는 체험도 가능하니 아이들이 있다면 꼭 들어가 보자.

노보리베쓰 온천 곰 목장 P.175

자본주의의 화신들을 만날 수 있다! 노보리베쓰 온천 마을 목장에 사는 불곰들의 이야기다. 덩치는 산만 한 곰들이 사람들이 던져 주는 간식을 얻기 위해 춤을 추거나 인사를 하는 등 갖은 애교를 선보인다.

아이들에게 소중한
경험과 추억을 선물하기
홋카이도 체험 여행

홋카이도 곳곳에 아이들을 위한 체험 프로그램이
마련되어 있으니, 다양한 경험의 기회를 선물해 보자.
대부분 인원수에 제한을 두고 있고, 당일 신청은
안 되는 곳이 많아 미리미리 예약하고 방문해야 한다.

오타루 다이쇼 유리관 P.199

작은 액세서리나 젓가락 받침대와 같은 유리 공예품을 만들어 보는 체험을 할 수 있다. 직접 만든 소품은 두고두고 기억에 남는 색다른 기념품이 된다.

¥ 1,000엔~ ⏱ 약 10분~1시간
🏠 www.otaruglass.com

삿포로 근교 노던 홀스 파크

관광 마차를 타거나 승마 체험을 할 수 있을 뿐 아니라, 겨울에는 말 썰매도 타볼 수 있다. 공항에서 가깝고 셔틀버스도 운영하므로, 비행 출발 시간까지 시간 여유가 있다면 들러보자.

🚶 신치토세 공항에서 셔틀버스 15분
¥ 입장료 어른 800엔, 어린이 400엔(승마 체험 900엔)
🏠 www.northern-horsepark.jp

비에이 사계채 언덕 P.247

알파카 목장이 따로 마련되어, 앙증맞은 알파카를 쓰다듬거나 먹이 주기 체험을 할 수 있다.

¥ 입장료 500엔, 먹이 100엔
🏠 www.shikisainooka.jp/alpaca

후라노 치즈 공방 P.233

치즈뿐만 아니라, 아이스크림, 버터 만들기 체험도 가능하다. 아이가 좋아하는 메뉴로 골라보자!

¥ 1,000엔~ ⏱ 약 40분~ 🏠 www.furano-cheese.jp

알고 가면 더 많이 보인다
홋카이도 역사를 이해하는 공간

역사를 이해하면 도시가 다른 얼굴로 다가온다. 본래 아이누족의 터전이었기에 일본의 다른 지역과는 전혀 다른, 홋카이도만의 역사 탐방을 떠나보자. 홋카이도를 더욱 다양한 각도에서 바라보는 기회가 된다.

고료가쿠 P.269

일본 신정부와 막부가 대치한 마지막 전쟁, 하코다테 전쟁의 현장이다.

홋카이도 개척촌 P.167

본래 아이누족이 살았던 홋카이도는 1870년대부터 개척됐다. 개척 시대 당시 홋카이도가 어떤 모습이었는지 간접 체험해 볼 수 있는 곳.

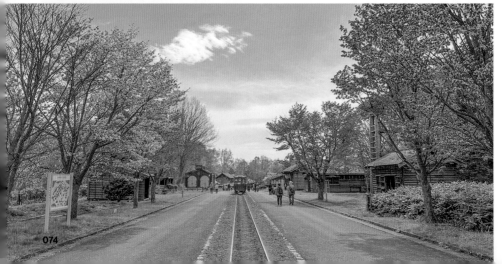

아바시리 감옥 P.298

홋카이도 개척 역사를 논할 때 빼놓을 수 없는
아바시리 감옥. 감옥을 테마파크 같은 공간으로
꾸며놓은 스토리텔링 능력에 감탄하게 된다.

오타루 북의 월가 P.194

홋카이도 제일의 경제 도시였던 오타루의 화려한 과거를
마주할 수 있다.

아이누코탄 P.285

흔히 떠올리는 일본의 문화와는 사뭇 다른 아이누족의
문화와 전통을 엿볼 수 있다. 실제로 아이누 사람들을 만
날 수 있는 장소이기도 하다.

맛있는 건 다 먹어보고 와야죠

홋카이도 먹방여지도

삿포로 생맥주 구로 라벨

수프카레

미소라멘

삿포로맥주 클래식

닛카 위스키

초밥

오타루 맥주

요이치

오타루

삿포로

무로란

하코다테

하코다테 비어

카레라멘

우리말에도 '보기 좋은 떡이 먹기도 좋다'는 말이 있듯이,
일본에는 '먼저 눈으로 먹는다'는 말이 있다.
홋카이도는 해산물을 비롯해 신선하고 맛있는 식재료로 풍족한 땅.
그만큼 요리마다 아름다움에 신선함까지 더해있다.
게다가 지역별로 맛볼 수 있는 술까지 곁들이니 금상첨화다.

빙점 맥주

오토코야마(사케)

• 아사히카와

쇼유라멘

유빙 드래프트

아바시리

후라노 와인

• 후라노

후라노 맥주

구시로

오비히로

로바타야키

부타동

홋카이도 어디에서든 맛있어요!

시오라멘

가이센동

징기스칸

초밥
お寿司

우리가 '초밥' 하면 일반적으로 떠올리는 것은 '손으로 쥐어 만든다'는 뜻의 니기리즈시握り寿司. 단촛물로 간한 밥 위에 생선이나 해산물을 한 점 올린 현대식 초밥으로, 에도 시대 때부터 먹기 시작했다고 해 에도마에즈시江戶前寿司라고도 부른다. 홋카이도에서 초밥으로 유명한 오타루 역시 에도마에풍이다. 참고로 오타루가 초밥으로 유명해진 것은 오타루 앞에 펼쳐진 이시카리만石狩湾 덕분이다. 이곳에서 잡힌 질 좋은 어패류로 초밥을 쥐고 싶은 일본 전국의 젊은 장인들이 오타루로 모여들며 가게를 냈고, 맛을 경쟁하며 지금에 이르렀다고 한다.

초밥집 고르기

웬만큼 까다로운 미식가가 아니라면, 홋카이도의 초밥은 기본적으로 신선한 회로 만들기 때문에 어딜 가도 맛있다. 합리적인 가격으로 푸짐하게 먹고 싶은 여행자라면 회전초밥집이 좋고, 장인의 솜씨를 경험해 보고 싶다면 오마카세 초밥집을 방문해 보자.

초밥 맛있게 먹는 법

간장은 생선에 살짝만 오마카세 초밥집에선 굳이 간장을 찍지 않아도 되도록 그 생선에 가장 어울리는 간장, 소스, 소금 등으로 간을 맞춰서 주며, 간장을 찍는 게 더 맛있는 경우 따로 권하기도 하니, 이에 따르면 된다. 회전초밥집에서 간장을 찍고 싶으면 생선에만 살짝 찍어 먹는 것이 좋다.

녹차, 생강으로 입 헹구기 일본 식당에서는 반찬 하나도 무료로 주는 법이 없다지만, 초밥집에서 가루 녹차와 초생강 만큼은 충분히 먹을 수 있다. 맛이 강한 초밥을 먹은 후에는 녹차나 초생강으로 입을 씻어내면 다음 초밥의 맛을 온전히 느낄 수 있다.

흰살 생선부터 손으로 보통 오마카세 초밥집에서는 맛이 강하지 않은 순서대로 흰살 생선, 붉은 살 생선, 등 푸른 생선 순으로 제공된다. 따라서 회전초밥집에서도 이 순서대로 먹는 것이 좋긴 하지만, 먹고 싶은 대로 원하는 순서로 먹어도 무방하다. 또 젓가락을 쓰지 않고 손으로 먹는 것이 더 맛있다고 하지만, 이 역시 개인이 선호하는 방식으로 먹어도 무방하다.

알아두면 좋은 제철 재료

- 4~7월 연어トキシラズサケ 봄여름에 지방이 올라 최상의 맛을 낸다.
- 6~8월 성게ウニ 샤코탄이나 리시리 부근에 간다면 꼭 먹어보자!
- 8~10월 꽁치サンマ 주로 아바시리, 시레토코 등 도동道東 지역이 유명하다.
- 9~10월 연어알イクラ 가을에 간장에 절여 만든다.
- 12~3월 광어ヒラメ 겨울이 가장 맛있다고 알려져 있지만, 수온이 낮은 홋카이도에서는 여름도 제철이다.

 추천 맛집

오타루 마사즈시 P.200

《미스터 초밥왕》에 나온 초밥집으로 유명한 곳. 유명한 이유를 충분히 이해할 수 있는 맛과 분위기.

삿포로 스시젠 P.157

신선함이 고스란히 전해지는 품질 좋은 생선과, 밥알이 하나하나 살아있는 장인의 손길을 느껴볼 수 있는 곳.

홋카이도의 바다를
품은 한 그릇
가이센동
海鮮丼

한 그릇의 초밥 위에 회를 올려 먹는 일본식 회덮밥. 가이센동의 역사는 그리 오래되지는 않았다고 한다. 홋카이도, 도호쿠 지방에서 시작되었다는 설과 단촛물로 간한 밥 위에 회, 달걀, 채소, 버섯 등 다양한 재료를 올려 먹는 지라시스시ちらし寿司에서 파생되었다는 설 등이 있다. 홋카이도에서는 참치, 연어, 성게, 오징어 등 각종 해산물이 잡히는 바다에 둘러싸인 땅이기 때문에 다른 어느 곳보다 신선한 회가 올라간 맛있는 가이센동을 맛볼 수 있다.

가이센동에 올라가는 인기 생선들

• **연어** サケ사케	• **참치** マグロ마구로
• **연어알** イクラ이쿠라	• **게** カニ카니
• **성게** ウニ우니	• **가리비** ホタテ호타테
• **새우** エビ에비	• **문어** タコ타코

이쿠라 쇼유즈케 いくらの醤油漬け

가이센동에 연어만 올리면 사케동, 성게만 올리면 우니동 등으로
부르는데, 그중 연어알만 올린 이쿠라동도 가이센동 집에서 흔히
볼 수 있는 메뉴 중 하나다. 이쿠라동에 올라가는 이쿠라 쇼유즈
케는 홋카이도의 향토 요리 중 하나인데, 매년 가을이면 홋카이도
의 많은 가정집에서 연어알을 간장에 절인다. 마치 우리나라의 김
장처럼 집마다 내려오는 양념과 비법은 다르다고 한다. 기본적으
로는 생연어알을 소금물에 풀어 얇은 막을 제거한 후 간장에 절인
다. 여기에 술, 맛술, 가쓰오부시나 다시마로 낸 맛국물 등을 이용
하는 것이 각각 다른 맛의 비결. 입안에서 톡톡 터지는 연어알이
따뜻한 흰밥과 매우 절묘하게 어울리기 때문에 밥도둑 메뉴 중 하
나다. 다양한 회가 올라간 가이센동도 좋지만 이쿠라동도 꼭 한번
드셔보시길!

 추천 맛집

삿포로 사카나야노 다이도코로 P.143

시장이 옆에 있어 삿포로 시내에서 가장 신선한 성게가
듬뿍 올라간 가이센동을 맛볼 수 있는 맛집.

하코다테 아지노이치방 P.276

아침 시장 안에 있어 두툼하게 썬 신선한 회가 올라간
든든한 한 그릇을 맛볼 수 있다.

도입온몸을 따뜻하게 해주는

수프카레
スープカレー

일반적으로 떠올리는 카레보다 조금 묽어 수프에 가까운 카레의 한 종류. 수프카레는 삿포로가 발상지다. 1971년에 삿포로의 찻집 아잔타アジャンタ에서 처음 개발했다고 하는데, 지금은 전문점도 많고 삿포로 시내 곳곳에서 볼 수 있는 메뉴로 자리 잡았다. 가게마다 국물을 내는 방식이 모두 다르기 때문에 어디에서든, 여러 번 먹어도 새로운 맛을 발견하는 즐거움이 있다.

수프카레는 육류, 생선, 채소, 향신료 등을 넣고 맑게 우려낸 육수인 부용Bouillon, 혹은 소뼈로 만든 갈색 육수 퐁드보Fond de veau를 바탕으로 고기, 감자, 연근, 당근, 단호박, 가지 등 각종 채소, 버섯, 달걀을 넣어 끓인 후 마지막에 향신료를 넣어 카레 맛을 낸다. 올리는 고명에 따라 치킨 카레, 양고기 카레, 해산물 카레, 채소만 들어간 베지터블 카레 등이 된다. 토핑으로 올리는 고기, 해산물, 채소들은 따로 삶거나 굽기 때문에 재료 본연의 맛은 물론이고 카레를 소스처럼 살짝 곁들인 맛도 즐길 수 있다. 토핑을 하나씩 즐기다가 고슬고슬한 밥을 한두 숟가락 카레와 먹기 시작하면 어느 순간 밥 한 공기가 순삭! 대부분의 가게가 맵기와 밥 양을 선택할 수 있고, 일정 단계 이상의 매운맛을 선택하면 추가 요금을 받는 곳도 있다.

수프카레 주문 방법

① 우선 토핑으로 올라가는 주재료부터 선택한다. 보통 닭고기, 돼지고기, 채소, 해산물, 소고기, 양고기 중에서 좋아하는 것을 고른다.

② 그 다음 매운 정도를 선택한다. 가게에 따라 1단계부터 6단계까지, 혹은 10단계 그 이상의 맵기 단계를 두고 있다. 보통 중간 맵기中辛를 추천하는데, 평소 매운 맛을 즐기면 가장 매운 단계에 도전해 봐도 좋다.

③ 흰밥의 양도 선택한다. 기본은 200g. 밥은 먹다가 부족하면 오카와리(추가)도 가능하니 처음부터 욕심내지 않아도 괜찮다.

④ 그 밖에 수프 양을 1.5배로 늘리거나, 낫또, 두부, 온천달걀, 각종 채소 토핑도 더 올릴 수 있으니 추가 옵션을 선택한다.

수프카레 추천 토핑

• 브로콜리 ブロッコリー	• 단호박 かぼちゃ가보차
• 가지 ナス나스	• 목이버섯 きくらげ기쿠라게
• 낫토 納豆	• 반숙 달걀 温泉卵온센타마고
• 소세지 ソーセージ	• 닭다리 チキンレッグ치킨레그
• 그을린 치즈 炙りチーズ아부리치즈	

추천 맛집

수프카레 킹 P.148

맵기가 무려 15단계로 세분화된 수프카레집. 토실한 닭다리 하나가 통째로 들어간 치킨카레가 가장 인기다.

스아게 플러스 P.149

수프카레의 스탠더드라 할 수 있는 집. 한국에도 체인점이 있고, 삿포로 시내에만 5개 지점을 운영하고 있을 정도로 가장 유명한 집이다.

가라쿠 P.148

품질 좋은 재료 선정에 자부심이 있고, 특색 있는 인테리어로도 인기가 좋은 수프카레집. 자매점 트레저도 운영하고 있다.

양을 쫓아
홋카이도에 갔다면

징기스칸
ジンギスカン

헬멧 모양 철판 냄비에 양고기와 숙주, 양파, 단호박 등 채소를 올려 구워 먹는 홋카이도 향토 요리다. 징기스칸은 다른 지역에서도 먹지만 홋카이도의 징기스칸이 특히 더 유명한 이유는 홋카이도에서 키운 양고기로 요리하기 때문. 어느 지역보다 신선하고 품질 좋은 고기를 맛볼 수 있다. 이름의 유래에 대해서는 몽골 사람들이 주로 양고기를 즐겨먹기 때문에 붙은듯하나, 실제 몽골 요리와는 관계없다고 한다. 보통 생후 1년 미만의 어린 양고기는 램ㅋ厶, 생후 12개월 이상 된 고기를 머튼マトン으로 구분하며, 머튼보다 램이 양고기 특유의 냄새가 적어 먹기 수월하다.

징기스칸의 맛의 비밀이라면 채소에까지 양고기의 풍미가 더해지는 것. 볼록하게 솟은 부분에서 고기를 구우면서 육즙이 가장자리로 흘러내려 여기에 채소를 굽는 것이다. 징기스칸은 한국의 생갈비, 양념갈비처럼 양고기 본래 맛을 즐길 수도, 달짝지근한 양념 맛을 즐길 수도 있다. 다른 양고기 요리에 비해 냄새는 적은 편이지만 예민한 사람이라면 양념 징기스칸을 추천한다. 다 먹은 후 남은 양념에 우동면을 넣어 볶아 먹는 것도 양념구이의 별미다.

징기스칸 맛있게 먹는 법

① 채소를 냄비 가장자리에 두르고, 봉긋 솟은 냄비 위쪽에 고기를 두어 굽기 시작한다.
② 고기의 육즙이 흘러내리면서 채소도 맛있게 구워진다.
③ 고기를 흰밥에 올려 함께 먹어도 좋고, 그냥 고기와 익힌 채소를 함께 먹어도 좋다.
④ 처음에는 양고기 본연의 맛을 즐긴 후, 소금을 찍어 맛보고 고추냉이와도 함께 맛본다. 마지막엔 소스에 찍어서 먹어본다. 내 입맛에 가장 맞는 법을 찾아보길!
⑤ 고기와 함께 먹던 밥이 어느 정도 남았으면 내어준 녹차를 부어 오차즈케로 마무리해도 좋다.

삿포로 마쓰오 징기스칸 P.146

양념 징기스칸의 정석을 맛볼 수 있다. 냄새 때문에 양고기를 꺼리는 사람도 사과와 양파가 들어간 이곳 특제 소스와 함께라면 시도해 볼 수 있을 것이다.

삿포로 아카렌가 징기스칸 구락부 P.146

해산물, 버섯, 채소 등 다른 재료도 곁들일 수 있다는 점에서 메뉴 구성이 좋고, 가성비까지 뛰어난 징기스칸 가게다.

아사히카와 히쓰지야 P.221

얼굴이 까만 서퍽종이라는 프리미엄 양고기를 맛볼 수 있다.

비싸지만 한 끼 정도는 먹어볼래

게 요리
カニ料理

일본 드라마를 보다보면 "홋카이도에 게 먹으러 가자"는 대사가 종종 나오는데, 그래서인지 한국 사람도 일본 사람도 '홋카이도' 하면 머릿속에 '게'를 떠올리는 듯하다. 사실 한국에서도 비싼 축에 속하는 게는 홋카이도 각지에서 잡힌다고 해도 그리 싸진 않다. 보통 일본식 코스 요리인 가이세키로 구성되어 있는 데다, 게 한 마리를 통째로 삶아 제공되는 메뉴는 가격이 시가인 경우가 많다. 그러나 신선한 게를 정갈하고 먹기 편하게 준비해 주며 매우 배불리 먹은 기분이 들기 때문에, 한 끼쯤 사치스러운 경험을 추구하는 여행자라면 분명 만족할 만한 선택지다. 일반적으로 가장 저렴한 메뉴가 5,000엔부터이고 음료까지 곁들이면 인당 10,000엔은 쉬이 넘어가니 예산이 빠듯하다면 점심을 노려보는 것을 추천한다.

홋카이도 게 종류

- **털게毛ガニ** 계절에 따라 주요 산지는 다르지만 연중 내내 즐길 수 있고, 특히 내장을 일컫는 말인 가니미소カニ味噌 맛이 일품이다.
- **대게ズワイガニ** 제철은 11~3월 해금이 풀리는 기간. 다리가 대나무처럼 길고 마디가 있다. 우리나라에서도 영덕과 울진에서 잘 잡히는 종으로, 살이 달기로 유명하다.
- **왕게タラバガニ** 1~5월, 9~10월, 봄과 가을이 제철. 오각형으로 된 통통한 몸에 다리도 토실해 먹을 맛이 난다.
- **하나사키게花サキガニ** 7~9월이 제철. 왕게보다는 몸집이 작다. 홋카이도 동쪽 끝 지역 네무로 지역에서만 잡히기 때문에 매우 귀한 종이다.

일본식 코스 요리, 가이세키

품을 회懷에 돌 석石자를 쓴 '가이세키懷石'는 불교 수도승들이 허기를 달래고자 밤에 돌을 따뜻하게 데워 품은 데서 유래했다고 한다. 본래는 허기를 달랠 정도로 가벼운 식사를 차와 함께 즐기는 요리지만 지금은 술과 함께 즐기는 호화로운 식사로 변했다. 가게마다 저마다 요리법이 있고 명칭도 조금씩 다르지만 기본적인 순서 및 구성은 비슷하다. 현지의 제철 식재료를 충분히, 즐겁게 맛볼 수 있는 요리이기 때문에 한번쯤 체험해 볼 만하다.

가이세키의 구성

① **전채**前菜 식사의 시작으로, 술과 함께 하는 가벼운 요리다. 채소나 작은 생선에 산뜻하게 간을 한 2~3가지 요리가 작은 접시에 조금씩 나온다.

② **니모노완**煮物椀 맑은 국물에 생선, 두부, 채소 등을 넣은 따뜻한 국물 요리로 위장을 데운다.

③ **쓰쿠리**造り 싱싱한 회가 종류별로 2~3점씩 제공된다.

④ **야키모노**焼き物 메인 요리의 시작으로, 제철 생선구이다.

⑤ **스이모노**吸い物 본격적인 메인 요리 전에 입 안을 씻어내는 국물 요리.

⑥ **핫슨**八寸 메인 요리. 게 가이세키 코스라면 여기에서 드디어 주인공 게가 등장한다.

⑦ **다키아와세**炊き合わせ 따로 익힌 생선, 채소를 한 그릇에 담아 내놓는 요리. 게 가이세키 코스에서는 다키아와세 대신 게살이 들어간 슈마이가 나오기도 한다.

⑧ **밥과 고노모노**ご飯と香の物 마지막은 역시 밥과 간단한 채소절임을 반찬 삼아 마무리하는 것이 정석. 게 가이세키에서는 게살이 듬뿍 들어간 게살죽かに雑炊 으로 마무리한다.

⑧ **디저트**デザート 코스엔 디저트가 빠질 수 없다. 디저트는 과일, 아이스크림, 화과자, 미니 케이크 등 다양하다.

라멘의 고장에서 라멘 도장 깨기

홋카이도 4대 라멘
ラーメン

추운 겨울날 삿포로에서 맛보는 뜨뜻한 미소라멘 한입은
얼어붙은 몸을 사르르 녹인다. 홋카이도 3대 라멘으로 손꼽히는 지역은 삿포로,
아사히카와, 하코다테로 여기에 무로란이 네 번째 자리를 노리고 있다.

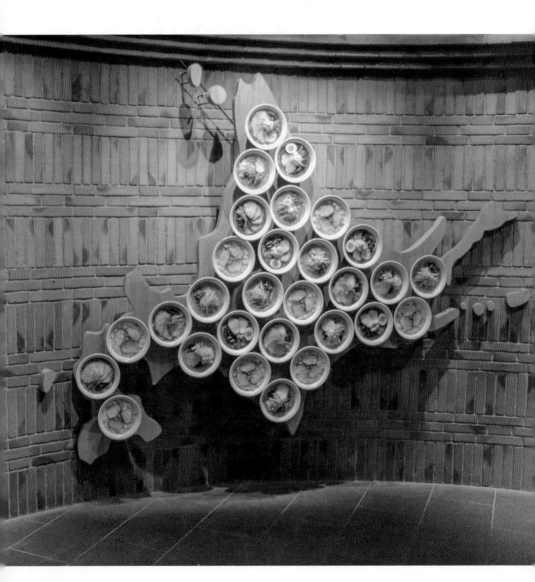

삿포로의 미소라멘

라드(돼지 비계를 녹여 만든 반고체 기름)와 마늘, 채소를 볶아 돈코츠 수프를 부은 후 된장을 풀어 국물을 낸 미소라멘이 대표적이다. 원래 삿포로라멘은 지금은 없어진 다케야식당竹家食堂에서 고용한 왕문채라는 중국인 요리사가 1922년 개발했다고 전해진다. 간장을 베이스로 한 국물에 꼬불꼬불한 면을 넣고 죽순과 파를 올린 요리로, '삿포로라멘이라면 미소라멘'을 떠올리는 지금과는 맛과 형상이 매우 달랐을 것으로 예상된다. 한편 된장을 베이스로 하는 라멘은 1955년에 아지노산페이味の三平의 점주 오미야모리토大宮守人가 고안했다. 몸에 좋은 된장으로 국물을 내보자며 시도한 레시피가 전국적으로 유명세를 얻게 되었다고 한다. 유흥가 스스키노 한쪽의 라멘요코초 P.144에 17개의 라멘집이 줄지어 있어 골라 먹어볼 수 있다.

아사히카와의 쇼유라멘

해산물과 돈코츠, 닭 껍질, 채소로 국물을 내고 아사히카와의 특산물인 간장으로 간을 한 라멘이다. 육해공 재료가 모두 들어간 덕분에 국물 맛이 매우 독특하다. 미슐랭 리스트에도 오른 하치야蜂屋 P.222가 있고, 아사히카와에도 다양한 라멘을 맛볼 수 있는 라멘무라 P.222라는 곳이 있다.

하코다테의 시오라멘

돈코츠 국물을 베이스로 하지만 기름이 적은 맑은 국물을 쓰고 소금으로 간을 맞춰 담백함이 가장 큰 특징이다. 다른 지역과 달리 면이 꼬불꼬불하지 않다. 우리나라 잔치국수를 좋아한다면 실망하지 않을 맛.

무로란의 카레라멘

몇 년째 홋카이도 4대 라멘으로 선정되는 것을 목표(선정 기관이 특별히 따로 있는 것은 아닌 것 같지만)로 하는 무로란에는 카레라멘이 있다. 진한 카레 국물이 면과 잘 어울리기 때문에, 언젠가 그날이 올 수도 있을 것 같다. 대표적인 카레라멘집은 아지노다이오라멘味の大王ラーメン이다.

신치토세 공항 국내선 터미널에는 홋카이도 각지의 유명 라멘을 맛볼 수 있는 홋카이도 라멘도조 P.170가 있으니 비행 출발 시간에 여유가 있다면 꼭 들러보자!

—🍴—

일본엔 생맥주 마시러 가는 거지!
깔끔한 목넘김에 빠져드는

홋카이도 맥주
ビール

삿포로맥주 클래식은 혼슈에서도 좀처럼 맛보기 어려워서
일본 사람들도 홋카이도에 여행, 출장차 방문하면
이 맥주를 기념품으로 사서 돌아간다고 한다. 물론 오타루,
하코다테, 아사히카와, 아바시리 등 홋카이도 각지에도 지역의 특색을
반영한 지역 맥주가 있기 때문에 이 또한 놓칠 수 없다.

홋카이도 특산 맥주

홋카이도 한정

삿포로 클래식 サッポロクラシック

1985년에 출시된 맥주로 홋카이도에서만 맛볼 수 있다. 맥아와 홉만을 사용해 깔끔하고 청량함이 느껴지는 맥주다. 2008년부터는 그해 후라노에서 수확한 후라노산 홉을 사용한 삿포로 클래식 후라노 빈티지 맥주(한정 수량)도 판매하고 있다. 후라노 여행 시 놓치지 말자! 향긋한 홉의 향기가 진하게 난다.

오타루 맥주 小樽ビール

오타루를 비롯하여 삿포로 내 음식점이나 편의점에서도 종종 눈에 띄는 맥주. 필스너, 둔켈 등 종류가 여러 가지다. 맥주 자체의 맛이 강하지 않아 수프카레나 징기스칸 등의 요리와 좋은 마리아주를 이룬다. 오타루 창고 넘버 원 P.203에 가면 양조장을 구경하면서 오타루 맥주와 잘 어울리는 안주를 즐길 수 있다.

빙점 맥주 氷点ビール

아사히카와에서 맛볼 수 있는 맥주. 미우라 아야코의 대표작 《빙점》 발표 50주년을 기념해 다이세쓰지비루관 P.223와 미우라 아야코 기념 문학관 P.215이 만든 바이젠 스타일 맥주다. 아사히카와산의 쌀이 들어간 것이 특징이라는데, 달달해서 전통 맥주를 좋아하는 사람이라면 입맛에 안 맞을 수 있다.

삿포로 생맥주 구로 라벨
サッポロ生ビール黒ラベル

완벽한 생맥주를 구현해 내고자, 잔에 따랐을 때 크리미한 거품이 올라가도록 제조한다고 한다. 클래식과 달리 일본 전국에서 판매하고 한국에도 수입 판매 중이다. 단, 한국에 들어오는 제품에는 '生'이라는 글씨가 빠지고 프리미엄 맥주라는 글씨가 들어간 패키지인 것으로 보아 제조법과 맛이 다름을 알 수 있다.

유빙 드래프트 流氷DRAFT

유빙을 넣어 만든 발포주. 컵에 따를 때 바다 위에 유빙이 떠오르는 모습을 구현하기 위해 천연 색소인 치자나무를 사용해 푸른색을 냈다. 유빙 드래프트 역시 단맛이 나서 전통 맥주 맛은 아니지만 한번쯤 기념으로 마셔볼 만은 하다. 아바시리 지역의 유빙 관광 쇄빙선 오로라 P.297 안에서도 맛볼 수 있고, 야키니쿠 아바시리 맥주관 P.302에서도 맛볼 수 있다.

맥주 마니아 필수 방문 코스

삿포로맥주 박물관 札幌ビール博物館 P.127

1890년에 지어진 양조장 건물을 박물관으로 꾸민 곳으로, 1층 스타홀에서 무려 140여 년 전 제조법으로 만든 '개척사맥주'를 맛볼 수 있다. 개척사맥주뿐 아니라 클래식, 구로 라벨 생맥주를 간단한 안주와 함께 즐길 수 있다.

🚶 삿포로역에서 도보 20분, 지하철 도호선 히가시쿠야쿠쇼마에역에서 도보 10분
¥ 자유 견학은 무료 🏠 www.sapporobeer.jp/brewery/s_museum

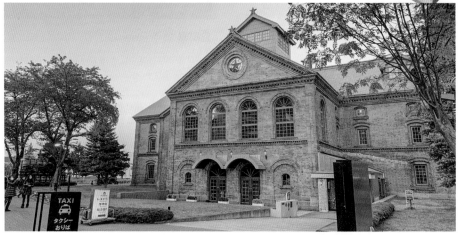

삿포로맥주 홋카이도 공장

삿포로맥주 브랜드 커뮤니케이터가 맥주가 만들어지는 과정을 차근차근 설명해 준다. 견학 마지막에 삿포로맥주 클래식과 구로 라벨 생맥주를 두 잔까지 시음할 수 있다.

🚶 삿포로비루테엔역에서 도보 10분 🕐 견학 투어 프로그램(소요 시간 60분, 3일 전까지 홈페이지 사전 예약 필수) 수~일 10:30~, 11:00~, 13:00~, 15:00, 월·화 & 연말연시, 2023년 12월 1일~2024년 1월 31일 휴관 ¥ 무료 🏠 www.sapporobeer.jp

🍷🍷 위스키부터 와인까지 모든 술이 나는 땅

쌀, 포도, 홉, 보리 등이 나고, 깨끗한 물이 있는 홋카이도의 대지는 다양한 술을 빚는 데 완벽한 환경이 갖춰진 곳이다. 맥주뿐 아니라 아사히카와에는 다이세쓰산의 깨끗한 물로 빚는 사케 오토코야마男山가 있고, 다키자와, 후라노, 하코다테와 같은 지역에선 포도를 재배해 와인을 만든다. 이에 더해 오타루 근교 요이치에서는 해풍이 듬뿍 스며들어 바다 향이 나는 위스키가 생산된다. 이 정도면 술 마니아를 충분히 만족시킬 라인업이라 할 수 있다.

닛카 위스키 요이치 증류소 P.206

기후나 풍토가 스코틀랜드와 닮은 요이치 지역에 위치한 증류소. 닛카 위스키는 어디서든 흔하게 구할 수 있지만, 평소 온더록스 (얼음을 넣는)나 미즈와리(물에 타서 마시는) 같은 음용법으로 즐기는 사람이라면 요이치 지역의 물과 함께 맛보는 경험을 위해서라도 방문은 필수다.

🚶 오타루 시내에서 자동차 약 30분, 기차(오타루역-요이치역)나 버스(오타루역 앞 버스 터미널-요이치역) 25~30분, 요이치역에서 도보 7분
🏠 www.nikka.com/distilleries/yoichi/

후라노 와이너리 P.233

후라노 지역에서는 1960년대부터 수차례의 연구와 개발을 거듭해 와인을 생산 중이며 원래 후라노 지역에서 자생하던 산포도로 만드는 와인도 맛볼 수 있다. 맛이 강하지 않고 깔끔하며 산미가 있어 짭짤하고 치즈 향이 강하게 나는 후라노산 치즈와 잘 어울린다.

🚶 후라노역에서 자동차 5분, 도보 30분
🏠 furanowine.jp

호스이 와이너리

여러 차례 실패와 절망 끝에 맛있는 와인이 탄생하는 과정을 담은 영화 〈해피 해피 와이너리〉의 실제 촬영지다. 샤르도네 및 피노누아 품종을 재배하여 만든 와인을 맛볼 수 있다.

🚶 삿포로 시내에서 자동차 약 1시간 🏠 housui-winery.co.jp

여행의 밤을 그냥 보낼 순 없지!

분위기 좋은
포장마차 거리
屋台

일본어로 '야타이屋台'라고 부르는 포장마차들이 모인 거리. 이 거리는 대부분 홋카이도의 거점 도시에
관광 명소로 조성한 경우이기 때문에 전기, 가스, 수도, 배수 시설을 잘 갖추고 화장실도 깨끗이 관리해
위생이나 미관상으로도 쾌적하다. 물론 작은 공간에 옹기종기 모여 앉아 이야기를 나누며
술잔을 기울이는 포장마차 특유의 분위기만큼은 충분히 살려 놓기 때문에 여행의 밤, 흥이 한껏 달아오른다!

오타루 렌가요코초 P.203

눈 내리는 오타루의 밤. 이곳에서 술잔을 기울이면 무척이나 낭만적이다. 혼자 방문해도 환영해 주는 가게들이 많으니 부담 없이 문을 두드려 보자! 사케와 궁합이 좋은 회 안주를 즐길 수 있는 스탠딩 바, 오타루에서 키운 닭 요리집, 징기스칸, 교자 맛집 등이 있으니 우선 주종을 선택하고 그에 어울리는 안주를 내놓는 가게를 선택해 들어가면 된다.

하코다테 다이몬요코초 P.276

홋카이도에서 가장 큰 규모를 자랑한다. 메뉴가 다양하고 왁자지껄, 정겨운 분위기다. 하코다테 특산물 오징어의 먹물을 넣은 까만색 교자를 파는 오징어 전문점, 사케와 궁합이 좋은 오뎅 맛집을 비롯해 튀김, 오므라이스, 곱창 맛집 등이 있다.

오비히로 기타노야타이·도카치노나가야 P.312

도카치에서 나는 제철 식재료를 사용해 포장마차임에도 고퀄리티 요리를 자랑하는 가게가 많다. 도카치산 소고기, 치즈, 감자 요리에 와인을 곁들이는 바Bar가 특히 인기가 좋다. 한국 요릿집도 있으니 얼큰한 국물 요리가 필요해질 즈음에 추천!

진한 커피 향이 맴도는
분위기 좋은 카페
カフェ

일본에 커피가 처음 들어온 곳은 17~18세기 쇄국 정책 시기, 서양에 제한적으로 문을 열어 두었던
나가사키현의 데시마였다고 한다. 커피가 보편화되기 시작한 건 메이지 시대에 요코하마,
나가사키, 하코다테 등 항구 도시들이 개항하고 외국인들이 살기 시작하면서부터. 홋카이도 여느 지역보다
서양에 일찍 노출되었던 하코다테도 비교적 오랜 커피 역사를 가진 곳이라고 할 수 있다.

정성스레 내려주는
핸드 드립 카페

커피 애호가라면 홋카이도에서 꼭 방문해 보아야 할 카페가 몇 군데 있다. 품질 좋은 스
페셜티 커피콩을 정성스레 로스팅하여 핸드 드립으로 내려주는 곳. 아무리 커피 맛에
까다로운 사람이라 해도 한 모금 머금은 순간, 고개가 끄덕여질 것이다.

삿포로 모리히코 P.158

모카, 만델링, 콜롬비아 원두를 블렌딩한 모리히코만의
스페셜 블랜드 커피 '숲의 물방울'을 꼭 마셔보자.

삿포로 마루미 커피 스탠드 P.135

손님의 커피 취향을 묻고 가장 좋아할 만한 원두를 추천
해 주는 맞춤형 카페.

깃사텐

우리나라로 치면 '다방'과 '카페'의 차이랄까. 일본의 깃사텐喫茶店은 카페보다는 덜 세련되지만 예스럽고 정다운 분위기다. 커피만 즐겨도 좋고, 식빵과 버터, 잼으로 구성된 간단하고 클래식한 아침을 먹으러 방문하기에도 좋은 공간이다.

고메다 커피점 P.150

가성비 좋은 아침 식사를 즐기러 주민들도 많이 찾는 곳이다. 커피도 맛있고 빵과 디저트류도 화려하진 않지만 기본에 충실한 맛이다.

삿포로 카페 란반 P.151

인상 좋은 주인아주머니가 따뜻하게 맞아주는 커피집이다. 1층은 화기애애한 분위기, 2층은 고요한 분위기다.

여유로운 시간

단순히 책을 파는 곳이 아닌 복합 문화 시설로 변모하고 있는 서점. 홋카이도에 있는 대형 서점들 역시 대부분 한쪽에 카페를 두고 있다. 책 한 권과 커피 한잔의 여유로운 시간을 즐겨보자.

하코다테 쓰타야 서점 P.270

서점 내에 스타벅스가 있다. 규모에 비해 차분한 분위기여서 오래도록 머물며 쉬어가고 싶은 공간이다.

삿포로 기노쿠니야 P.132

삿포로역 바로 옆에 있어 북적이긴 하지만, 이곳 스타벅스도 책 향기로 가득한 곳이기 때문에 커피가 조금 더 맛있는 것 같은 기분이 든다.

홋카이도 대자연이 낳은

디저트 대전
デザート

아이스크림

① 삿포로 기타카로 **P.137** 바닐라 소프트아이스크림バニラソフトクリーム

② 오타루 사와와 **P.205** 녹차 아이스크림抹茶アイス

③ 후라노 팜 도미타 **P.227** 라벤더 아이스크림ラベンダーソフトクリーム

④ 비에이센카 **P.250** 팥 아이스크림しゅまり小豆ソフトクリーム

⑤ 로켈 조잔케이 **P.177** 이세팜 바닐라 소프트아이스크림伊勢ファームソフトコーン

우유가 맛있기로 유명한 지역인 만큼 홋카이도산 우유를 사용해 만든 버터, 치즈, 생크림의 맛과 퀄리티는 말할 것도 없고, 유제품이 들어간 디저트들은 가히 환상적이다. 기념품으로 사와도 좋지만, 유통기한이 짧아 현지에서만 맛볼 수 있는 디저트들은 일단 뱃속에 담아 돌아오자!

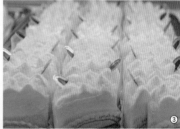

디저트

① 삿포로 기타카로 P.137 슈크림シュークリーム

② 삿포로 사토 P.149 시메파르페締めパフェ

③ 오타루 르타오 P.204 조각 케이크

④ 오비히로 롯카테이 P.313 유키콘치즈雪こんチーズ

⑤ 홋카이도 전역 레프본レフボン 식빵 & 상제르만サンジェルマン 로열 밀크 롤빵

　★ 상제르만은 홋카이도 전역에 있지만 오타루역 지점이 가장 접근성이 좋다.

시메파르페

술을 다 마신 후 달달한 파르페로 술자리를 마무리하는 해장 문화를 말한다. 삿포로에서 시작되어 일본 전국으로 퍼졌다. 이 파르페는 형형색색의 아이스크림 위에 초콜릿, 화과자, 제철 과일 등을 올려 마치 하나의 예술 작품처럼 만들어 보는 재미까지 있다!

🍴

가볍게 즐기는
편의점 먹거리
コンビニ

홋카이도의
편의점과 추천 제품

세이코마트

핫 셰프 코너 제품

홋카이도 로컬 편의점인 세이코 마트의 '핫 셰프Hot Chef' 코너에서는 홋카이도식 가라아게 장기ザンギ, 프라이드 포테이토, 가츠동 등 따뜻한 요리를 판매한다. 편의점 음식치고 고퀄리티여서 한 끼 식사로도 손색이 없다.

세븐일레븐

달걀 샌드위치 たまごサンド

경쟁이 치열해진 덕에 지금은 로손이나 패밀리 마트의 달걀 샌드위치도 충분히 맛있지만, 그래도 여전히 최고로 꼽히는 건 세븐일레븐. 너무나 보드라워 한입 베어 물면 크리미한 에그 스프레드가 마치 케이크를 먹는 것처럼 입안에서 녹아내린다.

로손

연어알 오니기리 いくら醤油漬

톡톡 터지는 연어알 하나하나에서 느껴지는 바다 향이 일품인 삼각김밥. 한국에서는 거의 맛볼 수 없으니 하나쯤 먹어보는 것을 추천한다.

가보고 싶은 곳이 너무 많아 한두 끼 정도는 가볍게 해결하고 싶다면,
혹은 일정을 마치고 호텔로 돌아가는 길에 뭔가 아쉽다면,
편의점에 들러 브랜드별 시그니처 제품이나 일본에서만 맛볼 수 있는 안줏거리를 골라보자.
품질도 좋고 맛도 좋아 그냥 돌아가면 후회할 만한 먹거리가 상당히 많다.

브랜드 상관없이
추천하는 제품

컵라면 カップ麺

컵라면의 원조 닛신 제품은 한번은 먹어봐야 하고, 야키소바나 커다란 유부가 들어있는 기쓰네동도 놓치기엔 아쉬운 아이템들이다.

홋카이도산 유제품

홋카이도산 우유, 요구르트류는 일단 믿고 먹어도 된다.

칼피스 カルピス

유산균 음료. 여름철에는 얼려서 팔기도 한다.

우노하나 卯の花, 포테이토 샐러드 등 반찬류

당근, 톳 등 채소와 해조류를 콩비지에 버무린 우노하나나 포테이토 샐러드는 캔 맥주에 어울리는 근사한 안주다.

푸딩 プリン

요즘엔 한국 편의점에서도 자주 보이지만 일본 편의점 푸딩은 종류가 다양하고, 시즌 한정 제품들도 많아 하나씩 맛보는 재미가 있다.

커피

결제 후 컵을 받아서 자신이 직접 따라 마시는 편의점 커피. 의외로 향과 맛이 진해서 가성비 좋은 식후 커피로 추천한다.

그 밖의 홋카이도산 제품

유제품뿐만 아니라 홋카이도산이나 홋카이도 내 지명이 원산지인 재료로 만든 제품들은 그 맛이 평균 이상은 되니 걱정 없다.

숙취 해소제 ヘパリーゼ

개인차가 있겠지만, 일본 숙취 해소제는 꽤 효과가 좋다.

특별한 기념품 쇼핑 리스트

홋카이도의 감성을 집으로!

지역별 기념품
쇼핑 숍

홋카이도 사계 마르셰 北海道四季マルシェ P.129

유명 디저트 브랜드는 일단 다 모여있기 때문에 이곳만 파도 작은 트렁크 하나는 충분히 채울 수 있다. 홋카이도산 조미료, 술 등 각종 식재료도 팔고 있어 '홋카이도의 맛'을 우리 집 식탁으로 옮겨올 수 있다.

오르골당 小樽オルゴール堂 P.186

오타루 하면 영화 〈러브레터〉 다음으로 떠오르는 것이 바로 오르골 소리. 스시 오르골도 좋고, 마음에 드는 모양, 음악으로 하나 잘 골라오면 돌아와서도 오타루의 낭만에 젖어들 수 있다.

닝구르 테라스 ニングルテラス P.232

후라노의 자연이 고스란히 담긴 목공예품, 양초, 양모 펠트 제품 등 다양한 소품을 구매할 수 있다. 아기자기한 상점이 늘어선 닝구르 테라스의 분위기가 지갑을 스르르 열게 하는 마력을 지니고 있으니 유의해야 한다!

사계의 정보관 四季の情報館 P.250

아오이케 물빛을 담은 비에이 사이다와 아오이케 캐러멜은 색도 예쁘고 맛도 좋다. 비에이의 날씨가 나빠 기대했던 풍경을 못만났다면, 풍경이 아름답게 담긴 배지나 마그넷도 추천 아이템이다.

여행 후 가족, 친구, 직장 동료, 지인에게 돌리는 선물을 뜻하는 오미야게ぉ土産.
여행 이야기도 나눌 겸 선물할 센스 있는 오미야게를 고른다면 어떤 것이 좋을까.
홋카이도는 지역마다 특색도 뚜렷하고 주력하는 관광 상품이 모두 다르다.
홋카이도만의 색이 듬뿍 담긴 기념품과 쇼핑 숍을 소개한다.

홋카이도 곳곳에서 만날 수 있는
기념품들

지방색이 담긴 티셔츠

홋카이도에서 자라는 채소, 아바시리 감옥에서 탈출하는
곰 등 재치 있고 귀여운 티셔츠를 기념품 숍마다 팔고 있
다. 편하게 입을 용도로 한 장 사오면 좋은 기념이 된다.

온천지의 향이 담긴 입욕제

노보리베쓰, 아칸호 등 온천지에서 파는 입욕제를 사보
자. 돌아와서도 홋카이도에서 경험한 온천의 기분을 비슷
하게나마 재현할 수 있다.

목각, 양털 공예품

홋카이도 전통 공예품인 곰 목각 인형은 다소 투박한 느
낌이지만 머위 잎 밑에 서있는 아이누 전통 요정인 코로
폿쿠루コロポックル 목각 인형은 꽤 귀엽다. 혹은 양털로 만
든 잡화들도 홋카이도를 기억하기 좋으니 추천!

젓가락, 맥주잔 등 일상용품

일상생활에서 자주 쓰는 용품을 사오면 행복했던 여행의
기억을 밥 먹을 때마다 떠올릴 수도 있고, 대화의 좋은 소
재가 되곤 한다.

빈 가방 하나쯤은 빵빵하게 채울 수 있는
편의점과 드러그스토어 쇼핑

주요 편의점
コンビニ

세이코 마트 Seico mart

일본에서 가장 오래된 편의점 체인으로 알려진 세이코 마트는 1971년 삿포로에서 시작됐다. 1,000여 개 점포를 운영 중이라, 홋카이도에서만큼은 다른 편의점을 압도한다. 홋카이도산 야마와사비를 넣은 오니기리山わさび醤油漬け, 채소가 듬뿍 담긴 비벼 먹는 라멘 사라다ラーメンサラダ 등 세이코만의 상품도 종류가 다양하다.

세븐일레븐 7-eleven

일본 내 가장 많은 점포 수를 자랑하는 편의점인 만큼 삿포로에서도 세븐일레븐을 발견하는 건 어렵지 않다. 세븐일레븐의 달걀 샌드위치는 워낙 유명해서 이젠 질릴 만도 하지만 그래도 일단 하나는 꼭 사 먹어야 할 것 같은 기분이 들고, 푸딩, 멜론빵 등 디저트류도 인기다.

로손 Lawson

미국발 편의점인 로손도 심심치 않게 발견할 수 있다. 로손은 일본산 원료, 유기농 제품을 취급하는 '내추럴 로손'이나 와인, 치즈, 파스타 등 수입 제품을 취급하는 '세조 이시이' 같은 자매 브랜드도 많은데, 그중 100엔에 품질 좋은 식재료를 파는 '로손 스토어 100' 정도만이 홋카이도에도 점포를 두고 있다.

패밀리 마트 Family Mart

패밀리 마트는 일본 전국에서는 점포 수 2위를 차지할 정도지만, 홋카이도에서는 다른 브랜드에 밀려 의외로 보기가 쉽지 않다. 패밀리 마트 역시 홋카이도산 식재료를 사용한 다양한 지역 한정 상품을 판매 중인데, 그중 홋카이도 탄탄면 맛집 175°DENO의 컵라면도 패밀리 마트 한정 상품이다.

아무리 인구가 적은 마을이라고 해도 편의점 하나 정도는 꼭 있기 마련.
한밤중에도 배고플 걱정은 덜 수 있어 든든하다. 또 의약품과 함께 식료품, 생활용품, 화장품 등
다양한 상품을 취급하는 일본의 드러그스토어는 편리하지만 가격이 무조건
싸지는 않다. 심지어 한국보다 비싸게 팔고 있는 상품도 있으니 잘 비교해 보고 사자.

주요 드러그스토어
ドラックストア

쓰루하드러그 ツルハドラック

아사히카와에서 시작한 드러그스토어 체인으로, 홋카이도 내에 점포 수가 가장 많다. 대부분 규모도 크고 취급하는 상품 수도 많아 각종 약, 화장품을 한번에 쇼핑하기 좋다.

삿포로 드러그스토어-사쓰도라 サツドラ

삿포로에 본사를 둔 드러그스토어로 2016년부터 애칭 '사쓰도라'라는 이름으로 리브랜딩했다. 간판이 '사쓰도라サツドラ'로 된 곳이 있고, '삿포로 드러그스토어Sapporo Drug Store'라고 된 곳도 있다. 삿포로 다누키코지에만 5개의 점포가 있다.

마쓰모토키요시 マツモトキヨシ

일본 전국에 점포를 운영 중인 대형 드러그스토어 체인점. 간판이 워낙 가시성이 높아 스스키노를 걷다 보면 자주 눈에 띈다.

선드러그 サンドラック

본사는 도쿄이지만 삿포로에서도 종종 볼 수 있는 드러그스토어. 다누키코지에도 점포가 두 곳이나 있고, 삿포로 근교에 큰 점포들을 몇 곳 운영하고 있기 때문에, 렌터카 여행 중에 필요한 것이 있다면 들러보기 좋다.

추천
드러그스토어
제품

카베진 キャベジン

한국에도 잘 알려진 양배추 추출물 소화제. 한번 먹어보고 효과가 좋다며 계속 구매하는 사람이 꽤 많다.

오타이산 太田胃散

맛있는 게 너무 많아 과식하게 되는 일본 여행 필수 아이템. 일본 국민 소화제라 할 정도로 오랜 기간 동안 사랑받아 온 약인 만큼 효과도 검증되었다. 우리나라의 가스활명수처럼 생약 성분이며, 알약도 나오지만 주로 가루 형태로 된 것을 1회 1포씩 복용한다.

파브론 S골드W パブロンSゴールドW

열, 기침, 콧물 증상을 완화해 주는 종합 감기약으로, 성인은 1회 2정 복용하면 된다. 12정부터 많게는 60정까지 다양한 용량이 있다.

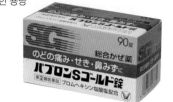

아네론 アネロン

여행 중 배를 탈 일이 있고, 평소 뱃멀미가 심하다면 드러그스토어에서 멀미약 아네론을 사두자. 3개, 6개, 9개씩 든 알약 형태로 되어 있으며, 1회 하나만 복용하면 된다.

루루어택 EX 프리미엄 ルルアタックEXプレミアム

조제약은 아니지만 꽤 효과가 좋은 감기약. 파란색은 목이 아픈 감기에, 초록색은 콧물이 나는 감기용이다.

이브 EVE

두통, 생리통에 좋은 진통제. 겨울에 홋카이도를 여행하다 보면 추운 날씨에 떨다가 두통이 오는 경우가 있는데 이때 유용하다. 이브 퀵DX에는 위를 보호하는 성분이 들어있으며, 핑크색 상자인 이브 A EX가 생리통에 잘 드는 제품이다.

사론파스 サロンパス

일본 여행에서 쟁여 오는 인기 품목 중 하나. 근육통 완화에 효과가 좋다. 조금 작은 사이즈로 140매, 240매씩 들어있는 제품이 가성비가 좋다. '핫ホット'이라고 쓰인 제품은 붙이면 따뜻해지는 파스다.

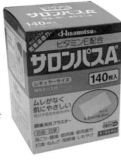

로이히츠보코 ロイヒつぼ膏

소위 동전 파스로 잘 알려진 제품. 크기가 작아 붙이기도 편하고 효과도 좋아 부모님 선물로 좋다.

로키소닌파스

운동 좋아하는 사람들 사이에서 최근 인기를 얻고 있는 파스. 근육통 완화에 효과가 좋다고 하며, 붙이면 아주 시원한 느낌이 든다. 7매가 들어있다.

도루마이신 ドルマイシン軟膏

여행 중 상처가 났다면 한국의 마데카솔, 후시딘쯤 해당하는 도루마이신 연고를 사서 바르면 된다.

오로나인

여드름, 뾰루지, 화상, 흉터, 무좀 등 피부 트러블에 사용하는 연고. 튜브 형태로 된 11g, 50g짜리도 있고, 30g에서 많게는 250g까지 통에 들어있는 제품도 있다.

로토 골드 40 ロート ゴールド

눈이 피로할 때, 침침할 때, 가려울 때 쓰는 안약. 눈에 넣으면 시원한 느낌이 드는 것이 특징인데 사람에 따라 따갑게 느낄 수도 있다. 마일드マイルド는 청량감이 제로이니 예민한 사람에게 추천한다.

무히 ムヒ

벌레 물린 데 바르는 연고. 모기에 물렸을 때 바로 바르면 가려움도 사라지고, 물린 자국이 언제 물렸나 싶을 정도로 빠를 땐 몇 분 만에, 늦어도 몇 시간 만에 사라진다.

현지인의 삶 속으로
로컬 식재료를
만나는 공간

여행자의 마음을 들뜨게 하는 풍경 중 하나,
현지 시장이다. 해산물, 과일, 채소,
고기 등 안 나는 것 없는 홋카이도의
로컬 식재료를 만날 수 있는 시장을 소개한다.

삿포로 니조 시장 P.142

세련되고 현대적인 삿포로 도심에서 시장의 활기와 바다 향을 만나
니 더욱 반갑다. 좌판에 누워 크기와 위용을 자랑하는 게들을 구경
하다 보면 배에서 꼬르륵 소리가 천둥치기 시작한다.

오타루 무농약 시장

신선한 채소를 좋아하면 오타루는
토요일에 방문하는 것이 좋다. 미야
코도리 상점가에서 열리는 무농약
채소 시장에선 홋카이도 청정 자연
이 키운 건강한 채소를 비교적 저렴
하게 맛볼 수 있다.

하코다테 아침 시장 函館朝市 P.267

아무리 늦잠쟁이여도 하코다테에서만큼은 하루쯤 일찍 일어나 아침 시장에 방문할 가치가 충분하다. 이른 아침부터 북적이는 시장의 활기를 느끼며 하루를 개운하게 시작할 수 있다.

비에이센카 美瑛選果 P.250

이곳 역시 세련된 공간에서 양질의 현지 직송 농산물을 판매한다. 우유, 팥, 밀로 유명한 비에이의 디저트들도 기다리고 있다.

후라노 마르셰 フラノマルシェ P.237

시장이라고 하기엔 매우 세련된 공간. 후라노에서 키운 과일, 채소와 같은 식재료뿐 아니라 후라노산 와인, 치즈를 비롯한 가공식품도 많이 판매하기 때문에, 요리가 어려운 여행자들도 즐거운 먹거리 쇼핑을 할 수 있다.

PART 3

진짜
홋카이도를
만나는
시간

반듯하게 구획된 여행자의 천국

삿포로
札幌

#수프카레 #클래식생맥주
#오도리공원 #진한우유맛아이스크림
#스스키노의밤 #징기스칸

홋카이도의 명실상부한 정치, 경제, 문화의 중심지. 당시 판관직을 지낸 시마 요시타케島義勇가 일본 교토를 본떠 바둑판 모양으로 설계한 계획도시로, 설계 당시 미국, 유럽 전문가의 도움을 받아 도시를 완성해 일본인도 이국적이라고 느끼는 곳이다. 오도리 공원을 경계로 북쪽에는 행정 시설, 남쪽에는 상업 시설이 있다. 동서남북으로 시원시원하게 뻗은 길 덕분에 도보 여행자들도 명소들을 찾아다니는 데 큰 어려움이 없다.

공항에서 삿포로
가는 방법

신치토세 공항 근처에서 렌터카를 빌리지 않는 경우, 시내까지는 JR 열차, 버스, 택시, 세 가지 교통수단 중 하나를 택해 이동한다. 예약한 호텔이 삿포로역 근처라면 열차가 가장 빠르지만, 주요 호텔 정문까지 가는 버스 노선도 잘 되어 있으니 미리 확인하자.

JR 열차

- **특징** 삿포로 시내까지 가장 빠르고 편하게 가는 교통수단
- **소요시간** 약 40분 ・**배차간격** 약 10~20분 ・**요금** 1,150엔(지정석 840엔 추가)
- **티켓** JR 탑승 게이트 옆 자동판매기, JR 패스는 JR 안내 데스크에서 구매, IC카드로 탑승 가능 ・**승하차 위치** 국내선 터미널 방향 JR역으로 이동 → JR 신치토세공항역 승차 → JR 삿포로역에서 하차

버스

- **특징** 가장 저렴하지만 이용객이 많을 땐 다음 버스를 기다려야 할 수도
- **소요시간** 약 70분 ・**배차간격** 약 15~30분 ・**요금** 1,300엔
- **티켓** 국제선 터미널 1층 안내 창구, 국제선 터미널 1층 자동판매기, IC카드로 탑승 가능
- **승하차 위치** 신치토세 공항 국제선 터미널 1층 → 삿포로역, 오도리 공원, 스스키노 하차

택시

- **특징** 가장 비싸지만 가장 편리한 교통수단. 짐이 많을 때 고려 가능
- **소요시간** 약 1시간 ・**요금** 약 15,000엔
- **승하차 위치** 신치토세 공항 국제선 터미널 출구 앞 택시 정류장

삿포로
시내 교통

우선 삿포로역, 오도리 공원, 스스키노 이 3곳만 머릿속에 넣어두자. 이들은 남북으로 거의 일직선에 있고, 삿포로역에서 스스키노까지 걸어서 20분이면 갈 수 있다(약 1.5km). 중간중간 지하철, 노면 전차, 버스를 적절히 활용하면 유명 명소 대부분을 30분 안에 방문할 수 있다.

지하철
地下鉄

삿포로 지하철 노선은 3개밖에 없다. 삿포로역·오도리 공원·스스키노·나카지마 공원을 잇는 난보쿠선南北線과 마루야마 공원·오도리 공원·버스 센터를 잇는 도자이선東西線, 삿포로역·오도리 공원·도요히라 공원을 잇는 도호선東豊線. 승차권은 지하철역 내 자동판매기에서 현금으로 구매할 수 있다. 요금은 210엔부터.

노면 전차
市電

다누키코지·스스키노·나카시마 공원·로프웨이 입구 등 24개 정류장을 순환한다. 거리와 관계없이 1회 탑승에 운임은 200엔이다. 뒷문으로 타고 앞문으로 내린다. 내릴 때 요금 투입구에 현금을 넣거나 카드 단말기에 IC카드를 찍으면 된다.

시내버스
バス

주요 지하철역 바로 앞에 버스 정류장이 있다. 중심가에서 조금 떨어진 삿포로맥주 박물관, 마루야마 동물원, 오쿠라야마 전망대를 갈 때 유용하다. 노면 전차와 마찬가지로 뒷문 승차, 앞문 하차. 요금은 210엔.

주말에는 패스권도 고려해 보세요

지하철 1일 승차권은 830엔이지만 주말과 공휴일, 연말연시(12/29~1/3)에 사용하는 지하철 패스권 도니치카 킷푸ドニチカキップ는 520엔, 노면 전차 패스권 도산코 패스どサンこパス는 370엔으로 비교적 저렴하다. 모두 지하철역과 전차 운전사에게 직접 살 수 있다. 그러나 날씨만 좋다면 삿포로는 도보 여행이 충분히 가능하고, 오히려 패스권이 별 이득이 없을 수 있으니 일정을 잘 고려해서 선택하자.

IC 카드 한 장 정도는 필수템

지하철과 노면 전차는 모두 IC카드 파스모Pasmo 및 스이카Suica를 사용할 수 있다. JR 역이나 자동판매기에서 IC카드를 구매하면 대중교통을 이용할 때마다 현금을 준비하지 않아도 되어 편리하다. 새 카드를 구매할 때 보증금 500엔을 지불하지만 카드를 반납할 때 돌려받는다. 삿포로 및 홋카이도 지역에서만 사용 가능한 사피카Sapica, 기타카Kitaca 카드는 다른 지역과 호환이 되지 않으므로 추천하지 않는다.

삿포로
추천 스폿

여름날엔 아이스크림이랑,
겨울엔 커피 한잔과 함께
오도리 공원 P.124

아주 잠깐만 걸어도 마음이 차분해지는 산책로
홋카이도 대학 P.126

입안에서 사르르 녹아 없어지는
슈크림은 꼭 먹어볼 것!
기타카로 P.137

100여 년 전 맥주를 맛보는 경험

삿포로맥주 박물관 P.127

삿포로에 왔으면 미소라멘은 먹고 가야지

라멘요코초 P.144

지금 삿포로 여행에서
떠오르는 핫 플레이스

홋카이도 볼파크 F 빌리지 P.164

왁자지껄 신나는 여행의 밤

스스키노 P.140

삿포로
추천 코스

직선으로 구획된 삿포로는 삿포로역에서부터 오도리 공원, 스스키노로 북에서 남으로 내려가며 일정을 짜는 것이 가장 효율적이다. 물론 체력이 된다면 일정 중간에 서쪽 마루야마 공원 부근, 혹은 동쪽 삿포로맥주 박물관을 끼워 넣어도 좋다. 저녁 일정을 스스키노에서 보낼 필요가 없다면 거꾸로 나카지마 공원에서 시작해 북쪽으로 올라오게 일정을 짜서 JR 타워에 올라 야경을 구경하는 코스도 추천한다.

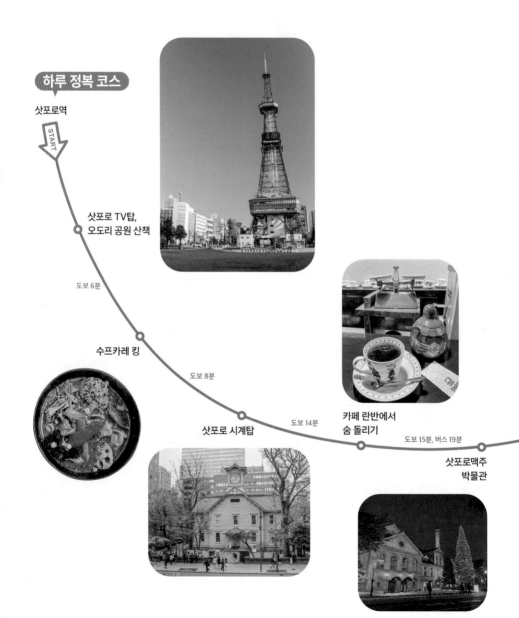

하루 정복 코스

삿포로역
START

삿포로 TV탑,
오도리 공원 산책

도보 6분

수프카레 킹

도보 8분

삿포로 시계탑

도보 14분

카페 란반에서
숨 돌리기

도보 15분, 버스 19분

삿포로맥주
박물관

오도리 공원 산책

징기스칸 구락부 or
가니쇼군 or 라멘요코초
홋카이도의
대표 요리 맛보기

스스키노의 이자카야 &
바에서 깊어가는 삿포로의 밤

도보 16분, 버스 7분

JR 타워 전망대에서
야경 감상

도보 12분,
버스 12분

다누키코지, 메가 돈키호테,
드러그스토어 쇼핑

마지막엔
꼭 시메파르페로
마무리

추운 날, 비가 많이 오는 날에는 지하로

궂은 날에도 삿포로는 뚜벅이 여행자의 천국이다. 삿포로역 바로 앞
에서부터 오도리역까지 치카호チカホ라는 지하 보도가 있어 지하
철이 오히려 무색할 정도다. 게다가 오도리역부터 삿포로 TV탑까지
는 오로라 타운オーロラタウン이, 오도리역부터 스스키노역까지는 폴
타운ポールタウン이라는 지하 보도가 이어진다. 덕분에 뜨거운 여름
햇살이나 매서운 겨울 추위를 피해, 혹은 비 내리는 날 캐리어를 끌
고 이동할 때 튼튼한 다리만 있으면 된다. 중간중간 카페, 휴게 시설
도 잘 되어있으니 대중교통 요금이 비싼 일본에서 잘 활용해 보자.

쇼핑은 여기에서!

삿포로역

札幌駅

역을 중심으로 주요 상업 시설이 모두 연결되기 때문에
삿포로역 주변만 마스터해도 홋카이도에서 먹을 것,
살 것을 대부분 해결할 수 있다. 서쪽엔 명품 브랜드들이
입점한 다이마루 백화점, 역 안에는 무인양품과
잡화점이 있는 스텔라 플레이스, 지하에는 각종 먹거리와
드러그스토어가 있는 상점가 아피아가 있다.
쇼핑 러버라면 삿포로역에서만 하루를 다 써버릴지도!

삿포로역

06 홋카이도 대학

삿포로맥주 박물관 07

요도바시 카메라

삿포로역
JR

02 스텔라 플레이스

03 네무로
하나마루

01 JR 타워 전망대

03 다이마루 백화점

기노쿠니야 서점 04

01 아피아

무인양품

린 06

유니클로

빅카메라

삿포로

삿포로 팩토리 05

04 마루미 커피 스탠드

홋카이도청 구 본청사 03

02 삿포로 시계탑

기타카로 삿포로 본점 07

오도리 공원 04

05 삿포로
TV탑

도토루

오도리

니토리

마루세이
커피

니시핫초메

175°DENO
탄탄면 02

01 우동 도마

니시욘초메

05 이사리비

고메다 커피점

로프트

카페 란반

스스키노

삿포로역
상세 지도

일본 신(新) 3대 야경 ⋯⋯⋯ ①

JR 타워 전망대 JRタワー展望室

삿포로에서 가장 높은 건축물인 JR 타워에는 지상 160m 높이에 전망대가 있다. 낮에는 40km 떨어진 오타루 시내가 아기자기한 모형처럼 보이고, 밤에는 직선으로 구획된 삿포로의 야경이 바둑판처럼 한눈에 들어온다. 사면이 통유리로 된 덕분에 탁 트인 전경이 시원하며, 여기에서 바라보는 야경은 고베, 나가사키, 하코다테 등 일본 3대 야경에 버금간다는 평가를 받곤 한다. 특히 남성 여행자라면 주목. 남자 화장실에서 볼일을 보면서 삿포로 전경을 발아래에 두는 호사를 누릴 수 있다. 초행자는 미로 같은 JR 타워 안에서 전망대를 찾아가는 길이 쉽지 않다. 가장 쉬운 길은 JR 삿포로역과 연결된 쇼핑몰 스텔라 플레이스 ステラプレイス 6층에서 전망대 매표소를 찾고 전용 엘리베이터를 타는 방법이다.

🚶 삿포로역 앞 JR 타워 이스트 6층 안내 데스크 📍 札幌市中央区北5条西2丁目5 JRタワ 38F 🕐 10:00~22:00(마지막 입장 21:30) ¥ 어른 740엔, 중고등학생 520엔, 초등학생 및 어린이 320엔 📞 +81-11-209-5500 🏠 www.jr-tower.com/t38

삿포로 시계탑 札幌市時計台

단순한 시계탑이 아닌 홋카이도 역사의 상징이다. 1878년, 홋카이도 개척의 중추였던 삿포로 농학교의 체육관이자 강당으로 지어졌다. 서구식 교육을 지향한 메이지 유신 당시 미국인 교육자들의 흔적이 곳곳에 배어 있으며 2층에 올라가면 하이라이트인 시계탑이 보인다. 1879년 미국 뉴욕에 주문한 시계는 너무 커서 건물에 설치하기 어려웠지만 2년간 대규모 공사를 진행해 1881년 8월 12일 첫 번째 종을 울렸다. 현재에도 하루 156번(매시 정각에 시간의 수만큼 울림) 울리는 시계탑은 전기 없이 일주일에 두 번 사람이 태엽을 감아 움직인다고 한다. 역사에 관심이 많다면 2시간 이상 투자할 만하다.

사진 촬영 팁

시계탑 앞은 보도가 좁아서 카메라 화각(시야의 각도)이 좁다. 그럴 땐 건너편 MN빌딩 2층에 있는 야외 테라스 시계탑 촬영 플라자에 올라가 보자. 이곳에서 시계탑을 찍으면 전체 모습이 한 프레임에 잘 들어온다. 무료 개방.

🚶 삿포로역에서 도보 11분 　📍 札幌市中央区
北1条西2丁目 　🕐 08:45~17:00, 1/1~1/3
휴무 　💰 어른 200엔 　📞 +81-11-231-0838
🏠 sapporoshi-tokeidai.jp

홋카이도청 구 본청사 北海道庁旧本庁舎

붉은 벽돌이라는 뜻의 '아카렌가赤レンガ'로 불린다. 고문이었던 미국인 카프론이 아이디어를 내 원형 돔 모양의 팔각탑을 올린 것이 이 건물의 큰 특징이 되었다. 당시 미국에서 '진취'의 상징으로 건물 지붕에 돔을 올리는 건축 양식이 유행한 영향이라고 한다. 1888년에 준공되었지만 이후 여러 번 화재로 소실되었다가 1968년에 원형으로 복원돼 유지 중이다. 이때까지도 홋카이도 도청으로 쓰이다 홋카이도 개척사와 관련한 전시 공간이 되었다.

🚶 삿포로역에서 도보 8분 　📍 札幌市中央区北3条西6丁目
🕐 08:45~17:30 　💰 무료 　📞 +81-11-204-5019

삿포로를 축제의 도시로 ········ ④
오도리 공원 大通公園

'오도리大通(큰길)'라는 이름처럼 커다란 도로가 공원으로 탈바꿈했다. 폭 105m, 길이 1.5km로 쭉 뻗은 직사각형 공간이 삿포로 시내를 남북으로 가르는데, 축구장 면적의 11배에 달한다. 이 널찍한 공원에서 2월 초에는 눈 축제가 열리며, 5월 중순엔 라일락 축제, 7월 중순부터 8월 중순까지는 여름 축제, 9월엔 홋카이도의 음식이 집결하는 오텀 페스트가 열려 사계절 내내 축제 기분을 만끽할 수 있다. 물론 가장 인기는 눈 축제다. 1950년 지역 중고등학생이 눈으로 만든 조각상 6개를 전시한 데서 시작된 삿포로 눈 축제는 어느덧 세계 3대 축제 중 하나로 자리 잡았다. 일몰부터 밤 10시까지 다양한 조각상을 비추는 조명이 축제의 백미다. 공원 가장자리에 줄지어 불을 밝힌 포장마차에서 술 한잔과 다양한 먹거리로 배를 채우다 보면 어느덧 추위는 잊는다.

🏃 삿포로역에서 도보 15분　📍 札幌市中央区大通西2丁目　🕐 24시간
📞 +81-11-251-0438　🏠 odori-park.jp

삿포로 TV탑 さっぽろテレビ塔

일직선으로 뻗은 오도리 공원이 한눈에 내려다보이는 높이 90.38m의 타워. 첨탑을 포함하면 전체 높이가 147.2m에 달한다. 2003년, 70m가 더 높은 JR 타워 전망대가 인근에 생기기 전까지는 삿포로 시내가 한눈에 보이는 스폿으로 관광객들의 사랑을 독차지해 왔다. 1956년 6월 착공에 들어가 6개월 만인 같은 해 12월 첫 전파를 내보내면서 홋카이도에 TV 시대를 연 역사적인 건축물이기도 하다. 삿포로 시내를 내려다보며 곳곳에 전시된 완공 당시 흑백 사진을 지금 모습과 비교하며 시간을 보내면 여행에 깊이가 더해진다.

🚶 삿포로역에서 도보 15분 📍 札幌市中央区大通西1丁目
🕐 09:00~22:00(마지막 입장 21:50) 💴 어른 1,000엔, 학생 500엔
📞 +81-11-241-1131 🏠 www.tv-tower.co.jp

홋카이도 대학 北海道大学

서울 잠실 야구장 부지의 30배 크기를 자랑하는 홋카이도 대학은 캠퍼스이자 도심 속 큰 공원이다. 평소 산책을 즐긴다면 잠깐이라도 시간을 내 꼭 한번 걸어보자. 먼저 안내 센터인 '엘름의 숲ェルムの森'에 들어가서 캠퍼스 지도를 챙겨 스타트. 실개천이 흐르는 중앙 녹지는 홋카이도 출신인 작가 미우라 아야코의 소설 《빙점》에서 주인공 요코가 독서를 즐기던 장소로도 유명하다. 이곳에서 북서쪽으로 방향을 틀면 '소년이여, 큰 뜻을 품어라 Boys, Be Ambitious.'라는 말로 유명한 초대 교장 윌리엄 클라크의 흉상이 눈에 띈다. 클라크 흉상을 지나 북쪽으로 10분 정도 더 걸어가면 은행나무 가로수길이 나온다. 가을 여행자라면 절대 놓쳐서는 안 되는 스폿! 홋카이도 대학의 명물인 북대 은행나무 가로수길 北大イチョウ並木과 포플러 가로수길 平成ポプラ並木이다. 포플러 가로수길은 2004년 태풍으로 가로수 절반이 쓰러졌다가 지역 사회의 지원을 받아 다시 조성했다고 한다. 시간이 좀 여유 있다면 300만 점 이상의 자료가 전시된 홋카이도 종합 박물관(무료 입장, 10:00~17:00)도 들어가 볼 만하다.

🚶 삿포로역에서 도보 5분　📍 札幌市北区北8条西5丁目
📞 +81-11-716-2111　🏠 www.hokudai.ac.jp

거친 옛 맥주 맛을
볼 수 있어요 ······· ⑦

삿포로맥주 박물관
サッポロビール博物館

맥주를 좋아하는 여행자라면 이곳에서 개척사맥주는 꼭 한번 마셔볼 만하다. 삿포로맥주 박물관은 1890년에 지어진 양조장을 박물관으로 단장한 곳으로, 2층에는 맥주를 제조하는 거대한 가마솥과 삿포로맥주 관련 전시물을 시기별로 정리한 갤러리가 있다. 역대 삿포로맥주 광고 모델이나 상표 변화를 구경하는 재미도 쏠쏠하다. 하이라이트는 1층 스타 홀. 1876년에 삿포로맥주의 전신인 개척사맥주 제조소에서 만든 '개척사맥주'를 여기서 마셔볼 수 있다(유료 시음). 깔끔한 지금의 삿포로맥주와 달리 쓰고 텁텁한 맛이 강하다. 시음을 포함한 박물관 프리미엄 투어는 1,000엔이며 시간은 50분 내외, 3일 전까지 예약이 필수다. 투어 가이드는 일본어로만 진행되고, 한국어 오디오 가이드를 받으려면 기기 대여료 500엔을 추가로 지불해야 한다.

🚶 삿포로역에서 도보 20분, 지하철 도호선 히가시쿠야쿠쇼마에역에서 도보 10분
📍 札幌市東区北7条東9丁目1-1 🕐 11:00~18:00, 월 & 연말연시 휴무
(임시 휴관일은 홈페이지 참조) ¥ 자유 견학 무료 📞 +81-11-748-1876
🏠 www.sapporobeer.jp/brewery/s_museum

자연스레 지나가게 되는 지하상가 ······ ①
아피아 APIA

삿포로역 지하와 이어진 상점가. 오가다 보면 자연스
레 들르게 되며, 웨스트와 센터로 구분된다. 웨스트 초
입에 있는 슈크림빵집 비어드 파파에서 풍기는 달콤
한 빵 냄새에 이끌려 걷다 보면 라멘, 회전초밥, 로바타
야키, 이자카야 등 음식점이 차례차례 등장하니, 이곳
에서 한 끼를 해결해도 좋다. 센터 쪽으로 넘어가면 패
션, 잡화 브랜드 상점 비중이 높다. 품질이 좋아 몇 컬
레 사오면 두고두고 잘 신는 양말 가게 구쓰시타야靴下
屋, 타비오 맨Tabio Man, 커다란 키티가 입구에 서 있어
인증 사진을 찍기도 좋은 산리오 기프트 게이트Sanrio
Gift Gate, 일본 각지의 유명한 식료품을 판매하는 구제
후쿠 상점久世福商店이 들를만하다.

🚶 삿포로역에서 바로 연결 📍 札幌市中央区北5条西3·4丁目
🕐 10:00~21:00 📞 +81-11-209-3500

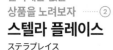

한국에는 없는
상품을 노려보자 ······ ②
스텔라 플레이스
ステラプレイス

삿포로역과 연결되며, 점포 수만 200여 개가 넘는 대형 쇼핑몰이다. 센터와 이스
트로 나뉘며 센터는 지하 1층부터 9층까지, 이스트는 6층까지 있다. 아직 한국
에는 매장이 없는 하우스웨어 숍 마두Madu, 모자 브랜드 카시라CA4LA(이스트
2층) 등 개성 있는 일본 브랜드가 입점해 있고, 러쉬Rush, 사봉Sabon 등 유명 코
스메틱 브랜드와 스누피 타운 숍, 디즈니 스토어, 무민 숍(센터 5층) 등 캐릭터용
품점도 있다. 센터 6층 식당가에는 회전초밥집, 소바집, 중국집, 라멘집 등 20곳
이 넘는 음식점이, 7층에는 영화관이 있다.

🚶 삿포로역에서 도보 1분 📍 札幌市中央区北5条西2丁目 🕐 10:00~21:00
📞 +81-11-209-51000 🏠 stellarplace.net

홋카이도를 대표하는 먹거리가 여기에 다
홋카이도 사계 마르셰 北海道四季マルシェ

삿포로역에 내리자마자 왼쪽에 보이는 상점. 늘 여행
객들로 북적이기 때문에 나도 모르게 빨려 들어가게
된다. 시로이코이비토, 롯카테이 등 홋카이도의 유명
디저트 브랜드들의 대표 상품과 홋카이도산 조미료,
술, 식재료들을 판다. 특히 가게에서 굽는 홋카이도 농
학교 쿠키샌드와 갓 튀긴 호테이布袋의 닭튀김 장기ザ
ンギ가 가장 인기다. 호텔에 갖고 갈 간식거리나 다른
도시로 이동할 때 기차에서 맛볼 군것질거리를 사려면
여기만 한 곳이 없다.

🏃 센터 1층

누구에게나 선물하기 좋은 은은한 향
시로 SHIRO

자연 소재로 최대한 깔끔하게 제품을 만든다는 홋카
이도 화장품 브랜드. 전체적으로 제품의 향이 인위적
이지 않고 은은하며, 패키지도 깨끗한 느낌이기 때문
에 성별 나이 관계없이 선물하기 좋아서 일본 젊은 층
사이에서 몇 년째 꾸준히 인기를 얻고 있다. 헤어 미스
트, 고체 향수, 마스크 스프레이 제품이 부담없이 두루
두루 선물하기 좋아 추천한다.

🏃 센터 지하1층

당장 선물할 일이 없어도 지갑이 열리는
버스데이 바 BIRTHDAY BAR

손수건, 젓가락, 곰 인형, 텀블러 등 생일 선물이나 답
례품을 판매하는 선물 가게. 아기자기하게 포장된 핸
드크림, 향초 등이 생일 케이크 모양으로 쌓여 있는데
특별히 선물할 사람이 없다면 나에게라도 뭔가 선물해
야 할 것 같은 기분이 든다.

🏃 이스트 3층

라이벌 격전!
분야별 양대 산맥

🛍️ 생활 잡화 · 니토리 vs. 로프트

니토리 ニトリ

'일본의 이케아'라고도 부르는 니토리는 원래 삿포로 출신 기업이다. 때문에 삿포로에서 발견하거나 찾아가면 더욱 반갑다. 일본에는 '시간 단축 생활時短生活', '시간 단축 레시피時短レシピ'와 같은 단어가 유행할 정도로 시간 및 공간의 효율성을 중시하는 문화가 있다. 이러한 일본인의 생활상이 고스란히 담긴 제품들을 니토리에서 만나볼 수 있으며, 반짝이는 아이디어 제품들에 빠져들어 정작 여행자의 시간은 무한정 흘러가 버린다.

🚶 오도리역 33번 출구 앞   📍 札幌市中央区南1条西3丁目8-9
🕐 10:00~21:00   🏠 www.nitori-net.jp/ec

중저가 화장품류

다양한 캐릭터 제품들

수납하기 편한 접이식 보존 용기

물기를 순식간에 없앤다는 규조토 발 매트

작은 공간에 많이 널 수 있는 행거

로프트 ロフト

미피, 리락쿠마, 도라에몽 등 아기자기하고 귀여운 일본 캐릭터들을 좋아한다면 로프트 방문은 필수다. 귀여운 캐릭터들이 들어간 문구류 및 소품이 많아 나를 위한 기념품 쇼핑에 제격. 가격대가 낮은 화장품을 쇼핑하기도 꽤 괜찮다. 일본 스타일 도시락통, 주방용품 등 실용적인 생활용품이나 인테리어 소품도 많다.

🚶 다누키코지역 출구와 바로 연결된 moyuk SAPPORO
📍 札幌市中央区南2条西3丁目3-1   📞 +81-12-093-7410
🕐 10:00~21:00   🏠 www.loft.co.jp

유니클로 ユニクロ

유니클로는 한국에서도 쉽게 접하지만, 같은 상품도 일본이 더 저렴한 경우가 많고 일본에만 파는 품목도 많다. 게다가 5,500엔 이상(세금 포함) 구매하면 면세가 되고 연말연시, 골든 위크 등 때마다 할인 행사가 자주 열리니 일단 방문하고 볼 일.

🚶 삿포로역에서 도보 4분 📍 北海道札幌市中央区北4条西
2丁目1 🕐 10:00~20:00 📞 +81-11-213-1210
🏠 uniqlo.com/jp/ja

무인양품 無印良品

유니클로와 마찬가지로 일본에서만 판매하는 상품이 있는데, 특히 식품류, 문구류가 다양하다. 의류, 생활용품들도 한국보다 저렴한 것이 많다. 마찬가지로 5,500엔 이상 구매 시 면세가 되고, 삿포로 시내에도 매장이 4~5곳 정도 있으니 한번쯤 들러보자.

🚶 삿포로역과 연결, 스텔라 플레이스 6층 📍 札幌市中央区北5
条西2丁目5 🕐 10:00~21:00 📞 +81-11-209-5381
🏠 www.muji.com/jp

요도바시 카메라 ヨドバシカメラ マルチメディア札幌

일본 전국에 약 20여 개 점포가 있는 전자 제품 체인점. 삿포로역에 인접한 3층짜리 건물 전체를 차지할 정도로 상당히 큰 매장이다. 1층엔 주로 PC 제품, 2층엔 카메라 및 음향기기, 3층엔 가전제품 중심으로 구성되어 있다. 사려는 제품이 다소 비싸다는 느낌이 들면 근처 빅카메라에 가서 가격을 비교한 후 구매하자.

🚶 삿포로역에서 도보 2분 📍 札幌市北区北6条西5丁目1-22
🕐 09:30~22:00 📞 +81-11-707-1010
🏠 www.yodobashi.com

빅카메라 ビックカメラ

작게나마 애플 제품을 전시 판매하는 코너가 있다. 환율에 따라 한국보다 저렴할 때도 있다. 그 밖에도 카메라, 가전제품, 화장품, 주류 등 다양한 제품을 판매한다. 특히 면세가 되는 제품 위주로 고려하면 캐논, 니콘 등 일본 브랜드 전자 제품이나 위스키, 와인 등의 주류가 한국보다 저렴하다.

🚶 삿포로역에서 도보 5분, 도큐 백화점 내 📍 札幌市中央区北
5条西2丁目1 🕐 10:00~20:00 📞 +81-11-261-1111
🏠 www.biccamera.com

훗카이도에서 가장 큰 백화점 ……… ③
다이마루 백화점 大丸

삿포로역 남쪽 출구 바로 앞에 있어 접근성이 매우 좋다. 지하 1층부터 지상 8층까지 총 9개 층이며, 에르메스, 샤넬, 프라다, 까르띠에 등 명품 브랜드부터 캐주얼 브랜드까지 다양한 상점이 들어서 있다. 리빙 잡화 브랜드가 있는 7층에 이딸라, 르쿠르제 등이 있고, 8층 레스토랑가에는 소바, 장어, 초밥집 등이 있다. 지하 1층에 기타카로, 로이스, 롯카테이, 르타오 등 훗카이도의 유명 디저트 브랜드가 모두 모인 점을 제외하곤 한국의 여느 백화점과 크게 다를 바 없다.

🚶 삿포로역에서 도보 1분 📍 札幌市中央区北5条西4丁目7
🕐 10:00~20:00 📞 +81-11-828-1111
🏠 daimaru.co.jp/sapporo

서점을 찾아다니는 여행자라면 ……… ④
기노쿠니야 서점 紀伊國屋書店

1927년에 창업한 일본 대형 체인 서점의 삿포로 지점. 1971년에 개점한 삿포로 지점은 4,300m²(1,300평)의 규모에 100만 권 이상의 도서를 보유하고 있다. 2층에 올라가면 훗카이도 예술가의 공예품·사진·회화 작품을 전시하는 갤러리를 운영하니 가볍게 구경해도 좋고, 스타벅스도 있으니 일본에서만 판매하는 한정 메뉴를 한잔 시켜 잠시 쉬어 가기도 좋다.

🚶 삿포로역에서 도보 1분
📍 札幌市中央区北5条西5丁目7
🕐 10:00~21:00 📞 +81-11-231-2131
🏠 www.kinokuniya.co.jp

궂은 날씨엔 여기로 ⋯⋯⋯ ⑤

삿포로 팩토리 サッポロファクトリー

1876년에 세워진 맥주 공장을 개조해 문을 연 종합 쇼핑몰이다. 아디다스, 노스페이스뿐만 아니라 일본 아웃도어 브랜드 고지쓰산소好日山荘, 소라SORA 등의 상점과 함바그, 수프카레, 라멘, 만두, 돈가스 등 웬만한 메뉴의 레스토랑은 모두 있다. 이곳 1층의 삿포로 개척사맥주 양조장, 견학관에서도 창업 당시 맥주를 재현한 개척사맥주를 마셔볼 수 있다. 겨울에는 지하부터 지상 4층까지 시원하게 뚫린 건물 한가운데에 홋카이도 산악 지역 도카치에서 가져온 높이 15m짜리 분비나무를 세우고 크리스마스트리로 꾸민다. 오후 4시부터 10시까지는 거대한 점보 크리스마스트리 일루미네이션에 불이 켜져 연말 분위기가 한껏 무르익는다.

🚶 삿포로역에서 도보 17분 📍 札幌市中央区北2条東4丁目1-2 📞 +81-11-207-5000 🏠 sapporofactory.jp

일본에 왔으니 일단
우동부터 먹어야지 ⋯⋯⋯ ①

우동 도마 うどん土間

심지가 느껴지는 쫄깃한 면발과 달고 짠 쓰유, 가쓰오부시 맛 국물에서 나는 희미한 바다 향. 정석에 가까운 일본 우동이 궁금하다면 삿포로에서는 우동 도마를 방문해 보자. 좌석 수나 인테리어 모두 우동 맛처럼 군더더기 없어 직장인들이 점심이나 저녁 한 끼 후루룩 먹고 일어나는 분위기다. 토핑이 잔뜩 올라가거나 국물에 다양한 재료가 들어간 우동을 떠올린다면 조금 심심하게 느껴질 순 있다. 연일 무거운 식사로 위장이 조금 지쳤을 즈음 방문해도 좋다. 물론 덴푸라우동, 카레우동 등 배를 든든히 채울 수 있는 메뉴도 있고, 돈부리를 곁들인 세트 메뉴도 있다. 영어와 한글이 병기된 메뉴판이 있다. 자판기에서 식권을 사기가 어렵다면 메뉴판을 요청해 메뉴에 붙은 숫자로 주문하자.

🚶 오도리역 2번 출구에서 도보 1분
📍 札幌市中央区南1条西5丁目16 B1F
🕐 월~금 11:30~15:30, 17:00~21:30,
주말 11:00~20:30, 월 저녁 시간 휴무
💴 가케우동 530엔~
📞 +81-11-212-1047
🏠 twitter.com/udon_doma

175°DENO 탄탄면 175°DENO担担麺

2013년 삿포로에서 시작된, 국물 없는 탄탄면이 유명한 맛집. 일본에서 구하기 힘든 향신료로 만든 고추기름辣油이 특징이다. 중국식 샤부샤부 '훠궈'에 쓰이는 산초나무 열매 '화초花椒'도 들어간다. 매운맛을 극대화해 한국인 입맛에도 다소 버겁다는 평이 많지만, 평소 마라탕이나 훠궈를 즐겨 먹는다면 꼭 가봐야 할 맛집 중 하나이며 매운맛은 단계별로 조정이 가능하기 때문에 매운 것을 전혀 못 먹는 사람도 시도하기 괜찮다. 대표 메뉴인 탄탄면은 흰깨나 검은깨, 국물이 있는 것과 없는 것 중에서 선택할 수 있다. 가장 인기 있는 메뉴는 국물 있는 흰깨 탄탄면白ごま汁あり担担麺. 화한 맛(시비레シビレ), 매운맛(辛さ)은 0~2단계까지는 무료로 선택 가능하고, 3~5단계는 추가 금액이 있다. 1단계가 가장 무난한 맛이다. 중국식인 산초의 매운맛에 익숙하지 않으면, 1단계를 주문하고 테이블에 있는 고추기름이나 화초가루를 넣는 것을 추천한다. 삿포로 시내에만 4개 점포가 있고, 삿포로 돔 구장 히쓰지가오카 전망대 부근에 있는 '175°DENO担担麺 Lounge HOKKAIDO'에는 향신료에 대한 설명 체험 프로그램, 아이들도 편하게 앉을 수 있는 좌석이 마련되어 가족 여행자, 렌터카 여행자라면 들러볼 만하다.

🏃 삿포로역에서 도보 16분
📍 札幌市中央区南1条西6丁目20
🕐 월~금 11:30~15:00, 17:30~21:00,
토·공휴일 11:30~16:00, 일 휴무
💴 탄탄면 800엔~
📞 +81-11-777-1177
🏠 www.175.co.jp

흰깨 국물 탄탄면白ごま汁あり担担麺

마파면麻婆麺

검은깨 비빔 탄탄면ごま汁なし担担麺

네무로 하나마루 根室花まる

홋카이도 네무로 지역의 싱싱한 해산물 요리를 구현한다는 콘셉트로 인기를 끌고 있다. 회전초밥, 전통 초밥 등으로 형식을 달리한 체인점이 삿포로에서만 12개가 운영 중인데, 이중 단연 인기는 JR 타워에 자리한 회전초밥 가게다. 한 접시에 130~420엔을 오가는 스시뿐 아니라 이시카리나베石狩鍋(연어 냄비 요리), 와카메미소시루わかめ味噌汁(미역 된장국)도 이곳에서 자신 있게 내놓는 요리다.

🚶 삿포로역과 연결, 스텔라 플레이스 6층 📍 札幌市中央区北5条西2丁目 6F
🕐 11:00~22:00 💴 한 접시 140~500엔 📞 +81-11-209-5330
🏠 sushi-hanamaru.com

마루미 커피 스탠드 丸美珈琲店

손님 취향에 맞는 스페셜티 커피를 추천하는 커피 전문점으로, 2006년에 문을 열었다. 지금은 삿포로 시내에만 점포가 6개 있다. 창업자 고토 에이지로는 '재팬 커피 로스팅 챔피언십'에서 일본 전국 1위, '월드 커피 로스팅 챔피언십'에는 일본 대표로 참가해 세계 6위를 하는 등 수상 경력도 화려하다. 그가 엄격하게 선별한 커피콩을 갈아낸 커피는 향이 매우 진하고 풍미가 좋으니 커피 애호가라면 한번쯤 마셔볼 만한 가치가 있다. 매장에서 판매하는 드립 백은 선물용으로도 추천. 커피 소프트아이스크림도 인기가 좋다.

🚶 삿포로역 지하와 연결, 시타테 삿포로
Sitatte Sapporo 지하 1층
📍 札幌市中央区北2条西3丁目1-7
🕐 07:30~22:00 💴 스페셜티 커피 486엔,
스페셜티 커피 소프트아이스크림 540엔
📞 +81-11-513-8338
🏠 www.marumi-coffee.com

단골이 되고 싶은 곳 ⑤
이사리비 漁火

매우 신선한 해산물을 안주 삼아 술 한잔 기울이기 좋은 이자카야. 좌석 수가 많지 않고 2~4명이 화로 곁에 옹기종기 모여 연어, 임연수어, 시샤모 같은 생선과 가리비, 소라 등 갑각류 및 버섯 등을 구워 먹을 수 있는 테이블로 구성되어 있다. 때문에 다른 이자카야처럼 왁자지껄한 분위기가 아니며, 술을 마시지 않아도 해산물 화로구이로 저녁 한 끼 먹으러 가기에 충분히 괜찮은 식당이다. 1990년대 일본 시티 팝이 흘러나오는 분위기 탓인지 연령대가 조금 높은 일본인 여행객 및 현지 주민으로 보이는 손님이 많다.

🏃 지하철 니시주잇초메역에서 도보 4분 📍 札幌市中央区南1条西8 🕔 17:00~23:00
💴 예산 1,500엔~ 📞 +81-11-213-0806 🏠 instagram.com/isaribiarakawa

가성비 갑 이자카야 ⑥
린 りん

삿포로역 주변에 숙소를 잡아 머문다면 2차로 가기 좋은 대중 술집. 미쓰이 가든 호텔 옆 건물 지하 식당가에 있다. 생맥주, 하이볼 등이 400엔대에, 안주도 300엔대부터 다양해 가성비가 좋다. 안주 두 가지와 음료를 무제한으로 즐길 수 있는 노미호다이飲み放題 코스가 1,500엔부터 있으니 술꾼들에게 강력 추천!

🏃 삿포로역에서 도보 6분 📍 札幌市中央区
北6条西6丁目 B1F 🕔 월~토 11:30~13:00,
17:00~23:00, 일 휴무 💴 예산 1,500엔~
📞 +81-11-206-0639
🏠 0112060639rin.owst.jp

영수증 보고 놀라지 마세요
일본 이자카야 오토시お通し 문화

일본 술집에는 대부분 300~500엔(많게는 1,000엔) 정도의 요금을 받고 전채 요리를 내놓는 문화가 있다. 한국에는 없는 문화여서 무료 서비스로 착각하는 사람들도 있으나, 주문한 요리 외에 별도로 음식값이 매겨진다. 가볍게 조미한 샐러드, 해조류, 두부, 혹은 회나 고기 몇 점 등 요리 종류는 가게마다 천차만별이다. 가게에 따라 음식을 전혀 내지 않고 자릿세만 받는 경우도 있다.

기타카로 삿포로 본점
北菓楼 札幌本館

오타루의 르타오, 오비히로의 롯카
테이와 더불어 홋카이도를 대표하
는 3대 제과 브랜드 중 하나다. 홋카
이도에 있는 많은 매장 중에서 홋카
이도 도청 근처 삿포로 본점이 가장
인상적이라는 평이다. 세계적인 건
축가 안도 타다오가 옛 도서관을 리
모델링한 건물로, 1층은 일반 제과
점, 2층은 카페로 운영 중이다. 매장
별로 한정 상품을 판매하며 대표 상
품은 바움쿠헨, 슈크림빵이고 쌀과
자도 인기다.

🏃 삿포로역에서 도보 10분
📍 札幌市中央区北1条西5丁目1-2
🕐 10:00~18:00 ¥ 슈크림빵 183엔~,
소프트아이스크림 387엔, 케이크 세트
917엔 📞 +81-800-500-0318
🏠 www.kitakaro.com

삿포로의 잠 못 이루는 밤

스스키노
すすきの

일단 먹고 마시고 싶다면 스스키노로 이동하는 것이 좋다.
홋카이도 제일의 유흥가이다 보니 술집은 즐비하고, 술의 단짝
친구이면서 삿포로에서 꼭 먹어야 할 징기스칸 맛집도 곳곳에
포진해 있다. 게다가 술 먹은 후 해장을 위한 라멘 거리까지
있다. 수프카레, 게 요리 등 삿포로의 대표 메뉴를 파는
맛집도 이 부근에 많이 모여있기 때문에 술을 즐기지 않아도
스스키노 방문은 필수다.

도토루

마루세이 커피

니시욘초메

03 아지노산페이

니조 시장 04 사카나야노
다이도코로

고메다 커피점

08 수프카레 킹 11 사토

니시핫초메

다누키코지 05

09 가라쿠

카페 란반

07 가니쇼군

스아게 플러스 10

스스키노

시세이칸쇼갓코마에

04 마쓰오 징기스칸 01 라멘요코초 호스이스스키노

06 가니테이 01 스스키노

05 아카렌가 징기스칸 구락부

02 에비소바 이치겐 히가시혼간지마에

야마하나쿠조 나카지마코엔

03 호헤이칸

나카지마코엔도리

02 나카지마 공원

스스키노
상세 지도

스스키노 이름의 유래

유곽을 조성할 당시 개척사에서 감사開拓監事직을 지낸 우스이 다츠유키薄井龍之가 자신의 이름에서 '박薄 얇다'자를 따와 스스키노薄野라고 이름을 붙였다는 설이 가장 유력하다. 또, 억새 종류인 스스키ススキ가 많은 지역이라 스스키노라는 이름이 붙었다는 얘기도 전해진다.

잠들지 않는 거리 ……… ①

스스키노 すすきの

샷포로의 최대 유흥가. 4,000여 개의 상점이 밀집해 있다. 야간 유동 인구만 8만 명에 달한다고 하니, 늦은 밤 이곳을 찾아가면 나 홀로 여행자도 외롭지 않다. 1871년 개척사(개척을 주도했던 관청)가 이 지역에 정식 유곽을 만들면서 샷포로 밤의 역사가 시작되었다. 1920년 유곽이 다른 곳으로 옮겨가고 생긴 빈자리에 술집이 들어서기 시작하며 환락가에서 상점가로 변신을 꾀했지만, 1970년대까지는 유곽 문화가 남아있었다. 2005년 호객 및 음란 광고를 제한하는 '스스키노 조례'가 통과되며, 관광객들도 부담 없이 들를 수 있는 상권으로 탈바꿈했다. 밤이 깊어갈수록 거리 곳곳에는 술에 취해 큰 소리로 떠드는 취객들은 많지만, 치안이 나쁘지 않으니 크게 걱정할 필요는 없다. 물론 방심은 금물!

🚶 지하철 스스키노역에서 바로

나카지마 공원 中島公園

서울 여의도 공원보다 조금 더 큰 23만 6,000m² 넓이의 도심 공원. 1886년 유원지로 출발해 지금은 일본 중요문화재 호헤이칸豊平館, 삿포로 음악홀 '키타라 Kitara', 어린이 인형 극장, 천문대가 자리한다. 봄마다 축제가 열리면 노점상들이 들어서고, 겨울에는 크로스컨트리 스키장으로 변신한다. 봄부터 가을까지는 공원 한가운데 연못에서 유유자적 보트를 즐길 수 있다. 이 밖에도 삿포로 눈 축제 기간에는 '유키아카리ゆきあかり'라는 행사가 열려 공원 곳곳이 눈과 촛불로 장식된다.

🚶 지하철 호로히라바시역 출구 앞 ⏰ 24시간 ✖ 무료 📞 +81-11-511-3924
🏠 www.sapporo-park.or.jp/nakajima

호헤이칸 豊平館

메이지 시대에 지어진 서양식 숙박 시설. 지금은 결혼식장 등 시민을 위한 공간으로, 입장료를 내면 내부 관람도 가능하다. 1880년 오도리 공원 부근에 지어졌고, 이듬해 홋카이도로 시찰을 왔던 메이지 일왕의 숙소로도 사용되었다. 개관 초기에는 호텔을 표방했지만 일왕이 묵었던 2층 객실에 일반인의 숙박을 암묵적으로 제한하면서 숙소보다는 각종 행사장으로 사용되었다. 이후 1950년대 중후반 나카지마 공원으로 건물을 옮기며 결혼식장으로 재탄생했고, 2016년에는 4년간의 리모델링 공사를 거쳐 메이지 일왕의 숙소를 재현한 관람 시설로 꾸려졌다. 지하 1층부터 지상 2층까지 올라간 구조로, 2층 발코니 및 내부 중심부의 화려한 샹들리에가 특징이다.

🚶 지하철 나카지마역에서 도보 8분
📍 札幌市中央区中島公園1-20 ⏰ 09:00~
17:00 ✖ 300엔 📞 +81-11-211-1951
🏠 www.s-hoheikan.jp

여행에서 로컬 시장이 빠질 수 없지 ⋯⋯ ④

니조 시장 二条市場

시장의 활기는 남겨두면서 깔끔하게 정비해 여행객들도 부담 없이 즐길 수 있는 시장. 삿포로 근교에 있는 장외 시장場外市場보다는 규모가 작지만, 접근성이 좋아 여행객이나 삿포로 시민들로 늘 북적인다. 메이지 시대 초기, 어부들이 이시카리강石狩川을 타고 삿포로까지 올라와 이 부근에서 생선 등을 팔았던 데에서 시장의 역사가 시작되었다고 한다. 시장 안에는 성게를 비롯한 해산물을 얹은 덮밥 가게가 많아 바다 향 물씬 나는 식사를 즐기기도 좋다. 새벽부터 문을 열어 저녁 무렵에는 셔터를 내리니 서둘러야 좋다.

🚶 오도리역에서 도보 9분 🕐 07:00~18:00
📞 +81-11-222-5308 🏠 nijomarket.com

바다 향 짙은 우니동은 여기에서
사카나야노 다이도코로 魚屋の台所

우니동(성게알덮밥)과 카이센동(해산물덮밥)이 유명한 맛집 오이
소大磯의 길 건너에 있는 가게. 오이소에 가려다 대기 줄이 너무 길
어 지친 여행객들이 이곳으로 건너가 식사를 하고 호평을 남기면
서 유명세를 타기 시작했다. 요즘은 오이소 만만치 않게 줄이 길다.
인기 메뉴는 성게알이 푸짐하게 올라간 우니동. 성게알 질에 따라
가격이 다르다. 식사에 국물이 빠지면 아쉬운 사람은 게를 넣고 끓
인 미소시루(된장국)를 곁들여 보자. 우니동을 먹을 때는 간장을
살짝 넣고 숟가락으로 성게알과 밥을 푹푹 찔러 넣으며 비벼 먹으
면 성게알의 향이 더욱 살아나고 맛이 깊어진다고 한다.

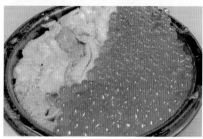

🚶 버스센터마에역에서 도보 6분　📍 札幌市中央区南2条東2丁目
🕖 07:00~15:30　💴 우니동 시가, 카이센동 2,300엔~
📞 +81-11-251-2219　🏠 sakanayano-daidokoro.com

근처에 머물며 쇼핑해요 ……⑤
다누키코지 狸小路

홋카이도에서 가장 오래된 상점가. 900m 길이의 아케이드 안에 음식점, 술집과
드러그스토어 등 200여 개 점포가 영업 중이다. 삿포로에 본사를 둔 드러그스
토어 사쓰도라ｻｯﾄﾞﾗ만 5개 지점이 있고, 다누키코지역 바로 옆에 일반 돈키호
테보다 상품 종류가 많고 규모가 큰 메가 돈키호테MEGAﾄﾞﾝｷ가 들어왔다. 도미
인, 리치몬드, 비스타 등 아케이드와 연결된 호텔이 많아 인근에서 묵으면 짐 걱
정 없이 편하게 쇼핑을 즐길 수 있다.

🚶 스스키노역에서 도보 5분　📍 札幌市中央区南2·3条西1~7丁目　🕐 가게마다 다름
📞 +81-11-241-5125　🏠 tanukikoji.or.jp

> ### 다누키코지 이름의 유래
> 다누키코지는 너구리(다누키狸) 굴, 또
> 는 길이라는 뜻. 1891년 나온 《삿포로
> 번성기》라는 책에 의하면 말솜씨로 남
> 자를 유혹한 여자를 너구리에 빗대 지
> 갑을 털게 만든다는 데서 비롯됐다고
> 한다. 1869년 홋카이도 개척사가 지어
> 질 무렵 이곳에 형성된 상권이 다누키
> 코지의 시초라고 하는데, 아케이드 형
> 태의 상가가 시작된 건 1958년부터다.

라멘 마니아들의 성지 ······ ①

라멘요코초 元祖さっぽろラーメン横丁

스스키노에 자리한 라멘 전문점 밀집 골목. 1951년 고라쿠
라멘 상점가公楽ラーメン名店街에서 시작된 이곳은 미소라멘
발상지 그 이상으로 라멘 마니아들의 성지. 현재 17개 가
게가 길이 약 50m, 폭 약 2m 골목에 밀집해 있는데, 귀가 전
야식과 맥주, 혹은 술자리 후 숙취 해소를 위한 '시메노라멘
シメのラーメン'을 즐기는 사람들로 자정까지도 매우 붐빈다.
일부 가게는 오전 5시까지 영업하기도 한다. 모든 가게가 맛
에 있어서는 오랜 기간 검증받은 곳이기 때문에, 줄이 길지
않은 가게를 적당히 골라 들어가도 실망하
지 않을 가능성이 높다.

🚶 오도리역에서 도보 8분
📍 札幌市中央区南5条西3丁目8-9
🕐 가게마다 다름
¥ 800~1,700엔
🏠 www.ganso-yokocho.com

고급스러운 새우탕면 ······ ②

에비소바 이치겐

えびそば一幻

새우 베이스의 국물로 유명한 라멘집. 선택의 폭이 넓다는 점이 매력이다. 된장
(미소みそ), 소금(시오しお), 간장(쇼유しょうゆ) 라멘 중 하나를 고른 뒤 여기에 들
어갈 육수 농도를 취향에 맞게 조합하면 된다. 육수 농도는 새우 수프의 비중이
높은 원래의 맛(소노마마そのまま), 돼지 사골과 새우 수프가 균형을 맞춘 적당한
맛(호도호도ほどほど), 돼지 사골이 더 첨가된 맛(아지와이あじわい)으로 나뉜다.
어떻게 조합하든 새우에서 우러난 맛과 향이 국물에 담겨있으니 기호에 맞게 선
택하면 된다. 다소 외진 곳에 있는데도 자정 무렵까지 웨이팅이 있을 정도로 인
기 맛집이다. 여느 라멘보다 가볍기 때문에 하루 일정을 마친 후 부담 없이 야식
으로 즐기기에 딱 좋다.

🚶 노면 전차 히가시혼간지마에 정류장에서
도보 4분 📍 札幌市中央区南7条西9丁目
1024-10 🕐 11:00~03:00 ¥ 에비미소라멘
900엔 📞 +81-11-513-0098
🏠 www.ebisoba.com

아지노산페이 味の三平

삿포로 미소라멘의 시작점이라고 알려진 곳. 평범 그 자체인 소규모 쇼핑센터 4층에 있어 여기가 원조집이 맞는지 의아한 생각이 들 수 있다. 매우 짜다는 후기도 많지만 입맛에 따라 심심하게 느끼는 경우도 있다. 지금처럼 일본 전국적으로 라멘 맛에 대한 경쟁이 치열하고 주기적으로 라멘 붐이 찾아오기 전, 70여 년 전 라멘은 이런 맛이 아니었을까 싶을 정도로 된장 본연의 맛이 살아 있다. 면은 당연히 가장 먹기 좋게 탄력 있는 상태로 나온다. 금액을 추가하면 가장 매운맛도 주문할 수 있지만 우리 입맛에도 꽤 매우니 추가금 없는 매운맛 정도를 추천한다. 자리에 가져다 주는 빨간 된장으로도 따로 맵기를 조절할 수 있다. 오리지널 미소라멘은 전혀 맵지 않다. 하나 더 특이한 건 테이블에 물통이 없다는 점이다. 잔에 물이 빌 때마다 눈치 빠른 점원이 재빠르게 물을 채운다. 고급 레스토랑도 아닌 대중 식당에서 얼핏 어울리지 않는 방식처럼 보이지만, 어찌 됐든 그런 덕분에 식사 내내 대접받는 느낌이 든다는 평가가 나오기도 한다.

🚶 다누키코지역에서 도보 3분, 다이마루후지 센트럴 건물 4층　📍 札幌市中央区南1条西3丁目2 4F　🕐 11:00~18:30, 월 & 둘째 화 휴무　💴 미소라멘 1,000엔
📞 +81-11-231-0377　🏠 www.ajino-sanpei.com

양념 징기스칸은 여기가 정석 ······④

마쓰오 징기스칸 松尾ジンギスカン

1956년에 문을 연 원조 징기스칸 식당이다. 홋카이도 징기스칸 요리를 대중화한 장본인이자 창업자인 마쓰오 마사지松尾政治가 사과와 양파를 넣어 만든 양념장이 크게 호평을 받으면서 일본 전국에서 인기를 얻기 시작했다고 한다. 본점은 삿포로 시내에서 90km 이상 떨어진 다키가와滝川에 있지만, 삿포로 시내에 직영점과 체인점이 여러 개 영업 중이다. 점원이 불판 다루는 방법과 고기 손질 방법을 친절히 설명하기 때문에 초심자도 부담 없이 즐길 수 있다. 특히 징기스칸 요리는 먹을 때는 즐겁지만 먹고 나면 온몸에서 고기 냄새가 진동해 종일 괴롭기 마련인데, 식사 전 외투를 로커에 맡기는 시스템이나 식사 후에 섬유 탈취제, 박하사탕 등을 제공하는 식의 세심한 배려가 돋보이는 가게다.

🚶 스스키노역 4번 출구에서 도보 4분
📍 札幌市中央区南4条西2丁目11-7 2F 🕐 17:30~23:00, 연말연시 휴무 ￥ 징기스칸 무제한 코스 4,000엔~
(2명 이상 주문 가능) 📞 +81-11-261-2989

가성비 좋고 주문이 편리한 ······⑤

아카렌가 징기스칸 구락부 赤れんがジンギスカン俱楽部

가성비 좋은 징기스칸 맛집. 언어의 장벽을 넘어 상세하게 요리 설명을 곁들이는 할머니의 친절함으로도 유명세를 탄 식당이다. 세트 메뉴가 있어 주문하기가 수월하다. 둘이 방문했다면 양고기 2인분, 밥 한 공기, 미니 김치, 된장국, 음료 한 잔으로 구성된 B세트가 적당하고, 3인이라면 다른 구성은 같고 고기가 3인분인 A세트를 주문하면 된다.

🚶 스스키노역에서 도보 7분
📍 札幌市中央区南7条西6丁目1-2
🕐 17:00~23:00 ￥ 징기스칸 A세트 3,000엔, B세트 2,500엔, 양고기 단품 800엔~ 📞 +81-11-531-7980
🏠 akarenga.owst.jp

홋카이도 가이세키를 맛보자 ......⑥
가니테이 かに料理 かに亭

게가 메인 요리로 나오는 가이세키 요리를 그나마 합리적인 가격에 즐길 수 있는 곳. 각종 회와 성게알, 죽을 포함한 10개 요리가 코스로 나오는 저녁 메뉴가 1인 10,000엔부터. 게 요리 가격이 식당별로 천차만별인 특성을 감안하면, 알찬 구성에 무척 배불리 먹을 수 있다. 코스의 메인 요리인 게찜은 먹기 편하게 정성스레 손질되어 나온다. 특히 여느 가이세키 요리에는 좀처럼 등장하지 않는 감자버터구이와 게살죽이 일품. 젓갈과 절임 반찬도 맛있다. 방문 전 전화 혹은 홈페이지를 통한 예약은 필수다.

🚶 스스키노역에서 도보 5분 　📍 札幌市中央区 南5条西6丁目 2F 　🕐 16:30~22:00
💴 게 코스 요리 10,000엔~
📞 +81-11-512-6065 　🏠 kanitei.owst.jp

커다란 게 간판이 보인다면 ......⑦
가니쇼군 かに将軍

삿포로에서 가니야ヵ二家를 비롯해 기업형으로 운영하는 대형 게 요리 식당. 흔히 먹는 게찜을 비롯해 다양한 요리가 코스로 나오는데, 양도 많고 가격대도 높은 코스 메뉴보다는 샤부샤부나 스키야키를 추천한다. 게살을 육수에 살짝 담가서 먹느냐, 혹은 자작한 국물에 먹느냐의 차이다. 마지막에 달걀죽 혹은 우동을 넣어 마무리하는 코스가 정석. 규모가 큰 식당인 만큼 맛과 퀄리티는 보장되나, 봉사료가 따로 청구되는 등 예산보다 영수증에 찍히는 금액이 더 클 수 있으니 유의하자. 좌석이 넉넉하지만, 단체 관광객이 방문하면 매우 붐비기도 하니 인터넷으로 예약하고 가는 것이 좋다. 점심에 가면 저녁보다 저렴하게 즐길 수 있다.

🚶 스스키노역에서 도보 2분 　📍 札幌市中央区 南4条西2丁目14-6 　🕐 11:00~15:00, 17:00 ~22:00 　💴 게 샤부샤부 1인 6,800엔 ~
📞 +81-11-222-2588
🏠 www.kani-ya.co.jp/shogun

현지인들에게 사랑받는 ⋯⋯⑧

수프카레 킹 SOUP CURRY KING

삿포로 수프카레 식당 중 현지인 입맛에 가장 가깝다고 평가받는다. 그 때문인지 관광객으로 붐비는 삿포로의 다른 유명 수프카레 식당에 비해 일본인 손님이 많다. 때로는 바로 자리가 나기 때문에 '웨이팅 적은 맛집'으로도 알려졌다. 묽으면서도 향이 강한 수프카레 특유의 국물을 치킨, 돼지고기, 양고기 등과 함께 먹는 메뉴부터 채식주의자를 위한 야채카레도 준비되어 취향대로 고를 수 있다는 것이 이곳의 가장 큰 장점. 매운맛도 15단계로 세분화되어 있지만 3~4단계가 무난하다. 매운맛을 좋아한다면 추가 요금을 내고 6단계 이상에 도전해도 좋다.

🚶 삿포로역에서 도보 17분, 오도리 공원에서 도보 5분
📍 札幌市中央区南2条西3丁目13-4 B1
🕐 평일 11:30~15:30, 17:30~21:30, 주말 11:30~21:30, 부정기 휴무 💴 치킨카레 1,300엔, 야채카레 1,350엔, 시푸드카레 2,000엔 📞 +81-11-213-1230

실망시키지 않는 맛 ⋯⋯⑨

가라쿠 スープカレー GARAKU

한국인 관광객 사이에서 입소문이 많이 난 곳으로, 특히 치킨카레가 호평을 받는다. 30여 개 재료를 넣어 우린 수프에 21가지 향신료를 사용해 맛을 낸다. 밥도 홋카이도산 쌀을 고집한다. 미국 교외 레스토랑 느낌을 내는 인테리어도 특색 있고, 홋카이도 곳곳에서(최북단 왓카나이에도 있다) 체인점을 운영한다. '트레저Teasure'라는 자매점도 가게 분위기가 더욱 깔끔하고 메뉴 구성 등이 비슷하니 둘 중 어느 곳을 방문해도 괜찮다.

🚶 다누키코지역에서 도보 3분
📍 札幌市中央区南2条西2丁目6-1 B1
🕐 11:30~15:30, 17:00~21:00, 부정기 휴무 💴 치킨카레 1,250엔~
📞 +81-11-233-5568
🏠 s-garaku.com

자매점 트레저

귀국해서도 맛볼 수 있어요 ⋯⋯⋯ ⑩

스아게 플러스 Suage+

가장 잘 알려진 수프카레 체인점. 누구나 매일 즐
길 수 있는 보편적이고 질리지 않는 맛을 내는, 어
찌 보면 수프카레의 스탠더드라 할만한 곳이다. 한
국에도 체인점이 있어 삿포로가 그리워질 무렵 다
시 맛볼 수 있다는 것 역시 장점이다.

🏃 스스키노역에서 도보 2분
📍 札幌市中央区南4条西5丁目6-1 2F
🕐 11:30~21:30 ￥ 치킨야채카레
1,380엔~, 스아게 스페셜 2,180엔~
📞 +81-11-233-2911
🏠 suage.info

'시메파르페'의 대표 주자 ⋯⋯⋯ ⑪

사토 佐藤

파르페, 커피, 술을 파는 디저트 전문점. 2018년 문을 연 사토佐藤가
매우 잘 되자 바로 근처에 사사키佐々木란 이름으로 2호점도 열었다.
두 가게가 가까이에 있기 때문에 웨이팅 수를 비교해 보고 줄이 짧은
곳에서 기다렸다 맛보면 된다. 초콜릿과 망고, 소금 캐러멜과 피스타치
오, 콩과 매실, 호지차, 계절 과일 등 기본 메뉴가 6개이고, 제철 과일
에 따라 바뀌는 기간 한정 파르페도 있다. 술과 간단한 안주, 파르페,
커피로 구성한 코스 메뉴가 대표적이다. 이곳에선 깊은 밤, 즐거운 고
민이 시작된다.

🏃 다누키코지역에서 도보 4분(사사키는 골목길 하나를 사이에 두고 바로 앞)
📍 札幌市中央区南2条西1丁目6-1 🕐 화~목 18:00~24:00,
금 18:00~02:00 (다음 날), 토 13:00~02:00(다음 날), 일 13:00~24:00,
월 휴무 ￥ 파르페 1,599엔~ 📞 +81-11-233-3007 🏠 pf-sato.com

향긋한 모닝커피에 따뜻한 빵과 함께 시작하는 하루

카페 조식

호텔 조식도 좋지만 여정 중에 하루 정도는 일본 카페, 찻집의 모닝 서비스를 경험해 보면 좋다. 모닝 서비스는 아침 (보통 오픈 시간부터 오전 11시까지)에 음료와 토스트를 세트로 묶어 할인 가격에 판매하는 서비스다. 커피 없이 하루를 시작하기 어려운 사람, 식빵 마니아라면 삿포로의 아침을 카페에서 열어보자.

고메다 커피점 コメダ珈琲店

조식 세트로 유명한 커피 체인점. 나고야에서 시작된 고메다 커피점의 '모닝' 서비스는 일본 전국에서 인기다. 삿포로에만 5개 지점이 있고, 지점에 따라 아침부터 대기하는 곳도 있을 정도다. 손님이 '머물고 싶은 공간'이 되도록 고심해서 꾸몄다는 빨간색 소파, 통나무집 같은 내부 인테리어, 로고 등은 어딘지 레트로풍인 데 반해 캐시리스 결제 시스템이나 프리 와이파이 및 충전 서비스, 회수권 개념의 커피 10회 고메다 티켓 판매 등 운영에는 세련된 면이 돋보인다. 기다리기가 싫다면 테이크아웃으로 즐기자. 커피콩 초콜릿이나 도라야키와 같은 디저트류도 맛있다.

🏃 오도리역 1번 출구에서 도보 2분
📍 札幌市中央区南1条西6丁目1-4　🕐 07:30~22:30
💴 고메다 블렌드 커피 460엔~　📞 +81-11-596-8988
🏠 www.komeda.co.jp

🍴 고메다의 모닝 세트

음료를 주문하면 식빵이나 모닝빵에 삶은 달걀, 달걀 샐러드, 팥 앙금 중 하나와 버터, 과일잼, 두유잼 중 하나로 구성된 세트를 무료로 제공하는 시스템이다. 개점 시간부터 오전 11시까지만 적용된다.

마루세이 커피
MARUSEI COFFEE

빵도 맛있고 커피도 맛있는 카페는 좀처럼 찾기 어려운데, 이곳은 딱 둘 다 맛있는 곳이다. 자가 로스팅, 자가 베이킹을 자랑하는 카페인 만큼 입구 오른쪽엔 제빵 공간, 왼쪽엔 로스팅 기계가 자리하고 있다. 토스트 세트는 강력 추천! 두툼한 식빵에 따뜻하고 진한 커피 한 잔이 또 다시 시작되는 여행의 아침을 행복하게 열어준다.

🚶 오도리역 34번 출구 바로 앞 📍 札幌市中央区南1条西1丁目13-13
🕐 월~토 07:30~20:00, 일 ~19:00 ¥ 커피 380엔~
📞 +81-11-205-0388 🏠 www.instagram.com/maruseicoffee

🍴 마루세이의 모닝 세트

두툼한 식빵 한 장과 커피, 홍차, 주스 중 한 잔, 샐러드로 구성된 토스트 세트가 390엔. 햄, 달걀이 들어간 파니니, 미니 샐러드와 음료를 더한 세트는 500엔이다.

도토루 DOUTOR

도쿄에서 시작된 커피 체인점. 일본에만 지점이 1,200여 개 있을 정도로 대형 커피 체인이다 보니 특색이 두드러지진 않지만 그만큼 실패, 실망할 가능성도 낮다. 적당한 가격에 무난한 커피를 맛볼 수 있으며 계절 한정이나 홋카이도산 식재료를 사용한 디저트류도 꽤 괜찮다.

🚶 오도리역 15번 출구 바로 앞
📍 札幌市中央区大通西三丁目11 🕐 월~금 07:00~21:00,
토 07:30~21:00, 일 08:00~20:00
¥ 블렌드 커피 250엔~ 📞 (전화) +81-11-200-3880
🏠 shop.doutor.co.jp

카페 란반 CAFE RANBAN

시끌벅적한 다누키코지, 스스키노에서 살짝만 벗어나도 시간이 한적하게 흐르는 공간에 젖어들 수 있다. 2층에서는 보다 조용한 분위기에서 여유롭게 커피를 즐길 수 있다. 핸드 드립인 데다가 직원이 1, 2층을 오가며 서빙을 하기 때문에 커피가 나오기까지 시간은 좀 걸리지만, 여행 도중에 잠깐 여유가 필요할 때 추천한다.

🚶 스스키노역에서 도보 4분 📍 札幌市中央区南3条西5丁目-20
🕐 08:00~19:00 ¥ 커피 550엔~ 📞 +81-11-221-5028
🏠 ranban.net

🍴 도토루의 모닝 세트

햄 & 달걀, 치킨 & 감자 샐러드, 햄 & 치즈 등 대중적인 맛으로 조합한 샌드위치와 커피로 구성된 모닝 세트를 500엔이 안 되는 가격으로 맛볼 수 있다. 도토루 모닝 세트의 큰 장점은 포장도 가능하다는 것. 포장해서 공원에서 즐길 수 있다.

🍴 카페 란반의 모닝 세트

@Sapporo_gourmet_db

두툼한 식빵 한 장과 삶은 달걀, 잼으로 구성된다. 커피가 핸드 드립인 만큼 다른 곳보다는 가격대가 높지만 커피 맛에 까다로운 여행자라면 방문해 볼 만하다. 토스트 세트 850엔부터.

삿포로 사람들의 일상도
슬쩍 엿볼 수 있는

마루야마 공원

円山公園

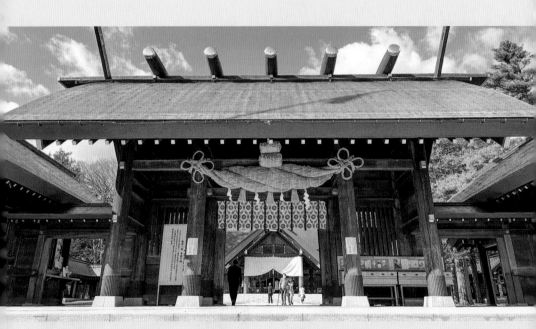

북적이는 분위기가 싫은 여행자들은 마루야마 공원 주변을
찾아가자. 한적한 주택가 사이사이, 신선한 커피콩을
갈아 향기로운 커피를 내려주는 카페와 보석 같은
디저트 가게가 있고, 시민들이 일광욕과 산책을 즐기는
커다란 공원이 있어 몸과 마음이 힐링된다.

마루야마 공원
상세 지도

05 푸딩 마루야마

니시니주핫초메 🚉

디 앤드 디파트먼트 01

01 스시젠 본점

니시주핫초메 🚉

마루야마 공원 02

니시주고초메 🚉

홋카이도 신궁 03

🚉 마루야마코엔

모리히코 03

02 마루야마교수

04 돌체 드 산초

마루야마 동물원 01

04 오쿠라야마 전망대

니시센로쿠조 🚉

맹수들을 코앞에서 볼 수 있는 ⋯⋯ ①
마루야마 동물원 円山動物園

화제의 아사히카와 동물원까지 갈 만한 시간 여유가 없다면 삿포로 시내에 있는 마루야마 동물원에서 아쉬운 마음을 달래보자. 도쿄 우에노 동물원의 동물들을 이송해 전시했던 것이 시초가 되어, 1951년 어린이날에 개원했다. 이 동물원에서는 북극곰과 바다표범이 간판 스타다. 두 맹수가 유리로 된 터널 속에서 헤엄치는 장면을 코앞에서 볼 수 있고, 쉴 새 없이 돌아다니는 레서 판다도 앙증맞다. 규모가 작지는 않지만, 보고 싶은 동물 위주로 관람한 후 원내 7개 있는 원내 식당에서 소바나 카레, 라멘 등으로 가볍게 요기를 하거나 이곳의 명물 튀긴 빵을 간식으로 즐기면 2~3시간으로 충분하다.

🚶 지하철 마루야마공원역에서 도보 15분
📍 札幌市中央区宮ケ丘3番地1 🕐 여름 09:30~16:30,
겨울 09:30~16:00, 둘째·넷째 수 & 4·11월 둘째 주 & 연말 휴무
💴 어른 800엔, 어린이 무료 📞 +81-11-621-1426
🏠 www.city.sapporo.jp/zoo

마루야마 공원 円山公園

225m 높이의 나지막한 마루야마산 주변에 조성된 공원으로, 특히 벚꽃 명소로 사랑받는다. 공원 안에 동물원, 신궁뿐 아니라 야구장, 운동장, 테니스장 등 각종 운동 시설이 있기 때문에 삿포로 시민들도 즐겨 찾는다. 특히 원시림이 많이 남아 잠깐만 걸어도 피톤치드를 듬뿍 들이켜 몸이 정화되는 느낌을 만끽할 수 있다.

🚶 지하철 마루야마공원역에서 도보 5분   📍 札幌市中央区宮ケ丘3
🕐 +81-11-621-0453   🏠 maruyamapark.jp

일본의 벚꽃놀이 문화

벚꽃놀이에 진심인 일본 사람들. 4~5월에 피는 꽃을 감상하는 축제 하나미花見의 역사는 무려 1,200여 년 전 나라 시대 때 시작되었다고 한다. 초기엔 귀족들이 매화를 감상하며 시를 읊는 행사였으나, 헤이안 시대(794~1192년)부터 감상의 대상이 벚꽃으로 변했다. 지금은 매년 벚꽃 시즌이 다가오면 어디에서 벚꽃놀이를 할지 고심해 약속을 잡고, 가장 풍성하고 아름다운 벚꽃나무가 있는 스폿에 돗자리를 깔고 앉아 맛있는 음식과 음료를 즐기는 문화로 자리 잡았다. 가족끼리, 직장 동료끼리, 친구나 연인끼리 모여 앉아 벚꽃을 보며 두런두런 이야기를 나누는 모습이 벚꽃과 어우러져 행복해 보인다. 집에서 도시락을 싸가기도 하고, 주변 맛집에서 먹거리를 포장해서 가기도 하지만 주변에 포장마차(야타이 屋台)나 푸드 트럭이 줄지어 있기 때문에 미리 준비하지 않아도 걱정 없다. 종종 맥주를 드럼통째 가져와 본격적으로 마시는 직장인, 대학생 그룹도 있다.

야타이屋台(포장마차) 추천 메뉴

① 야키소바 焼きそば

일본 포장마차 메뉴의 정석은 뭐니 뭐니 해도 야키소바가 아닐까 싶다. 물론 타코야키たこ焼き, 오코노미야키お好み焼き 역시 우열을 가리기 어렵다. 꼬불꼬불한 면, 양배추, 돼지고기를 소스에 버무려 철판에서 볶은 후 달걀프라이, 초생강을 올려 먹는다. 어찌 보면 매우 심플한데 그래서 그런지 식당에서보다 야외에서 먹으면 유독 더 맛있게 느껴진다.

② 자가버터 じゃがバター

버터구이 감자 역시 유제품도 맛있고 감자도 맛있는 홋카이도에서 꼭 먹어볼 메뉴다. 얼마나 다르겠냐 싶지만 일단 먹어보시라. 버터의 풍미가 스며들어 부드럽게 씹히는 감자 한입, 분명 다르다!

③ 초코바나나 チョコバナナ

달달함의 극강 조합. 당연히 맛이 없을 수가 없고, 비주얼도 예뻐 후식으로 즐기기 좋다.

④ 옥수수 とうきび

홋카이도 포장마차이기에 꼭 먹어봐야 하는 메뉴가 바로 옥수수다. 여름철 일조 시간이 긴 홋카이도에서 생산하는 옥수수는 유독 당도가 높기로 유명하다. 구운 옥수수, 삶은 옥수수 두 가지 버전이 있는데 건강에는 삶은 옥수수가 더 좋겠지만 구운 옥수수가 더 달고 맛있다.

⑤ 10원빵 10円パン

일본에서 한류는 이제 붐을 넘어서 하나의 서브 컬처로 자리 잡은 만큼, 포장마차에도 그때그때 유행하는 한국 먹거리가 하나 정도는 있기 마련이다. 요즘은 SNS에서 핫한 경주 10원빵을 본뜬 10엔빵이 종종 보이는데, 꽤 인기가 좋다.

홋카이도 신궁 北海道神宮

서양 도시 같은 느낌이 드는 삿포로에서 오히려 이색적인, 일본스러운 명소다. 삿포로 개척기였던 1871년 메이지 일왕이 칙명을 내려 지은 신사로, 처음엔 홋카이도 개척과 관련된 삼신三神을 모시다가 1964년에는 일본 제국주의의 초석을 쌓은 메이지 일왕을 추가해 사신四神을 모신다고 한다. 이런 이유로 참배하기에는 고민이 필요하다. 볼거리로는 6월 중순에 열리는 삿포로 축제가 꼽히는데, 이 날은 사신을 위한 가마 네 대가 시내까지 대규모 행진을 펼친다. 연초에는 참배객들로 매우 붐벼 입장하기 어려울 수 있으니 유의.

🚶 지하철 마루야마공원역에서 도보 15분
📍 札幌市中央区宮ケ丘474
🕐 1~2월 07:00~16:00, 3월 07:00~17:00, 4~10월 06:00~17:00, 11~12월 07:00~16:00 📞 +81-11-611-0261
🏠 www.hokkaidojingu.or.jp

오쿠라야마 전망대 大倉山展望台

스키점프 경기장이자 전망대도 겸하고 있다. 1931년 호텔 오쿠라의 창업자 오쿠라 기시치로大倉喜七郎가 사재로 점프대를 지어 삿포로시에 기증했고, 1972년 열린 삿포로 동계올림픽 때 스키점프 규격에 맞게 110m 높이로 단장했다. 지금도 다양한 스키점프 대회가 열리고 있다. 점프대 출발 지점인 해발 307m 전망대에선 삿포로 시가지와 이시카리 평야가 한눈에 들어온다. 운이 좋다면 연습 중인 선수들의 모습도 볼 수도 있다.

🚶 오쿠라야마경기장입구 버스 정류장에서 도보 10분
🕐 여름 08:30~17:30, 7~9월 17:30~20:30, 겨울 09:00~16:30
¥ 리프트 왕복 1,000엔, 뮤지엄 입장료 600엔
📞 +81-11-641-8585 🏠 okurayama-jump.jp

디 앤드 디파트먼트
D & DEPARTMENT PROJECT SAPPORO by 3KG

디자이너 나가오카 겐메이가 세운 재활용품 판매점 '디 앤드 디파트먼트 프로젝트'의 홋카이도 지점이다. '물건 하나를 만드는 데도 많은 시간과 노력이 드는 만큼 소중히 사용해야 한다'는 생각을 전하려는 신념으로 설립해 현재까지 일본 내 10개 지역과 서울, 제주에 지점을 냈다. 목표는 일본 내 47개 모든 도도부현에 지점을 내는 것. 디 앤드 디파트먼트는 해당 지역에 있는 회사(홋카이도는 3KG라는 회사)와 연계해 운영하며 지역의 전통과 특징을 담은 '지역스러움'을 강조하기 때문에, 삿포로 지점에서는 홋카이도스러움을 한껏 느낄 수 있다. 특히 홋카이도 전통 문화와 관련한 전시회, 워크숍 등이 주기적으로 열려 단순히 상점을 넘어선 지역 커뮤니티 공간으로도 매력적인 곳이다.

🚶 삿포로역 버스 정류장에서 55번·61번 버스 15분　📍 札幌市中央区大通西17丁目1-7　🕐 11:00~19:00, 일 & 월 휴무
📞 +81-11-303-3333　🏠 d-department.com

스시젠 본점 すし善 本店

🚶 마루야마공원역에서 도보 5분
📍 札幌市中央区北1条西27丁目2-7
🕐 11:30~14:30, 17:30~21:30, 수 휴무
¥ 점심 5,500엔~, 저녁 코스 8,800엔~
📞 +81-11-612-0068　🏠 sushizen.co.jp

눈앞에서 기민한 손놀림으로 정성스레 만든 초밥을 입안에 넣는 순간 코끝부터 바다 향이 느껴지고, 밥알은 하나하나 혀 위에서 또르르 구르는 느낌이 들 정도로 살아있다. 일본 정부에서 두 차례나 명인 포상을 받은 초밥계의 거물 시마미야 쓰토무嶋宮勤가 1971년 창업한 초밥집이다. 셰프들의 실력은 두말할 것 없이 훌륭하고, 참치는 생물을 고집하며 성게는 인공 해수에 보관하는 등 식재료에 매우 공을 들이는 것으로 유명하다. 직원의 친절 등 서비스도 호평이 자자한데 가격도 합리적이다. 가장 비싼 오마카세 코스는 1인당 3만 엔이 훌쩍 넘지만 점심 메뉴 중 가장 저렴한 코스는 6,000엔 이하로 즐길 수 있다. 홈페이지나 전화, 이메일로 꼭 예약하길 추천한다.

마루야마교수 円山教授

수프카레 발상지 삿포로에서 특이하게도 루카레로 문전성시를 이루는 곳이다. 대표 메뉴는 하마카레浜カレー로 오징어, 새우, 가리비 등 갓 볶은 토핑이 푸짐하게 들어가 있다. 맵기 조절은 1~10단계로 가능한데, 다소 매콤한 맛과 맥주가 꽤 잘 어울린다. '사람은 겉모습이 8~9할, 음식도 예외가 아니다'는 주인장의 지론 때문일까. 음식을 돋보이게 하는 은은한 조명, 손 글씨로 재치 있게 쓴 메뉴판 등 볼거리도 많다.

🏃 니시주핫초메역에서 도보 9분 📍 札幌市中央区南4条西21丁目1-27 🕐 11:00~15:00, 17:30~22:00, 부정기 휴무 ¥ 하마카레 1,680엔, 야채포크카레 1,550엔
📞 +81-11-522-8886 🏠 www.syakotan.net/maruyamakyoujyu

모리히코 森彦

주택가의 구불구불한 골목길을 따라 걷다 보면 나오는 카페. 오래된 목조 주택을 3년에 걸쳐 직접 개조해서 1996년에 문을 열었다고 한다. 좌석 수가 적어 오픈 시간에 맞춰 가도 대기할 확률이 높지만, 오래된 물건들로 가득 찬 내부 인테리어가 고풍스럽고 근사해 기다릴 만한 가치가 있다. 나무 식탁과 나무 의자, 놋 종과 소품들, 걸을 때마다 삐걱거리는 바닥 덕분인지 이곳에서만큼은 시간이 천천히 흐르는 것처럼 느껴진다. '숲의 물방울森の雫'이라는 근사한 이름이 붙은 이곳의 시그니처 커피는 매우 진하고 향기롭다. 이곳이 꽤 잘되었는지, 삿포로 시내 곳곳에 지점과 레스토랑이 10곳이나 있다.

🏃 마루야마코엔역에서 도보 5분
📍 札幌市中央区南2条西26丁目2-18
🕐 09:00~20:00 ¥ 숲의 물방울 드립 커피 748엔
📞 +81-800-111-4883 🏠 www.morihico.com

돌체 드 산초 Dlce de Sancio

규모는 그리 크지 않은 치즈타르트와 치즈케이크 맛집이다. 타르트를 한 입 베어 무는 순간 녹진하고 고소한 치즈가 입안 가득 퍼진다. 단맛이 부족하다는 평도 있지만, 특히 치즈의 깊은 풍미 덕에 인기를 끌고 있다. 케이크는 식감이 매우 부드러워 입에서 살살 녹는다는 표현이 딱 어울린다. 치즈 덕후, 와인 러버라면 절대 놓쳐서는 안 되는 디저트 가게!

🚶 마루야마공원역에서 도보 6분
📍 札幌市中央区南3条西23丁目2-25
🕐 11:00~18:30　💴 타르트 300엔~,
조각 케이크 420엔~　📞 +81-11-215-5328
🏠 www.instagram.com/dolcedesancio

푸딩 마루야마 pudding maruyama

한적한 주택가에, 이렇다 할 간판도 없이 자리해 찾기가 쉽지 않다. 요란하지는 않지만 알만한 사람은 조용히 찾아가는 로컬 맛집에 가깝다. 젤라토와 함께 나오는 커스터드푸딩, 나메라카なめらか(부드러운)푸딩이 이 집의 간판 메뉴다. 맛이 순하기 때문에 디저트를 가볍게 즐기고 싶은 사람에게 제격이다. 다만 간판 메뉴인 커스터드푸딩은 편의점에서 파는 푸딩과 별 차이가 없다고 느낄 수 있다. 차라리 다른 곳에선 먹어보기 어려운 벚꽃푸딩 등 계절 메뉴를 추천한다. 손님 중에 파스타 등 식사를 주문하는 경우도 꽤 많은데, 우유, 원두뿐 아니라 식재료에 있어서는 최고를 지향한다는 주인의 자부심이 한몫하고 있다.

🚶 니시니주핫포메역에서 도보 10분　📍 札幌市中央区北5条西24丁目3-5　🕐 11:00~19:00, 화 & 수 휴무
💴 커스터드푸딩 500엔, 커스터드푸딩과 젤라토 750엔
📞 +81-11-590-0989　🏠 www.pudding2017.com

조금 멀지만
한적함을 즐길 수 있어요
시내 주변

대부분 걸어다닐 수 있는 삿포로 도심 속 명소들과 달리 버스,
JR 기차, 혹은 자동차로 짧게는 10분에서 길게는 1시간가량 가야
만날 수 있는 명소들. 하지만 시내에서 멀어질수록 한적함은
더하고 방문해 볼 만한 곳들도 상당히 많다. 조금만 숨을 돌리고
발걸음을 한 발짝 내딛으면 나만의 숨은 보석을 발견하는
기회가 될 지도 모른다.

시내 주변
상세 지도

10 모에레누마 공원

아사부

사카에마치

01 시로이코이비토 파크

· 홋카이도 대학교

JR 삿포로역

오도리 공원 ·

마루야마 동물원 ·

08 홋카이도 박물관

JR 아쓰베쓰 ·— 07 홋카이도 개척촌

모이와산 전망대 02

05 삿포로 돔

03 히쓰지가오카 전망대

홋카이도 볼파크 F 빌리지 04

마코마나이

삿포로 예술의 숲 06

아타마 다이부쓰덴 11

09 스즈란 구릉 공원

신치토세공항

홋카이도를 상징하는 명과 테마파크 ······ ①

시로이코이비토 파크 白い恋人パーク

홋카이도 여행 기념 선물하면 여행자 대부분이 가장 먼저 '시로이코이비토白い恋人'라는 과자를 떠올린다. 이 과자 공장은 지금도 시로이코이비토 과자를 하루에 약 10만 개 생산하는 동시에, 테마파크 역할도 한다. 제조 공정 견학은 물론 체험 공방에서는 직접 과자를 만들 수 있다. 건물 외부는 여름철이면 장미꽃이 만발하고 겨울엔 일루미네이션이 장관을 이루는 로즈 가든이 유명하다. 홋카이도 최초의 증기 기관차 벤케이호 모양을 본뜬 미니 기차, 기계로 된 캐릭터들이 퍼레이드를 펼치는 '초콜릿 카니발' 등 동심을 자극하는 다양한 시설물이 많아 아이와 함께하는 여행이라면 꼭 방문해야 할 필수 코스다.

🚶 도자이선 미야노사와역 2번 출구에서 도보 10분 📍 札幌市西区宮の沢2条2丁目11-36
🕙 10:00~17:00, 무휴 📞 +81-11-666-1481 🏠 www.shiroikoibitopark.jp

🟦 시로이코이비토의 유래

이 특이한 이름은 창업자가 스키를 타고 돌아가는 길에 눈이 내리는 풍경을 보고, "하얀 연인들(시로이 코이비토 다치白い恋人たち)이 내리고 있어"라며 감탄한 데서 착안했다고 한다. 참고로 포장지에 그려진 산은 리시리섬利尻島 P.321에 있는 홋카이도의 명산 리시리후지산이다. 알프스를 닮은 이 산의 풍경에 감명을 받은 창업자가 유럽식 과자를 만들겠다는 마음으로 전면에 내세웠다고 한다.

모이와산 전망대 藻岩山 展望台

해발 531m 높이의 모이와산 정상에 있는 전망대. 걸어갈 수도 있지만 모이와산 로쿠역에서 로프웨이를 타고 산중턱의 모이와추후쿠역으로 간 다음, 미니 케이블카 모리스카로 갈아타는 코스를 추천한다. 방문 시간은 일몰 때가 좋다. 해가 지면서 코발트색으로 변하는 하늘과 불이 켜지기 시작하는 삿포로 시내가 아름답게 조화를 이룬다. 연인과 함께 방문하면 전망대에 설치된 '행복의 종幸せの鐘'을 치고, '사랑의 자물쇠愛の南京錠'에 메시지를 담아 주변에 걸어 로맨틱한 추억을 남겨보자.

🚶 모이와산로쿠역에서 케이블카 약 7분
📍 札幌市南区藻岩山1
🕐 여름 10:30~22:00, 겨울 11:00~22:00, 악천후 & 정비 기간 휴무(홈페이지 참조)
¥ 로프웨이+케이블카 세트 2,100엔
📞 +81-11-561-8177
🏠 mt-moiwa.jp

히쓰지가오카 전망대 羊ヶ丘 展望台

"소년이여, 큰 뜻을 품어라Boys, Be Ambitious."라는 명언 위에 윌리엄 클라크 박사가 삿포로 시내를 배경으로 오른손을 든 동상이 서있다. 이곳은 원래 홋카이도 농업 시험장의 양 사육장 구릉지였는데, 경치가 아름답다고 입소문이 나면서 1959년 전망대로 단장했다. 전망대에서 한눈에 보이는 흰 지붕의 삿포로 돔도 그냥 지나칠 수 없다. 2022년까지 삿포로 돔이 홈 구장이었던 프로야구단 '닛폰 햄 파이터스'의 탄생을 기념해, 첫 경기가 열린 2004년 선수단의 핸드 프린팅과 사인 40장을 전망대 부지의 파이터스 탄생 기념비에 전시하고 있다. 오스트리아관에서 시로이코이비토 오리지널 아이스크림, 양고기 찐빵ラムまん을 팔며, 레스트 하우스에는 징기스칸, 양고기덮밥ラム丼 등을 파는 레스토랑이 있어 식사도 가능하다.

🚶 지하철 후쿠즈미역에서 히쓰지가오카 전망대행 버스 10분
📍 札幌市豊平区羊ケ丘1 🕐 10~5월 09:00~17:00,
6~9월 09:00~18:00 ¥ 어른 600엔, 학생 300엔
📞 +81-11-851-3080 🏠 www.hitsujigaoka.jp

야구 팬이라면 지나칠 수 없지 ⋯⋯ ④

홋카이도 볼파크 F 빌리지 HOKKAIDO BALLPARK F VILLAGE

처음 방문하면 여러 번 놀랄지도 모른다. 우선, 프로야구단 홋카이도 닛폰 햄 파이터스의 신 구장 에스콘 필드가 있다. 에스콘 필드는 후쿠오카 돔에 이어 일본에서 두 번째로 지어진 개폐식 돔 야구장으로, 수용 인원이 이곳 기타히로시마 시 인구의 절반 이상인 3만 5,000명이나 된다. 인구 6만 명이 안 되는 이 작은 도시는 새 구장을 기회로 새로운 상업·주거 지역을 만들어보겠다 한다. 2020년 4월 준공해서 2023년 3월부터는 닛폰 햄의 홈 경기가 열리고 있는데, 늘 셋방살이를 해온 구단이 호화 구장의 주인으로 당당히 자리매김한 것이다. 외관은 합장 모양의 일본 전통 가옥 지붕(갓쇼즈쿠리슴掌造り)을 본떴고, 천연 잔디를 양생하려 유리벽으로 설계했다고 한다. 다양한 즐길거리 중에서도 야구를 관람하며 즐길 수 있는 온천이 첫 손가락에 꼽힌다. 공사 도중 온천이 발견되자 야구와 사우나를 접목하자는 아이디어를 발휘한 것! 닛폰 햄 간판으로 활동했던 다르빗슈 유와 오타니 쇼헤이의 등번호를 딴 '타워 11' 건물에 온천과 호텔이 같이 있다.

🚶 JR 기타히로시마역 서쪽 출구西口에서 셔틀버스 5분(30분 간격, 200엔) 혹은 도보 20분
💴 입장권 800~1,200엔, 온천 5,000엔(경기 있는 날 경기장 입장권 포함),
호텔 1박 6만 5,000엔~ (유동적) 🏠 www.hkdballpark.com

에스콘 필드 즐기는 방법

야구 경기가 있는 날엔 1~2시간 정도 머물며 야구장의 활기를 느껴보길 추천한다. 좌석 매진 여부와 관계없이 언제나 현장에서 판매하는 입장권을 구매하면 다양한 레스토랑과 편의 시설을 둘러볼 수 있어 아깝지 않다. 경기가 없는 날에는 입장권 없이 돔 내부를 돌아볼 수 있으며, 많은 레스토랑과 온천, 호텔 등 편의 시설은 정상 영업한다. 야구를 좋아한다면 3,500엔(평일 기준)을 들여 경기장 프리미엄 투어 프로그램 예매도 고려할 만하다. 이 지역 일대가 '홋카이도 볼파크 F빌리지'라는 이름으로 개발되는 만큼 야구 팬이 아니어도 여행 코스에 포함해 볼 만하다.

야구에 먹거리가 빠지면 섭섭하다

야구장에 입점한 식당만 30여 개에 달하는데, 이중
가장 인기는 세계 최초 야구장 내 맥주 양조 레스토
랑 소라토시바そらとしば다. 매일 한정 수량만 판매
하는 에일 맥주 한잔 들고 외야 루프톱에 올라가 즐
기자. 핫도그 전문점 핫도그 펀HOTDOG FUN, 각종
수프와 디저트를 파는 다베루수프たべるスープ, 소시
지와 스테이크 식당 미트풀Meatful에도 사람들의 발
길이 끊이지 않는다. 가공육 사업을 하는 모기업 닛
폰 햄에서 신선한 홋카이도산 식재료를 엄선해 레스
토랑에 공급한다는 콘셉트가 호응을 얻고 있다.

축구도 야구도 가능한 ······ ⑤
삿포로 돔 札幌ドーム

🚶 도호선 후쿠즈미역 3번 출구에서
도보 10분 📍 札幌市豊平区羊ケ丘1-2
🕐 돔 투어 10:00부터 50분씩 총 7회
💴 돔 투어+전망대 입장권 1,250엔
📞 +81-11-850-1020
🏠 www.sapporo-dome.co.jp

공기부상 방식으로 축구장과 야구장이 변환되는 세계 최초 다목적 돔. 야구장에서 축구장으로 탈바꿈할 때는 우선 인조 잔디가 걷힌 뒤, 돔 밖에서 천연 잔디가 공기압을 받아 7.5cm 뜬 상태로 이동한다. 세로 120m, 가로 85m, 무게 8,300톤 규모의 잔디를 옮기는 데 걸리는 시간은 8~10시간, 비용은 400만 엔 가량이다. 개장 당시부터 J리그 홋카이도 콘사도레 삿포로의 홈 구장이자 2004년부터 2022년까지 일본 프로야구단 닛폰 햄 파이터스의 홈구장이었으며, 2002년 한·일 월드컵을 앞둔 2001년 개장해 초기에는 주로 축구장으로 사용되었다. 2002 월드컵 당시 잉글랜드는 데이비드 베컴의 페널티킥 결승골을 앞세워 상대 팀 아르헨티나에게 조별 예선 탈락이라는 수모를 안기기도 했다. 일본 최초의 돔 전망대도 유명한데, 60m 길이의 '공중 에스컬레이터'를 타고 전망대에 올라가면 53m 높이에서 돔 전경과 삿포로 시가지를 한눈에 볼 수 있다.

보고 듣는 예술 ······ ⑥
삿포로 예술의 숲 札幌芸術の森

일산호수공원의 호수 정도 되는 넓은 녹지에 있는 미술관이자 공방, 야외 콘서트홀. 매년 7월 세계적인 지휘자 레너드 번스타인이 창설한 국제 음악회Pacific Music Festival가 열리는 장소이기도 하다. 1977년 숲 조성을 구상해 1984년부터 세 차례에 걸쳐 사업화가 진행됐다. 야외 미술관에 자리한 노르웨이의 구스타프 비스 겔랑, 이스라엘의 대니 카라반 등 유명 조각가의 작품과 일본 대표 조각가 사토 주 료佐藤忠良의 '동심을 위한 소묘' 작품이 발걸음을 붙잡는다. 미술에 큰 관심이 없어도 피톤치드 가득한 길을 산책하는 것만으로도 충분히 힐링된다.

🚶 지하철 마코마나이역에서 중앙 버스 약 15분
📍 札幌市南区芸術の森2丁目75
🕐 9~5월 09:45~17:00, 6~8월 09:45~17:30, 겨울 월 휴무
💴 야외 미술관 어른 630엔 📞 +81-11-592-5111
🏠 artpark.or.jp

홋카이도 역사 공부에 최적 ······ ⑦

홋카이도 개척촌 北海道開拓の村

홋카이도 개척 100주년을 맞아 1983년에 개관한 야외 박물관. 시가지·농촌·산촌·어촌으로 구역을 나눠 개척 시대의 건물과 교통수단을 재현했다. 당시 경찰서·중학교·이발소 등을 세트장처럼 꾸몄으며, 여름에는 말이 끄는 전차, 겨울에는 말 썰매를 타고 마을을 관람할 수 있다. 마차와 말 썰매 모두 실제 1940년대까지 홋카이도에서 이용한 교통수단이다. 개척 당시 생활상이 엿보이는 전통 놀이기구·공예품 제작 등 체험 프로그램도 진행한다.

🏃 신삿포로역에서 신22 개척촌행 버스 약 20분 📍札幌市厚別区厚別町小野幌 50-1 🕐 10~4월 09:00~16:30, 5~9월 09:00~17:00, 겨울 휴무 ￥800엔, 개척촌+박물관 1,200엔 📞 +81-11-898-2692 🏠 www.kaitaku.or.jp

개척촌 가는 김에 들러요 ······ ⑧

홋카이도 박물관 北海道博物館

개척촌에서 1km 정도 떨어진 곳에 있다. 걸어갈 수도 있지만 버스를 타고 가 30분 정도 관람한 후 다시 버스를 타고 역으로 돌아가면 효율적이다. 홋카이도의 자연, 역사, 문화를 이해하기 쉽게 전시하는데, 특히 아이누족의 전통문화를 엿볼 수 있는 제2 테마관이 인상적이다. 주기적으로 기획 테마전도 열어 흥미를 유발하려는 노력이 돋보인다. 옥상도 개방해 삿포로 시내를 조망할 수 있다.

🏃 신삿포로역에서 신22 개척촌행 버스 14분 📍札幌市厚別区厚別町小野幌53-2 🕐 10~4월 09:00~16:30, 5~9월 09:00~17:00, 월 & 연말연시 휴무 ￥600엔, 개척촌+박물관 1,200엔 📞 +81-11-898-0466 🏠 www.hm.pref.hokkaido.lg.jp

홋카이도 유일 국영 공원 ······ ⑨

스즈란 구릉 공원 すずらん丘陵公園

전체 부지 면적이 여의도보다 큰 4km²로 홋카이도 내 유일한 국영 공원. 농지로 개척하려다 난관에 부딪친 땅을 삿포로시가 사들여 1983년부터 공원으로 조성했다. 시냇물 존渓流ゾーン, 중심 존中心ゾーン, 숲의 동부 구역東エリア, 서부 구역西エリア 4곳으로 나뉘었고, 여름에는 산책할 수 있는 시냇물 존을 무료로 개방한다. 다른 구역은 유료 입장이며 오토캠핑장 및 골프장으로 운영한다. 겨울에는 네 구역 모두 무료로 개방해 스키를 즐길 수 있다.

🏃 마코마나이역에서 스즈란 공원 동쪽입구행 106번 버스 약 30분 📍札幌市南区滝野247 🕐 09:00~17:00(계절에 따라 변동) ￥450엔 📞 +81-11-592-3333 🏠 www.takinopark.com

모에레누마 공원 モエレ沼公園

자연 습지에 쓰레기를 매립해 만든 친환경 공원이다. 1979년에 쓰레기를 매립하기 시작, 이후 공원 조성 사업을 거쳐 2005년 현재 모습으로 완성되었다. 공원 조성을 계획한 일본계 미국인 조각가 노구치 이사무野口勇가 '이곳 땅 전체를 조각 작품으로 채운다'는 콘셉트를 내세운 만큼, 공원 곳곳에 다양한 시설이 지형과 조화를 이룬다. 대표 시설은 유리 피라미드로, 겨울에 내린 눈을 저장해 여름철에 냉방 시스템을 가동하는 등 환경 친화적 시스템으로도 유명하다. 또 겨울에는 공원 내에서 스키와 썰매를 즐길 수 있고, 4월부터 10월까지는 공원 가운데 설치된 바다 분수에서 높이 25m의 분수 쇼가 열린다.

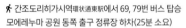

🚶 간조도리히가시역環状通東駅에서 69, 79번 버스 탑승 모에레누마 공원 동쪽 출구 정류장 하차(25분 소요)
📍 札幌市東区モエレ沼公園1-1
🕐 07:00~19:00, 중앙부 ~22:00 ¥ 무료
📞 +81-11-790-1231 🏠 moerenumapark.jp

아타마 다이부쓰덴
頭大仏展

봄에는 초록 언덕, 여름에는 라벤더 동산 위로, 또 겨울엔 새하얀 눈 위로 높이 13.5m의 대불이 머리를 빼꼼 내밀고 있다. 그저 평범했던 묘원에 2016년 세계적인 건축가 안도 다다오의 작품이 들어서면서 여행객의 방문도 늘었다. 그는 마음을 정화하는 물의 정원을 앞에 두고, 방문객이 이곳을 우회한 후 커다란 대불을 만나도록 설계했다. 대불 머리 위로는 둥그렇게 뚫린 천장으로부터 자연의 빛이 내려온다. 겨울에는 물의 정원이 얼어서 관람하기 어려우니 15만 그루의 라벤더가 꽃피는 여름을 추천한다. 묘원 내에는 실물을 그대로 본뜬 모아이 석상과 스톤 헨지도 있다. 접근성이 좋지는 않지만, 광활한 홋카이도 자연에 가장 잘 어울리는 건축물이니 한번쯤 가볼만하다.

🚶 지하철 마코마나이역에서 홋카이도 중앙 버스 108번 약 25분 🕐 4~10월 09:00~16:00, 11~3월 10:00~15:00 ¥ 300엔
🏠 www.takinoreien.com/publics/index/107

•

공항에서의 시간까지 여행이니까
신치토세 공항 제대로 즐기기

보통 여행을 마치는 날에는 항공기 출발 시각 2시간 전까지 허겁지겁 공항에 도착하기
마련이지만, 즐길 거리가 많은 신치토세 공항에는 여유 시간을 두고 미리 가는 것을 추천한다.
국내선 터미널 3층에는 삿포로·하코다테·아사히카와의 홋카이도 3대 라멘을
맛볼 수 있는 '라멘도조'가 있고, 도라에몽 스카이파크, 헬로키티 해피 플라이트,
로이스 초콜릿 월드 등 다양한 엔터테인먼트 시설이 있어 아이와 함께한
여행에도 마음이 놓인다. 국내선 터미널 2층 상점가를 꽉꽉 메운 르타오 치즈케이크,
롯카테이의 마루세이 버터샌드, 기타카로의 바움쿠헨 등 홋카이도 유명 디저트 가게 역시
돌아가는 여행자의 아쉬운 마음을 조금이나마 달래준다. 4층에는 공항 온천이 있는데,
가볍게 온천욕을 하기도 좋고 마사지, 식사, 릴렉스 룸 등도 잘 되어있어
이른 시각에 홋카이도에 도착했을 때는 여기서 조금 쉬고 여행을 시작하는 것도 좋다.

공항에서 뭘 먹으면 좋을까

공항에 일찍 가서 꼭 들러요!
라멘도조 ラーメン道場

신치토세 공항이 홋카이도 유명 라멘집 10곳과 함께 조성한 라멘 거리. 홋카이도 여행의 처음과 끝을 기념하기에 꽤 괜찮다. 가장 인기 있는 가게는 새우 육수를 내세운 에비소바 이치겐えびそば一幻. 취향에 따라 국물 맛과 농도를 선택할 수 있다는 게 장점이다. 된장 육수의 라멘 소라ラーメンそら, 간장 육수의 라멘 바이코켄ラーメン梅光軒도 오랜 역사를 자랑하는 홋카이도 라멘의 대표 주자들이고, 본점이 홋카이도 동쪽 끝에 있는 데시카가 라멘弟子屈ラーメン도 마슈 호수까지 가지 않아도 이곳에서 맛볼 수 있다. 여행 중에 놓친 라멘이 있다면 라멘도조에서 마음을 달래고 돌아가자. 국내선 터미널 3층에 있다.

🚶 신치토세 공항 국내선 터미널 3층 💴 라멘 850엔~
🏠 www.new-chitose-airport.jp/ko

새단장한 공항 푸드 코트
홋카이도 시장 식당가 北海道市場食堂街

신치토세 공항에서 출국 심사를 하고 들어갈 수 있는 푸드 코트. 2019년 국제선을 리모델링하면서 새로 조성해 시설이 매우 깔끔하다. 스시 간타로函太郎, 라멘 게야키欅 등 다양한 일식집이 있는데, 음식 맛은 특별하지는 않아도 대체로 평균 이상을 유지한다. 좌석마다 설치된 태블릿으로 주문하는 점도 편리하다. 탑승 시간까지 여유가 있다면 들러보자.

🚶 신치토세 공항 국제선 제한 지역 내

공항에서 뭘 사오면 좋을까
디저트

우선 디저트 정석부터!

르타오 프로마주 더블
LeTAO FROMAGE DOUBLE

한 입만 먹어도 진한 우유 맛이 입안 가득 퍼지면서 녹아내리는 르타오 치즈케이크는 녹지 않게 보냉 팩에 담아 가져와야 제일 맛있다. 때문에 국제선 터미널 면세 구역에서 구매하는 것이 가장 좋다.

시로이코이비토 白い恋人

이제는 워낙 흔한 아이템이지만 그래도 홋카이도 기념 선물로는 이만한 것도 없다. 맛은 초콜릿이나 화이트 초콜릿을 쿠키 2개 사이에 끼운, 쿠크다스의 고급 버전 정도라 보면 된다.

가성비 좋은 아이들

삿포로 오카키 오 야키토키비
Oh! YAKI-TOUKIBI

오도리 공원의 명물 과자로, 옥수수 맛과 향이 가득한 스낵이다. 맥주 안주로도 좋고 중독성 있어서 꽤 호평을 받는 아이템 중 하나. 한 봉지당 100엔대로 저렴하다.

유바리 멜론 퓨어 젤리 프티 골드
PURE JELLY PETIT GOLD

유바리의 명물, 멜론 맛이 나는 젤리. 프티 골드 제품은 한 박스에 젤리가 많이 들어있어 한 박스 사서 직장 탕비실에 두고 나눠 먹기 딱 좋은 디저트다.

유명한 아이템보다 사실 더 맛있는 것

롯카테이 스트로베리초코
ストロベリーチョコ

롯카테이하면 마루세이 버터샌드를 많이 사지만, 건포도를 싫어하는 지인에게는 건조 딸기에 초콜릿을 입힌 스트로베리초코를 선물해 보자. 패키지도 예뻐서 인기 만점.

로이스 포테이토칩 초콜릿
ROYCE POTATOCHIP CHOCOLATE

로이스에서는 생초콜릿을 가장 많이 구매하지만, 포테이토칩 한쪽 면에 초콜릿이 발린 이 제품이 선물용으로는 좀 더 좋을 것이다. 한입 먹으면 단짠의 굴레에서 헤어나올 수 없다. 국내선 터미널 2층 매장에서는 국제선 면세 구역에 없는 맛도 판매하니 참고.

★ 국내선 터미널 2층에서만 판매

고카테야 양갱 五勝手屋羊羹

국제선 면세 구역에는 양갱을 팔지 않으므로, 양갱 마니아는 무조건 국내선 2층에 들렀다 가야 한다. 둥근 캔에 담겨있어 먹을 만큼 실로 잘라내는 고카테야 양갱은 위스키와도 환상의 마리아주를 자랑한다.

모리모토 하스카프 주얼리 ハスカップジュエリー

'하스카프'라는 열매로 만든 잼과 버터크림을 쿠키 사이에 끼우고 초콜릿을 두른 디저트. 한국 사람들에게는 잘 알려지지 않았지만 다양한 일본 매체에서 발표하는 '신치토세 공항에서 꼭 사야 하는 디저트 랭킹' 상위권에 늘 오르는 제품이다. 양에 비해 가격이 비싼 편이다.

스내플스 치즈오믈렛
SNAFFLE'S チーズオムレット

입안에서 사르르 녹는 수플레 타입의 치즈오믈렛. 한국까지 안전하게 가져가려면 국내선 2층에서 구매해 보냉 백에 넣어가자.

하나바타 목장 생캐러멜 花畑牧場 生キャラメル

내가 알던 캐러멜이 맞나 싶을 정도로 입에 넣자마자 녹는 생캐러멜. 달달구리 마니아라면 놓쳐선 안 된다. 상온 보관이 가능한 제품도 있지만, 이왕이면 보냉 팩에 넣어 냉장 보관 제품으로 사오자. 상온 보관 가능 제품은 생크림 대신 젤라틴, 한천을 넣어 만들기 때문에 아무래도 맛이 다르다.

유명 디저트는 이미 다 섭렵했다면 킷캣, 자가리코, 프링글스, 센베이 등 평범한 과자 브랜드 제품 중에 '홋카이도 한정北海道限定'이라는 문구를 찾아보자. 세상에서 제일 무서운 '아는 맛'에 신선함을 더할 수 있다.

공항에서 뭘 사오면 좋을까
간편 조리 식품류

라멘

국내선 3층에 있는 홋카이도 라멘도조에 입점한 유명 라멘 가게나 국제선 면세 구역 안에서 구매한다. 기본적으로 응축된 소스와 생면이 들었는데, 차슈와 각종 채소 토핑이 없는 것이 다소 아쉽긴 해도 제법 현지 맛이 나기 때문에 몇 개 사와도 좋다.

수프카레

홋카이도에서 맛본 수프카레를 잊을 수 없을 것 같다면 수프카레 소스를 빠뜨리지 말자. 한국으로 돌아와 닭고기, 채소를 준비해 요리하면 여행지에서 먹었던 맛을 구현할 수 있다.

공항에서 뭘 사오면 좋을까
주류

위스키

날로 인기가 높아져 리셀 시장까지 열렸다는 일본 위스키. 특히 히비키, 야마자키 등은 면세점에도 재고가 없을 때가 많고, 닛카 위스키는 그래도 구하기 쉬운 편이다.

맥주

면세 구역 내에서 맥주도 판매한다. 특히 삿포로 클래식은 일본에서도 다른 지역에서는 좀처럼 구하기 어려운 아이템. 일본인 맥주 마니아들도 홋카이도 여행이나 출장 귀갓길에 꼭 챙겨간다.

일본주

닷사이獺祭 같은 전국적인 브랜드도 좋지만, 아사히야마 지역의 오토코야마男山, 고쿠시무소国士無双, 다이세쓰노소스大雪の蔵 중에서 골라 사오면 어떨까. 다이세쓰산에서 맑은 물이 흐르는 덕분에 지역 일본주 브랜드만 3개나 된다.

★ 입국 시 주류 면세 범위는 1인당 2병까지이니 주의

샷포로에서 갈만한 온천 여행지

온천과 트레킹, 그리고 불곰도 만나고 와요

노보리베쓰 온천 登別温泉

홋카이도의 대표 온천 마을로, 아이들과 함께하는 가족 여행에 최적의 선택지다. 1850년경부터 온천 관광지로 개발했으며 다이이치 타키모토칸 第一滝本館, 세키스이테이石水亭 등 유명 온천 숙박지가 밀집해 있다. 이곳 온천의 특징은 풍부한 수질. 빈혈에 좋은 철천, 고혈압에 좋은 망초천 등 아홉 종의 온천수가 솟아오른다. 특히 1858년에 세워져 긴 역사를 자랑하는 다이이치 타키모토칸에서는 일곱 종류의 온천수를 35개 욕조에서 체험할 수 있다. 온천 트레킹도 즐길만하다. 지옥을 방불케 한다는 의미의 '지옥(지고쿠다니地獄谷)계곡'에서 불규칙적으로 뿜어져 나오는 온천수를 구경하고, 인근 온천 연못인 오유누마大湯沼와 오쿠노유奥の湯를 둘러보고 돌아오는 코스는 1시간이면 충분하다. 조금 더 산책을 하고 싶다면 130℃에 달했던 온천수가 식어서 흐르고 있는 오유누마 천연 족욕탕 쪽으로 돌아오는 길을 택해 족욕까지 즐기고 내려와도 좋다.

🚶 샷포로역에서 버스 1시간 40분, 신치토세 공항에서 버스 1시간 5분
🏠 noboribetsu-spa.jp

노보리베쓰 곰 목장 のぼりべつクマ牧場

100여 마리 불곰을 가까이서 볼 수 있는 곰 목장과 해발 930m에서 구름 위를 조망하는 오로후레 고개オロフレ峠 전망대도 노보리베쓰의 숨은 명소. 간식을 얻으려 갖은 애교를 부리는 맹수들이 어딘가 짠해 보여 유료 간식을 사서 계속 던져주게 된다.

🚶 노보리베쓰역에서 버스 탑승, 노보리베쓰 버스 터미널에서 하차(약 15분 소요)해 도보 5분
📍 登別市登別温泉町224
🕐 4/21~10/20 09:00~17:00,
10/20~4/20 09:30~16:30(40분 전 입장 마감)
¥ 곤돌라 왕복 탑승료 + 동물원 입장료 3,000엔
📞 +81-143-84-2225
🏠 bearpark.jp

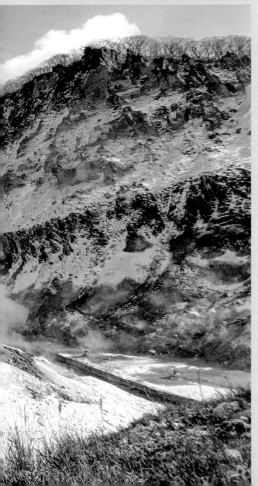

안방 들르듯 가볍게 가도 OK

조잔케이 온천 定山渓温泉

삿포로 여행 중 시간 여유는 없지만 온천 경험은 놓치고 싶지 않다면 이곳이 맞춤 아닐까 싶다. '삿포로의 안채札幌の奥座敷'라는 별명을 단 조잔케이 온천은 높은 건물들로 채워진 삿포로 시내 여행이 슬슬 따분해질 즈음 쉼표를 찍을 수 있는 곳이다. 1866년 승려 미이즈미 조잔美泉定山이 사슴의 상처를 치유하는 온천이 있다는 얘기를 듣고, 홋카이도 원주민 아이누 사람들의 안내를 받아 찾아간 곳에 목욕탕을 만든 게 시초라고 한다. 지금은 약 20곳 정도의 온천 호텔이 영업 중이다. 굳이 숙박하지 않아도 마을 내 무료 족욕탕과 온천수에 손을 담그는 수탕 시설을 체험해도 좋다. 주변 자판기에서 200엔 정도에 수건을 사서 가볍게 즐겨보자. 즐길 거리가 많다기보다는 조용히 산책하며 사색하며 시간을 보내기 좋은 온천 마을이다.

🚶 삿포로역에서 버스 1시간
🏠 jozankei.jp

고요테이 紅葉亭

1927년에 문을 연 소바집. 조잔케이에 오는 여행자들은 대부분 료칸에 머물면서 저녁, 아침을 해결하기 때문에 외부 식당에 갈 일이 적긴 하지만, 점심에 이곳 소바는 꼭 한번 먹어볼 것을 추천한다. 일단 주인장이 직접 뽑는 면이 무척이나 구수하다. 여름철에는 직접 잡은 곤들매기나 민물송어, 겨울에는 빙어를 튀겨 올리는데 하나같이 매우 신선하다. 봄에 방문했다면 이 지역에서 나는 산채를 넣은 산채소바를 강력 추천한다. 입안 가득 봄 향기를 머금을 수 있다.

🏃 히가시니초메 버스 정류장 바로 앞
📍 札幌市南区定山渓温泉東3丁目228
🕐 11:00~17:00, 수·목 휴무
💴 산채소바 850엔, 튀김소바 1,200엔
📞 +81-11-598-2421
🏠 jozankei.jp/store/koyotei

로켈 조잔케이 ロケール定山渓

진짜 진한 우유 맛이 나는 소프트아이스크림을 맛보고 싶다면 이곳 방문은 필수다. 아사히카와 부근에 있는 이세팜伊勢ファーム은 오로지 목초만 먹여 키운 소에서 짠 우유가 유명한 곳이다. 이세팜에서 단독 공수한 우유에 안정제나 유화제를 넣지 않고 만드는 소프트아이스크림 맛이 환상적이다.

🏃 조잔케이오하시 버스 정류장에서 도보 5분
📍 札幌市南区定山渓温泉西1丁目50
🕐 10:00~17:00 💴 이세팜 바닐라 소프트 콘 580엔, 컵 450엔
📞 +81-11-212-1536 🏠 locale.carrd.co

〈해피 해피 브레드〉의 무대

도야 호수 洞爺湖

도시 생활을 접고 호숫가에 살며 '카페 마니'를 운영하는 부부가 주인공인 영화 〈해피 해피 브레드〉의 배경이 된 호수. 이 호수는 약 10만 년 전 화산 분화로 형성됐는데, 그 영향으로 남쪽에 생겨난 온천 마을에 들러 온천욕을 즐겨도 좋다. 온천 주변에는 숙박 업소들도 줄지어 있다. 호수 안에는 '나카지마'라고 하는 4개 섬 (오시마, 간논, 벤텐, 만주)이 있으며 모두 유람선을 타고 돌아볼 수 있다. 4개의 섬 중 큰 섬인 오시마에는 1955년에 세워진 산림 박물관과 에조 사슴을 비롯한 다양한 동식물들이 볼만하다. 4월 말부터 10월까지는 매일 밤 20분씩 호수 위로 불꽃을 쏘아 올리니 하룻밤 머물며 화려한 밤하늘의 향연을 즐겨보자.

🚶 삿포로역에서 도야호온천역까지 기차 약 2시간 45분 🏠 www.laketoya.com

아푸타 あぷた

도야 호수 온천 마을에 들어가기 직전, 초입에 '아푸타'라는 휴게소道의 駅가 하나 있다. 아라타 항구와 우치우라만을 조망할 수 있는 풍경 맛집이기도 하고, 실제로 이곳 식당의 성게알덮밥과 가리비오야코동噴火湾 ほたてっ子丼은 맛있기로 유명하다. 마음이 차분해지는 바다를 바라보며 입안에 성게를 한 숟가락 넣으면 혀에서 사르르 녹아내린다. 다른 데서는 보기도 어려운 가리비오야코동도 맛이 일품. 렌터카 여행자라면 꼭 한번 들렀다 가기를 추천하고, 뚜벅이 여행자도 도야호역에서 버스로 5분 거리이니 온천 마을 안에서 마음에 드는 밥집을 못 찾으면 여기 한번 방문해 보시길!

🚶 도야호역에서 버스 5분. 37번 국도변　📍 虻田郡洞爺湖町入江84-2
🕐 11:00~14:00　💴 우니동 2,500엔, 가리비오야코동 1,550엔
📞 +81-142-76-5501　🏠 aputa.jp

한없이 투명에 가까운

시코쓰 호수 支笏湖

약 4만 년 전 시코쓰 화산이 분화할 때 화구 밑에 물이 고여 형성된 호수로, 평균 수심이 265m나 될 정도로 깊다. 일본 내 호수 수질 조사에서 여러 번 1위를 할 만큼 깨끗하기로 유명한 곳이다. 호수 주변에 조성된 온천 마을은 신치토세 공항과 가깝고 붐비지 않아 여행을 시작하거나 마무리할 때 머물기 딱 좋다. 유람선이나 보트, 카누 체험도 가능하고 겨울에는 호젓한 호변 산책로를 걸으면서 깨끗한 호수를 보며 마음을 정화하는 시간을 보낼 수 있다.

🚶 신치토세 공항에서 자동차 40분,
리무진 버스 1시간
🏠 www.shikotsuko.com

경제·금융의 도시에서
아름다운 관광 도시로

오타루

小樽

#러브레터 #운하낭만
#오르골 #유리공방 #르타오한입

밤이 되면 새하얀 눈이 쌓인 운하 산책로를 따라 가로등이 하나둘 따스한 불을 밝힌다. 언덕 위에 올라서면 멀리 푸른 바다를 안은 항구가 내려다보인다. 오르골당 안에서는 영롱하면서 어딘가 애달픔이 느껴지는 음악이 흐르고, 입안에 넣자마자 사르르 녹는 치즈케이크를 맛볼 수 있는 도시. 원래 오타루는 홋카이도에서 처음으로 철도가 놓이고 은행들이 모여들어 '북의 월가'라고까지 불린 경제·금융의 도시였다. 그 옛 모습을 상상하며 걷다 보면 지금과 다른 풍경이 보일지도 모른다.

오타루
가는 방법

신치토세 공항에서 오타루로 바로 가는 직행버스는 없고, 삿포로를 거쳐 간다. 삿포로에서 오타루까지 거리는 약 40km 정도이며, 열차나 버스를 이용해 가면 된다. 버스가 경제적이기는 하지만 도로 상황에 따라 이동 시간이 2배 정도로 늘어나기도 하기 때문에 열차가 더 효율적이다.

JR 열차

삿포로역에서 오타루까지 가는 JR 열차 노선은 두 가지가 있다. 소요 시간은 15분 정도 차이 나는데 요금은 2배 이상 차이 나므로 하코다테본선을 이용하는 것이 이득일 수 있다. 배차 간격은 15~20분 정도.

- **JR 쾌속 에어포트선** 30분 내외, 1,590엔
- **JR 하코다테본선** 45분 내외, 750엔

버스

삿포로역 앞 버스 정류장에서 탑승해, 오타루역 앞 버스 정류장에서 하차한다. 배차 간격은 10분 정도로 짧지만 시간대에 따라 승객이 몰리면 한두 대 보내고 타야 할 때도 있다.

렌터카

공항 근처에서 차를 빌리지 않는다면, 삿포로역 주변 렌터카 회사에서 차를 빌려 이동한다. 오타루 시내까지는 40분~1시간 10분 정도 걸린다.

오타루
시내 교통

오타루는 명소 대부분이 오타루역과 운하 사이에 모여있다. 덴구야마 전망대와 오타루 수족관 외에는 날씨가 나쁠 때를 제외하면 충분히 걸어서 여행할 수 있다. 덴구야마 전망대와 오타루 수족관은 걸어서 가기에는 1시간 이상 거리이니, 버스를 이용하자.

버스

🚌 오타루역 앞 버스 터미널에서 티켓 구매 후 탑승
¥ 1회 240엔, 1일 패스권 800엔

오타루 시내 곳곳을 연결하는 100번 오타루 산책 버스가 오타루역, 메르헨 교차로 등에 정차한다. 9번 버스를 타면 덴구야마 로프웨이, 10번 버스를 타면 오타루 수족관까지 갈 수 있다.

자전거

🚲 오타루역 앞 자전거 대여점에서 대여
¥ 2시간 600엔~

오타루역 앞에 자전거 대여점이 몇 개 있는데, 자전거를 타고 오타루 시내를 다니는 것은 평소 자전거 운전 및 이동에 어느 정도 숙련된 사람에게 추천한다. 관광객이 많아 통행하기 어려운 구간도 많고, 특히 가게들이 오밀조밀 붙어있기 때문에 자전거를 잠시 세워 둘 곳이 마땅치 않다. 따라서 사카이마치도리나 운하 등을 방문한다면 관광 안내소 부근처럼 공간 여유가 있는 곳에 자전거를 세워 두고 걸어서 돌아본 후, 자전거는 명소 간 이동 시 활용하는 것을 추천한다.

오타루
추천 코스

하루 추천 코스

미나미오타루역

START

도보 8분

오타루에 왔으니 르타오로 직행.
늘 붐비기 때문에 오픈 런!

메르헨 교차로,
사카이마치도리 산책

도보 10분

스시야도리에서 초밥으로 점심을

데누키코지에서 오타루 운하를 보고 내려와
아이스크림 하나 사 들고 운하 산책

도보 5분

도보 14분

구 테미야선 철길 위에서
인증 사진 남기기

도보 15분

영화 〈러브 레터〉의 여주인공 근무지로 나온
일본우선 주식회사 오타루점까지 산책

도보 15분, 버스 17분

더 글라스 스튜디오 인 오타루를
둘러본 후, 덴구야마 전망대에서
오타루의 야경을 감상

도보, 버스 30분

오타루 시내로 돌아와
렌가요코초에서 따뜻한 저녁을

하루를 온전히
투자하는 것을 추천

오타루 여행 일정을 반나절 정도만
잡는 여행자도 많은데, 삿포로에서
보낼 시간을 조금 줄이더라도 오타
루는 하루 이상 머물 것을 추천한
다. 시내 곳곳에 있는 공방 몇 개만
들어가도 시간이 훌쩍 지나가기 마
련이고, 까만 밤 하늘에 가스등을
밝힌 운하 풍경을 놓치기는 너무
아쉽다. 하지만 이틀 이상 머무르기
에는 볼거리가 적으므로 자기의 여
행 스타일을 잘 고려할 것.

오타루
상세 지도

N

와라쿠 회전초밥 05

구 113은행

데누키코지 07

다이쇼 유리관 03   14

오타루 창고 넘버원 08

이로나이 교차로

오타루 예술촌 09   카즈 04

북의 월가 10

06 오타루 운하   08 운하 플라자   구 홋카이도은행 본점 12

구 일본은행 금융자료관 11

시립 오타루 문학관 16

구 야스다은행 13

15 구 데미야선 기찻길

◄ 구 일본우선 주식회사

미야코도리 상점가 17   멘야 07

06 하마야

후나미자카

오타루 JR

◄ 샤코탄반도 가무이곶

 184

아사리 중학교

11 롯카테이·기타카로

기타이치
글라스 3호관 O4

O1 오타루 오르골당

르타오 플러스

O2 메르헨 교차로

10 르타오
본점

기타이치
베네치아 미술관 O5

르타오 파토스

O1 스누피차야

프로마주 데니시 데니 르타오

사와와 12

O2 수제 젓가락 공방 유젠

누벨바그 르타오
쇼콜라티에

O3 사카이마치도리

O4 구키젠

O3 스시겐
O2 마사즈시

O1 스시야도리

O9 렌가요코초

덴구야마 로프웨이

닛카 위스키 요이치 증류소

더 글라스 스튜디오 인 오타루

영롱한 오르골 소리를 따라 ⋯⋯ ①

오타루 오르골당 小樽オルゴール堂

일본에서 가장 많은 오르골을 만날 수 있는 곳. 3만 8,000여 점의 오르골이 있다. 1967년에 문을 연 오타루 오르골당은 본래 쌀과 곡식을 파는 상점 건물이었는데, 지금은 고풍스러운 분위기와 오르골의 영롱한 소리가 어우러져 여행자의 발길을 붙잡으며 오타루에서 가장 유명한 명소 중 하나가 되었다. 본관 앞 증기 시계도 이곳의 명물. 증기 시계의 발상지인 캐나다 밴쿠버 개스타운의 장인 레이먼드 샌더스가 2년에 걸쳐 제작했다고 한다. 매시 정각이면 '뿌우 뿌우' 소리와 함께 증기가 피어오르면서 시간을 알리는 장면이 여행자들의 눈길을 끈다. 길 건너 2호점에는 앤티크 뮤지엄이 있어 고가의 오르골과 100년 이상 된 파이프 오르간을 관람할 수 있다. 오타루 여행에서 가장 좋은 기념품은 단연 오르골이지만, 가격이 꽤 비싼 데다 예쁜 오르골이 너무 많으니 가장 마음에 드는 딱 하나를 고르겠다는 다짐으로 들어가는 것이 좋다.

🚶 미나미오타루역에서 도보 5분
📍 小樽市住吉町4-1　🕘 09:00~18:00
📞 +81-134-22-1108　🏠 otaru-orgel.co.jp

메르헨 교차로
メルヘン交差点

정식 명칭은 사카이마치 교차로. 이곳부터 사카이마치도리 상점가가 시작된다. 주변이 아름다운 서양식 건물에 둘러싸여 연중 관광객의 발길이 끊이지 않는다. 특히 교차로 가운데에 있는 등(상야등)은 이곳의 명물로, 밤새도록 불을 밝혀 계절에 따라 다양한 모습을 연출한다.

🚶 미나미오타루역에서 도보 7분

사카이마치도리 堺町通り

오타루가 경제적으로 번영했던 시절의 건축물이 많이 남은 사카이마치도리. 이곳 상점가에는 카페, 기념품 숍, 해산물 식당 등 다양한 즐길 거리가 늘어서 있다. 식당에서 가볍게 맥주 한잔에 해산물을 맛보고 나와 유리 공예품이나 젓가락 등 기념품을 쇼핑한 다음, 카페에 들어가 커피나 녹차 음료를 한잔 마시다 보면 2~3시간이 훌쩍 지나간다. 르타오 본점과 가까운 곳에 관광 안내소가 있는데, 우산, 휠체어, 유모차 등을 무료로 빌려주거나 짐 보관 서비스(유료)도 제공하니 필요할 때 방문해 보자.

🚶 미나미오타루역에서 도보 7분
📍 小樽市堺町6-11 📞 +81-134-27-1133
🏠 otaru-sakaimachi.com

맑고 투명한 오타루의
기념품을 만나러 ……④

기타이치 글라스 3호관

北一硝子 三号館

기타이치는 오타루의 오래된 유리 제품
제조사로, 1901년에 창업한 아사하라 유
리浅原硝子가 전신이다. 아사하라 유리의
초대 사장이 오타루에서 석유 램프를 제
조하면서 오타루와 유리 제품의 인연이
시작되었는데, 이를 기념하듯 1층 찻집
내부를 167개 석유 램프로만 불을 밝혀
분위기가 근사하다. 유리잔이나 그릇뿐
만 아니라 유리로 만든 액세서리를 포함
해 다양한 유리 공예품을 판매한다. 근처
에 기타이치 아웃렛, 기타이치 크리스탈
관, 기타이치 플러스관이 있다.

🚶 오타루역에서 도보 20분
📍 小樽市堺町7-26 🕐 09:00~18:00
📞 +81-134-33-1993
🏠 kitaichiglass.co.jp

오타루에 서있는 궁전 ……⑤

기타이치 베네치아
미술관 北一ヴェネツィア美術館

1988년에 개관한 미술관으로, 이탈리아 베네치아의 문화를 소개한다. 베네치아
와 오타루는 유리 공예품으로 유명한 도시라는 공통점이 있다. 건물은 베네치아
에 있는 그라시 궁전을 본떠 세웠다. 5층 카페에서는 이탈리아산 가구에 앉아
티타임을 즐길 수 있다. 입장료가 꽤 비싸지만 베네치아 귀족들의 삶을 엿볼 수
있는 화려한 전시실이니 관심 있다면 들어가 봐도 좋다. 1층은 무료로 관람 가능
하다.

🚶 미나미오타루역에서 도보 10분 📍 小樽市堺町5-27 🕐 09:00~17:30
📞 +81-134-33-1717 ¥ 700엔 🏠 venezia-museum.or.jp

오타루 운하 小樽運河

1899년 국제무역항으로 지정된 오타루는 석탄과 청어가 활발히 드나드는 홋카이도의 관문이었다. 오타루 운하는 항구로 들어오는 큰 배에 실린 짐을 거룻배로 옮겨 석조 창고로 운반하기 위해 바다를 메워 만들었다. 점차 경제적인 역할을 상실하고 1980년대에 경관을 정비해 관광의 상징이 되면서 산책로가 생기고 가스등에 불이 들어왔다. '오타루 유키아카리노미치小樽 雪あかりの路(눈과 촛불의 거리) 축제'가 열리는 2월에는 눈과 물 위에 조명을 설치해 더욱 반짝이는 운하 풍경을 만날 수 있다. 산책하다가 다리 위에 서서 사진을 찍어도 좋고, 약 40분 정도 운행하는 크루즈를 타고 운하를 즐겨도 좋다.

🚶 오타루역에서 도보 13분　🕐 24시간　🏠 otaru.gr.jp/shop/otarucanal

운하 크루즈

일몰 전에 출발하는 데이 크루즈와 일몰 후에 출발하는 나이트 크루즈 두 가지가 있다. 둘 다 오타루 항구, 북 운하, 남 운하를 돌아보는 코스로 나이트 크루즈가 조금 더 낭만적이라는 평.

📍 小樽市港町5-4　🕐 10:30~18:00 (시즌별로 다름)　¥ 데이 크루즈 1,800엔, 나이트 크루즈 2,000엔
📞 +81-134-31-1733　🏠 otaru.cc

영화 〈러브레터〉의 마을

오타루 하면 영화 〈러브레터〉, 〈러브레터〉 하면 오타루가 떠오른다. 1998년 일본
대중문화가 한국에 개방될 때 큰 사랑을 받은 작품이라 첫 일본 영화가 이 영화인
이들도 많고, 첫사랑의 기억이 더해 오래도록 추억하는 이도 많다. 〈러브레터〉는 여주인공
와타나베 히로코가 우연히 죽은 약혼자 후지이 이츠키와 이름이 똑같은 여자 후지이 이츠키와
편지를 주고받게 되는 이야기로, 사랑했던 약혼자의 첫사랑 이야기를 알게 되는
여정이 오타루를 배경으로 펼쳐진다. 영화를 촬영한 지 꽤 오래되었는데도,
영화 속에서처럼 오타루는 여전히 겨울이면 새하얀 눈이 소복이 쌓이고, 작은 마을의
공예가는 활활 타오르는 화로 앞에서 유리 공예품을 만든다. 영화 속 장면을 하나하나
떠올리며 오타루를 걷다 보면 이 도시가 더욱 낭만적으로 다가온다.

후지이를 만나러 가는 길
후나미자카 船見坂

영화 〈러브레터〉 초반부에 등장하는 언덕길. 여자 주인공 후지이 이츠키에게 관심을 보이는 우체부가 오토바이를 타고 이츠키의 집으로 향하는 길이다. 경사가 15도 이상 되어 허리를 굽히고 올라가야 한다. 어느 정도 올라서면 멀리 항구가 내려다보인다. 남편을 기다리는 아내들이 이곳에 서서 배가 돌아오는지 보았다고 해 '배船를 바라보는見 언덕' 이란 이름이 붙었다. 그리움이 깃든 길 이름이 영화의 감성과도 잘 어울린다.

🚶 오타루역에서 도보 6분

영화의 첫 장면

덴구야마 로프웨이
天狗山ロープウェイ

여주인공이 새하얀 설원에 누워있다가 뛰어
내려가는 첫 장면을 촬영한 장소다. 오타루
시내 전경과 야경을 감상할 수 있는 유일한
스폿으로, 로프웨이를 타면 4분 만에 정상
에 도착한다. 정상에는 분위기 좋은 카페와
레스토랑도 있다. 여름에는 다람쥐에게 먹
이를 주고 직접 만져볼 수도 있는 공원이 열
린다. 신사 및 삼림욕 코스도 있고, 겨울에
는 오타루 앞바다를 내려다보며 스키를 타
는 스키장이 오픈한다.

🚶 오타루역에서 버스 20분
📍 小樽市最上2丁目16-15 🕘 4월 중순~11월 초
09:00~21:00 💴 왕복 1,600엔
🏠 tenguyama.ckk.chuo-bus.co.jp

따스함이 전해오는

더 글라스 스튜디오 인 오타루 ザ・グラススタジオ・イン・オタル

영화 〈러브레터〉에서 와타나베 히
로코는 아키바의 제안으로 유리 공
방에 방문한다. 영화 속에 등장하
는 공방은 오타루 운하 공예관인데
현재는 폐관했고, 다른 건물로 옮
겨갔다. 아쉽지만 영화 속 분위기를

느껴보고 싶다면 덴구야마 로프웨이 가까이에 있는 더 글라스 스튜디
오에 들러보자. 오타루의 투명한 풍경이 고스란히 담긴 공예품을 판매
하며, 제작 과정도 구경할 수 있다.

🚶 오타루역에서 버스로 20분 📍 小樽市最上2丁目16-16 📞 +81-134-33-9390
🕐 10:00~18:00, 공방 화 & 스튜디오 연말연시 휴무 🏠 glassstudio-otaru.com

구 일본우선 주식회사
旧日本郵船 小樽支店

영화 〈러브레터〉에서 후지이 이츠키가 근무하는 도서관으로 등장한다. 지금 보아도 고풍스러운 2층 석조 건물은 1906년 당시 최고의 건축가들이 모여 최첨단 기술로 세웠다고 한다. 귀빈실과 회의실을 옛 모습대로 복원했고, 해운 자료실이 있지만 건물이 노화되어 오랜 기간 보수 공사에 들어갔다. 건물 바로 앞에는 운하 공원이 조성되어 있는데 배가 들어오는 입구를 모티브로 한 분수가 솟아오른다. 북적이는 운하나 시내를 조금 벗어나 이곳에 앉아 한적한 시간을 즐겨보자. 2024년까지 내부 공사 중.

🚶 오타루역에서 도보 17분 📍 小樽市色内3丁目7-8

첫사랑의 추억이 깃든 학교
아사리 중학교 朝里中学校

영화 〈러브레터〉의 두 후지이 이츠키가 다닌 중학교. 영화의 유명세에 비해서는 평범해 보인다. 여전히 많은 학생들이 등교하는 곳이니, 수업 시간이나 등하교 시간에 방문하는 것은 삼가는 게 좋다.

🚶 아사리역에서 도보 9분 📍 小樽市新光3丁目7-1

와타나베 히로코와 후지이 이츠키가 스쳐 지나간
이로나이 교차로 色内交差点

영화 〈러브레터〉에서 와타나베 히로코와 후지이 이츠키가 스쳐 지나는 장면이 있는데, 이 장면의 배경이 바로 이로나이 교차로다. 이곳 우체국 앞 우체통에 후지이 이츠키가 편지를 넣고, 와타나베 히로코는 길 건너에 서있다. 현재는 우체통 위치가 바뀌었지만 이곳을 걷는 것만으로도 영화 속 주인공이 된 듯한 기분에 젖을 수 있다.

🚶 오타루역에서 도보 11분

짐을 나르던 골목길 ······· ⑦
데누키코지 小樽出抜小路

이 골목길을 따라 운하까지 짐을 날랐다고 해, 날 출出, 뽑을 발拔 자를 써서 데누키코지出拔小路라는 이름이 붙었다고 전해진다. 지금은 옛 음식 거리를 재현해 20개의 점포가 들어서 튀김, 와규, 야키소바, 고로케 등 다양한 메뉴를 만나볼 수 있다. 옛 오타루 이리후네초에 있었던 화재 감시 망루를 본떠 만든 전망대에 올라 서면 내려다보이는 운하 풍경이 꽤 근사하다.

🚶 오타루역에서 도보 12분 📍 小樽市色内1丁目4
🕐 가게마다 다름 ¥ 가게마다 다름 📞 +81-134-24-1483
🏠 otaru-denuki.com

오타루의 모든 여행 정보는 이곳에 ······· ⑧
운하 플라자 運河プラザ

1893년에 지어진 구 오타루 창고 건물을 활용해 만든 시설. 오타루 관광 안내소이기도 하다. 카페를 비롯한 휴식 공간, 선물 가게도 있다. 운하를 산책하다 지쳤을 때 쉬어가기 딱 좋은 장소.

🚶 오타루역에서 도보 9분 📍 小樽市色内2丁目1-20
🕐 09:00~18:00 📞 +81-134-33-1661
🏠 sites.google.com/view/otarubase

오타루의 젊은 관광 스폿 ······· ⑨
오타루 예술촌 小樽芸術村

역사적 건축물 4개를 활용해 조성한 복합 예술 공간. 팥 저장용으로 지었던 구 다카하시 창고 외에 구 미쓰이 은행, 구 홋카이도 개척 은행 등의 건물에서 니토리 미술관, 아르누보 아르데코 글라스 갤러리, 스테인드글라스 전시관 등을 운영한다. 일본 국내외 작품들이 전시되어 한번쯤 구경해 볼 만하다.

🚶 오타루역에서 도보 10분 📍 小樽市色内1丁目3-1
🕐 5~10월 09:30~17:00, 11~4월 10:00~16:00, 5~10월 넷째 수 & 11~4월 수 휴무 ¥ 4개관 공통 이용권 2,900엔
📞 +81-134-31-1033 🏠 www.nitorihd.co.jp/otaru-art-base

북의 월가 北のウォール街

🚶 오타루역에서 도보 11분
📍 小樽市色内1丁目3-10
📞 +81-13-432-4111

홋카이도 최고 경제 도시였던 오타루의 옛 모습이 고스란히 남은 거리. 다이쇼 시대 말기 삿포로에는 10곳, 하코다테에 16곳에 불과한 은행이 오타루에 20곳이나 있을 만큼 오타루는 경제와 금융이 발전한 도시였다. 은행뿐만 아니라 미쓰이 물산, 미쓰비시 상사와 같은 기업들도 이곳에 거점을 두었다. 당시 은행 등으로 쓰였던 100년 넘은 건물들은 현재 박물관, 기념품점, 호텔 등 다양한 관광시설로 활용되고 있다. 널찍한 도로를 따라 산책하며 커다란 건물들을 한 채 한 채 짚어가다 보면 오타루가 과거에 얼마나 번영했었는지 체감할 수 있다.

일본 현대 건축의 주춧돌을 쌓아 올린
명장의 작품 ⑪

구 일본은행 금융자료관 旧日本銀行金融資料館

우리나라의 한국은행 옛 본관을 설계하기도 한 건축가 다쓰노 긴고辰野金吾가 설계한 건물이다. 1912년부터 90여 년 동안 일본은행 오타루점으로 쓰이다가, 2003년에 금융자료관으로 문을 열었다. 입장료가 무료이니 오타루역에서 항구를 오가는 길에 잠시 들어가 보아도 좋다.

🚶 오타루역에서 도보 10분 📍 小樽市色内1丁目11-16
🕐 4~11월 09:30~17:00, 12~3월 10:00~17:00, 수 & 연말연시 휴무
💴 무료 📞 +81-134-21-1111 🏠 www3.boj.or.jp/otaru-m

구 홋카이도은행 본점

旧北海道銀行本店

은행 건물 특유의 중후함이 특색인 구 홋카
이도은행 본점. 지금은 오타루 바인 小樽バ
ィン이라는 와인 레스토랑이 영업 중이다.
1912년에 지어져 100년이 넘었는데도 거의
옛 모습 그대로 보존되어 있다.

🏃 오타루역에서 도보 9분
📍 小樽市色内1丁目8-6
🕐 11:00~22:00　📞 +81-134-32-4111

구 야스다은행 旧安田銀行

1930년에 그리스 건축 양식으로 지은 건물.
한때는 신문사에서도 사용했고, 최근까지
는 초밥 전문점 하나고코로花ごころ 오타루
점이 영업했으나 현재는 폐업했다.

🏃 오타루역에서 도보 7분
📍 小樽市色内2丁目11-1

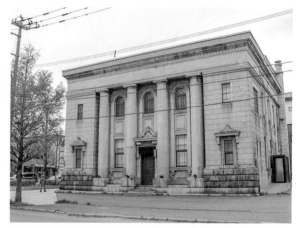

구 113은행 旧百十三銀行

1908년에 세워진 2층 석조 건물로, 나중에
외벽에 벽돌을 붙여 지금 모습이 되었다. 붉
은 벽돌과 담쟁이덩굴이 어우러져 따뜻하고
낭만적인 분위기를 자아낸다. 외관에 걸맞
게 오타루 낭만관이라는 공예품 가게가 들
어섰다.

🏃 오타루역에서 도보 12분　📍 小樽市堺町1-25
🕐 09:30~17:30　📞 +81-134-31-6566
🏠 www.tanzawa-net.co.jp/shop/02.html

구 데미야선 기찻길 旧国鉄手宮線

홋카이도 최초 철도인 호로나이선幌内線의 일부 구간으로, 1880년에 개통한 데미야선의 옛 철로. 호로나이선은 데미야역을 기점으로 삿포로를 거쳐 미카사三笠 쪽의 호로나이역까지 가는 노선이었다. 홋카이도 개척 당시 석탄과 해산물을 실어나르며 맹활약했으나 1985년에 폐선되었고, 지금은 약 500m 구간이 아름다운 산책로로 꾸며져 오타루 시민뿐만 아니라 여행객들의 사랑을 듬뿍 받고 있다. 여름에는 음악제 및 유리공예 축제, 겨울에는 '오타루 유키아카리노미치小樽 雪あかりの路(눈과 촛불의 거리) 축제'가 열려 선로를 스노캔들로 단장한다.

🚶 오타루역에서 도보 7분
📍 小樽市色内1丁目13-1 📞 +81-134-32-4111

시립 오타루 문학관 市立小樽文学館

오타루 출신 문학가들의 작품을 전시하고 소개하는 공간. 1978년에 개관했다. 우리나라에도 번역 출간된 작가는 일본 프롤레타리아 문학을 대표하는 《게 가 공선蟹工船》을 쓴 고바야시 다키지小林多喜二, 평론가 이토 세이伊藤整가 있다. 이 외에도 다양한 작가들의 원고나 편지 등을 모아 전시하며 문화 행사도 열린다. 작품이나 작가와 관련된 장소를 돌아보는 산책 프로그램도 있으니 관심이 있다면 참여해도 좋다.

🚶 오타루역에서 도보 12분
📍 小樽市色内1丁目9-5
🕐 09:30~17:00, 월 & 연말연시 휴무
💴 300엔 📞 +81-134-32-2388
🏠 otarubungakusha.com

미야코도리 상점가
都通り商店街

약 300m 거리에 60여 개 상점이 늘어선 상점가. 홋카이도에서 두 번째로 역사가 오래된 상점가다. 매년 다양한 이벤트가 펼쳐지는 장소이며, 5월에서 11월까지 매주 토요일에 무농약 채소 시장無農薬野菜土曜市도 열린다. 토요일에 오타루를 방문한다면 놓치지 말 것. 토마토처럼 씻어서 바로 먹을 수 있는 신선한 채소를 사면 홋카이도 대지의 생명력이 온몸에 스며드는 경험을 할 수 있다.

🚶 오타루역에서 도보 7분 🕐 가게마다 다름 📞 +81-134-32-6372
🏠 www.otaru-miyakodori.com

스누피 마니아들 주목! ······ ①
스누피차야 SNOOPY茶屋

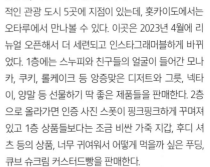

미국 만화가 찰스 먼로 슐츠의 작품 《피너츠》 속 주인공 스누피와 일본의 문화를 접목한 상점. 교토, 유후인, 가루이자와 등 일본의 대표적인 관광 도시 5곳에 지점이 있는데, 홋카이도에서는 오타루에서 만나볼 수 있다. 이곳은 2023년 4월에 리뉴얼 오픈해서 더 세련되고 인스타그래머블하게 바뀌었다. 1층에는 스누피와 친구들의 얼굴이 들어간 모나카, 쿠키, 롤케이크 등 앙증맞은 디저트와 그릇, 넥타이, 양말 등 선물하기 딱 좋은 제품들을 판매한다. 2층으로 올라가면 인증 사진 스폿이 핑크핑크하게 꾸며져 있고 1층 상품들보다는 조금 비싼 가죽 지갑, 후디 셔츠 등의 상품, 너무 귀여워서 어떻게 먹을까 싶은 푸딩, 큐브 슈크림 커스터드빵을 판매한다.

🚶 미나미오타루역에서 도보 10분 📍 小樽市堺町6-4
🕐 09:30~17:30 💴 스누피 커스터드빵 350엔, 푸딩 583엔
🏠 www.snoopychaya.jp

실용성을 중시하는 여행자의 선택 ······ ②
수제 젓가락 공방 유젠 手作り箸工房遊膳

장식품보다는 실용적인 기념품을 선호하는 여행자라면 이곳을 추천한다. 유젠은 일본 전역에 체인점이 있지만, 특히 이곳에서는 홋카이도와 오타루 한정 젓가락을 살 수 있다. 무료 각인 서비스도 있어 기념으로 사두면 일상 속에서 오타루 여행을 추억할 수 있다.

🚶 오타루역에서 도보 19분 📍 小樽市堺町
6-1 🕐 09:30~17:30 💴 젓가락 한 벌
1,080엔~ 📞 +81-134-26-6883
🏠 www.telacoya.co.jp

다이쇼 유리관 大正硝子館

1906년에 지어진 구 나토리 다카사부로 상점 건물에 들어선 유리 공예품 가게.
건물은 메이지 시대 후기에 지어져 매우 고풍스럽다. 다이쇼 유리관은 본점인 이
곳 외에도 홋카이도 내 16개나 점포가 있기 때문에 이곳을 들르지 못했다면 다
른 지점을 노려봐도 괜찮다. 체험 공방이 있고 시즌별로 다양한 이벤트 및 기획
전이 열린다.

🚶 오타루역에서 도보 12분
📍 小樽市色内1丁目1-8 🕘 09:00~19:00
📞 +81-134-32-5101 🏠 otaru-glass.jp

손으로 물들인 홋카이도의 색 ······ ④
카즈 KAZU

홋카이도 사계의 색에서 영감을 얻어 염색한 직물을 판매하는 공방. 공방 건물
은 메이지 시대에 세워진 석조 창고를 이용한 것으로, 그 덕에 직물의 색감이 더
욱 돋보인다. 수작업으로 만들어 가격대가 조금 비싸지만, 홋카이도 자연의 색이
고스란히 녹아든 매력적인 색감의 상품들을 만날 수 있다.

🚶 오타루역에서 도보 12분 📍 小樽市色内1丁目10-23 🕘 10:00~18:00, 화 휴무
💴 머플러 5,300엔~ 📞 +81-134-22-8544 🏠 www.at-kazu.com

오타루에서는 반드시 초밥을! ······ ①
스시야도리 小樽寿司屋通り

그리 길지 않은 거리에 수십 개의 초밥집이 늘어서 있다. 많은 인원이 들어갈 수 있는 대형 초밥집부터 문을 연 지 80년이 넘은 노포, 예약하지 않으면 좀처럼 맛보기 어려운 미슐랭 스타 초밥집까지 선택지가 다양하다. 오타루의 초밥집은 대부분 홋카이도 앞바다에서 잡히는 신선한 해산물을 사용해 만들기 때문에 사실 어느 곳을 방문해도 크게 실망할 일은 없다.

🚶 오타루역에서 도보 9분
🏠 otaru-sushiyadouri.com

《미스터 초밥왕》의 배경 초밥집 ······ ②
마사즈시 政寿司

'미스터 초밥왕 배경'으로 알려진 초밥집. 하지만 엄밀하게 말하면 만화 《미스터 초밥왕》에 마사즈시는 등장하지 않는다. 《미스터 초밥왕》의 내용 중 주인공 쇼타는 아버지의 초밥집이 사사 초밥이라는 거대한 초밥 체인점의 횡포로 점점 망해가자, 자기가 직접 초밥을 배워 장인이 되기로 결심한다. 이 경쟁 체인점이 마사즈시를 모티프로 했다고 알려진 것인데, 마사즈시는 문을 연 지 80년이 넘은 만큼 만화 속 사사 초밥처럼 악덕 기업(?)일 가능성은 낮다. 오히려 가게 규모가 커서 다른 곳보다 예약하기가 쉽고, 예약을 못했어도 오픈 시간에 맞춰 방문하면 대기하다가 자리가 날 수 있어 비교적 편하게 초밥을 맛볼 수 있다. 오랫동안 많은 이들이 방문할 정도니 맛도 물론 보장되고 직원들이 무척 친절하다. 운하 근처에 젠안ぜん庵점이라는 지점이 1곳 더 있다.

🚶 오타루역에서 도보 10분 🏠 小樽市花園1丁目1-1
🕐 11:00~14:30, 17:00~20:30, 수 휴무 ¥ 3,000~6,000엔
📞 +81-134-64-0011 🏠 www.masazushi.co.jp

장인의 소박하고 따뜻한 손길 ⋯⋯ ③
스시겐 おたる 鮨玄

연세가 지긋한 할아버지가 쥐어주는 초밥을 맛볼 수 있다. 가게 인테리어나 맛이 화려하진 않지만, 생선이 아주 신선하고 음식이 매우 정갈하다. 좌석 수가 적은데 오히려 아늑하고 따뜻한 분위기다. 다른 가게와 달리 중간에 쉬는 시간이 없어서 점심때를 놓쳐도 방문할 수 있다는 점이 큰 장점이다.

🚶 오타루역에서 도보 11분　📍 小樽市山田町2-2　🕐 11:00~21:00, 수 휴무
💴 2,000~3,000엔　📞 +81-134-34-8817

미슐랭 2스타 초밥집 ⋯⋯ ④
구키젠 握 群来膳

홋카이도에서 잡은 해산물과 홋카이도에서 재배한 쌀로 만든 초밥을 투명한 유리 그릇에 내준다. 유리 그릇은 오타루 유리 공방에서 만든 것으로, 초밥이 더욱 정갈하고 먹음직스러워 보인다. 2012년에는 미슐랭 가이드에서 2스타를 받았으며, 이곳 초밥 중에서는 특히 우니(성게알)가 맛있기로 호평이 나왔다. 카운터석 7석, 테이블 2석 정도의 작은 규모이다 보니 미리 예약하지 않으면 좀처럼 맛볼 수 없다. 사전 예약은 필수!

🚶 오타루역에서 도보 13분　📍 小樽市東雲町2-2番4号　🕐 11:30~15:00, 17:30~21:00,
월 저녁 & 화 & 셋째 수 휴무　💴 3,000~10,000엔　📞 +81-134-27-2888　🏠 kukizen.jp

가성비를 생각한다면 ...... ⑤
와라쿠 회전초밥 和楽 回転寿司

오타루에서 초밥은 먹어보고 싶은데, 한 끼에 많게
는 1만 엔가량을 쓰기엔 부담스러운 여행자, 또는 미
리 전화로 예약하기 귀찮은 여행자들은 고맙다 할
곳이다. 삿포로와 오타루에 지점을 둔 와라쿠는 다
양한 초밥을 비교적 저렴하게 즐길 수 있어 인기가
좋다. 식사 시간대를 피해 방문하면 오래 기다리지
않고 맛볼 수 있다.

🚶 오타루운하에서 도보 4분 📍 小樽市堺町3-1
🕐 11:00~21:30, 수 휴무 💴 접시당 140엔~
📞 +81-134-24-0011 🏠 waraku1.jp

접근성 좋은 초밥집 ...... ⑥
하마야 すし処 浜谷

스시야도리까지 갈 시간은 없다면 이곳을 노려보자.
오타루역 바로 앞에 위치한 깔끔하고 세련된 초밥
집이다. 홋카이도에서 재배한 호시노유메ほしのゆめ
라는 쌀만 고집해 만든 초밥에 술을 한잔 곁들이기
도 좋은 분위기.

🚶 오타루역에서 도보 1분 📍 小樽市稲穂2丁目10-3
🕐 11:00~15:00, 17:00~21:30, 수 휴무 💴 3,500엔~
📞 +81-134-33-2323 🏠 sushi-hamaya.com

친절한 할아버지를 만날 수 있어요! ...... ⑦
멘야 めんや

역에서 멀지 않은 곳에 자리한 라멘집. 술 한잔하고
조금 아쉬울 때 들르면 좋다. 주인 할아버지가 매우
친절한 데다 영어를 잘하는데, 놀랍게도 라디오만으
로 영어를 독학했다 한다. 이곳의 라멘은 '무첨가 헬
시 라멘'임을 자부하는데, 특유의 냄새가 있
어 예민한 사람 입맛에는 맞지 않을 수도
있다.

🚶 오타루역에서 도보 5분 📍 小樽市稲穂2
丁目16-9 🕐 10:00~20:00
💴 라멘 730엔~ 📞 +81-134-29-3434

정통 독일식 맥주를 맛볼 수 있는 ⋯⋯ ⑧
오타루 창고 넘버원 小樽倉庫No.1

운하를 따라 늘어선 창고 중 '오타루 비어 홀'이 있는데, 정통 독일식 맥주 제조법을 고수하는 오타루 맥주를 맛있는 안주와 함께 맛볼 수 있는 곳이다. 클래식 맥주가 조금 물리기 시작할 즈음 색다른 맛을 경험할 수 있다. 0℃ 이하에서 천천히 숙성된 효모를 자연히 가라앉혀 만드는 필스너, 캐러멜 맥아를 사용해 크리미한 거품과 캐러멜 맛이 특징인 둔켈, 밀가루 비율이 50% 이상 되며 바나나 풍미가 나는 바이스 맥주 등이 준비돼 있다. 매주 목요일과 토요일에는 3시간 동안 2,200엔에 맥주를 무제한으로 마실 수 있는 메뉴도 있다. 20분쯤 걸리는 양조장 견학은 무료이며 자유 관람도 가능하니 식사할 시간이 없다면 가볍게 둘러봐도 좋다.

🚶 오타루역에서 도보 12분 📍 小樽市港町5-4
🕐 11:00~23:00 ¥ 맥주 517엔~, 피자·파스타 1,200엔~,
📞 +81-134-21-2323 🏠 otarubeer.com

즐거운 오타루의 밤을 ⋯⋯ ⑨
렌가요코초 レンガ横町

식당과 술집이 10여 개쯤 늘어선 오타루의 포장마차 거리. '이치고いちご'라는 이름의 교자집, 피자와 와인을 즐길 수 있는 이탈리아식 바 '렌가レンガ W' 그리고 숯불구이, 이자카야, 징기스칸 등 다양한 메뉴를 취급하는 작은 가게들이 모였다. 따뜻하고 낭만적인 오타루의 밤을 보내기 딱 좋은 분위기다.

🚶 오타루역에서 도보 8분 📍 小樽市稲穂1丁目4-15
🕐 가게마다 다름 ¥ 가게마다 다름 🏠 otaruyataimura.jp

진한 우유 맛이 입안에 한가득 ⑩
르타오 본점 ルタオ本店

르타오Letao는 오타루Otaru를 거꾸로 읽은 이름이자 프랑스어로 '친애하는 오타루의 탑La Tour Amitié Otaru'이라는 뜻이다. 홋카이도에서 생산한 생크림, 밀가루, 달걀과 이탈리아산 마스카르포네치즈로 만든 치즈케이크 '더블 프로마주' 덕분에 1998년 오픈 후 홋카이도에서 가장 유명한 디저트 전문점으로 성장했다. 최적의 생크림 맛을 만들기까지 1년이 걸렸다는데, 한 입만 먹어도 진한 우유 맛이 입안 가득 퍼진다. 더블 프로마주 외에도 진한 초콜릿이 들어가는 비스킷 테노와르, 꿀이 들어가는 피낭시에, 제철에 나오는 멜론, 딸기가 들어가는 계절 한정 케이크, 본점 한정 롤케이크, 기타 신제품 등이 디저트 러버들을 유혹하는 통에 눈이 뱅글뱅글 돌아간다. 고민이 무한정 깊어진다면 건물 맨 위층에 있는 전망대에 올라 오타루 앞바다를 감상한 후, 마음이 조금 진정되었을 때 가장 먹고 싶은 것을 골라 즐기자. 사카이마치를 걷다 보면 매력적인 디저트들의 유혹이 끊임없이 이어질 것이니, 이곳에서 너무 힘을 빼지 않는 것이 좋다.

🚶 미나미오타루역에서 도보 6분
📍 小樽市堺町7-16 🕐 09:00~18:00
💴 조각 케이크 400엔~
📞 +81-120-314-521 🏠 letao.jp

사카이마치도리에만 4곳 더 있는
르타오 지점

- **프로마주 데니시 데니 르타오**フロマージュデニッシュ デニルタオ 르타오 본점 바로 길 건너에 있는데, 비교적 한적하고 차분하다. 에그 타르트를 닮은 프로마주 데니시가 유명하다.

- **누벨바그 르타오 쇼콜라티에**ヌーベルバーグ ルタオ ショコラティエ 르타오 제품 중에서 특히 초콜릿이 들어간 디저트를 강화한 지점. 초콜릿이 들어간 아이스크림 메뉴가 인기다.

- **르타오 플러스**ルタオプラス 입구가 사카이마치 중심가가 아니라 도로에 면하고 있어서 발견하기 어렵지만, 카페 분위기는 가장 좋다. 폭신폭신한 팬케이크 사이에 생크림, 과일을 끼워 만든 오믈렛 제품이 이곳 한정 디저트다.

- **르타오 파토스**ルタオパトス 오타루에 있는 가게 중 가장 큰 곳으로, 2층에서는 파스타와 오므라이스 등 점심 메뉴도 판매한다.

다른 지역 디저트도 오타루에서 맛보아요! ……⑪
롯카테이·기타카로
六花亭·北菓楼

삿포로와 오비히로에 각각 본점을 둔 기타카로 P.137와 롯카테이 P.313의 오타루 점. 삿포로나 오비히로에서 방문하지 못했다면 여기서 들러도 좋다. 기타카로의 시그니처 디저트인 슈크림, 롯카테이의 마루세이 버터샌드도 좋지만, 오타루 지점에서만 파는 메뉴(시즌별로 다름)도 있으니 오타루 지점 한정 상품('only available in this store' 혹은 '공항에서는 판매하지 않습니다'라고 적힌 상품)들을 노려보자. 사카이마치도리 석조 건물 안에 있으며, 늘 관광객으로 북적이지만 달달한 디저트를 따뜻한 커피와 함께 즐길 수 있다.

🏃 미나미오타루역에서 도보 8분 📍 小樽市堺町7-22 🕐 10:00~18:00
📞 +81-134-24-6666 / +81-134-31-3464 🏠 rokkatei.co.jp / www.kitakaro.com

머리부터 발끝까지 초록 초록해 ……⑫
사와와 茶和々

사카이마치도리에 있는 말차 디저트 전문점. 건물이 채도 높은 초록색이어서 한눈에 확 띈다. 교토 우지산에서 난 말차를 듬뿍 묻힌 와라비모치わらび餅(고사리 전분으로 만든 투명한 떡)가 가장 유명하고, 도라야키, 푸딩도 인기다. 그리고 이곳에서 파는 아이스크림 역시 일본에서 꼭 한번 먹어봐야 할 것 중 하나. 일반 말차아이스크림과 농차お濃茶아이스크림이 있는데, 가격은 더 비싸지만 농차를 추천한다. 정말 진한 녹차의 맛을 담은 아이스크림을 맛볼 수 있다.

🏃 오타루역에서 도보 18분
📍 小樽市堺町4-14 🕐 09:30~17:30
¥ 농차아이스크림 626엔,
와라비모치 컵 389엔 📞 +81-134-26-6668

오타루 근교 여행

달콤 향긋한 위스키의 향

닛카 위스키 요이치 증류소 ニッカウヰスキー 北海道工場 余市蒸溜所

증류소 입구에 들어서자마자 달달하고 향긋한 위스키 향기가 풍겨 술을 마시기도 전에 취하기 시작한다. 1934년 '일본 위스키의 아버지'라 불리는 다케쓰루 마사타카竹鶴政孝가 스코틀랜드에서 유학을 마치고 돌아와 이곳에 증류소를 세웠다. 그는 요이치의 서늘하고 습한 기후가 스코틀랜드와 닮았고, 수원이 풍부하고 공기가 깨끗해 위스키 제조에 가장 적합하다고 점찍었다. 처음엔 사과주스를 판매하다가 2년 뒤 위스키 제조 허가를 받으면서 일본 위스키의 역사가 시작된다. 겨우내 요이치산에 쌓인 눈이 봄에 녹아 흘러간 요이치강의 물이 위스키 원액이 되고, 이시카리 평야에서 수확한 맥아에 스모키한 향을 내 '남성적이고 중후한 맛'을 내는 닛카 위스키가 탄생했다. 닛카 위스키에서는 '바다의 향이 난다'고 표현하는 사람들도 많다는데, 요이치만에서 불어오는 해풍이 위스키 통에 스며들어 그런 바다 향을 내는 것이라 한다. 약 70분 정도 걸리는 증류소 가이드 투어(사전 예약 필수)가 무료이며, 닛카 회관 2층에서 위스키를 종류별로 한 잔씩 시음할 수 있다. 물론 운전자는 절대로 시음을 해서는 안 된다.

🚶 오타루 시내에서 자동차 약 30분, 기차(오타루역-요이치역) 혹은 버스(오타루역 앞 버스터미널-요이치역) 25~30분, 요이치역에서 도보 7분 📍 余市郡余市町黒川町7丁目6
🕐 09:15~15:30, 연말연시 & 부정기 휴무(미리 확인)
📞 0135-23-3131 🏠 www.nikka.com/distilleries/yoichi/

눈이 시리도록 푸르른
샤코탄반도 가무이곶 積丹半島 神威岬

'샤코탄 블루'라는 별칭이 붙을 정도로 바다색이 아름답기로 유명한 샤코탄반도의 곶. '가무이'는 아이누어로 '신'을 뜻한다. 이곳에는 설화가 하나 전해진다. 가마쿠라 시대 초기, '차렌카'라는 여인이 사랑하는 장수를 따라 홋카이도를 찾아왔지만, 그가 이미 떠났다는 사실을 듣고 바다에 투신한다. 이후 그녀는 가무이 바위가 되었고 여성이 탄 배가 지나가면 질투심에 그 배를 전복시킨다고 해, 1885년까지 이곳은 금녀의 땅이었다. 지금은 물론 여성들이 오가는 데 제한이 없다. 본래 지리적으로 바람이 강해서 해상 교통이 험했던 곳인 만큼, 곶 끝까지 걸어가려면 아주 센 바람을 견디고 한 발 한 발 내딛어야 한다. 다소 힘들어도 걷다 보면 눈이 시릴 정도로 푸른 샤코탄 블루를 만난다. 이 '샤코탄 블루'는 주로 여름철에 볼 수 있는데, 바다가 평온하고 해초가 적어야 투명도가 높아지면서 아름다운 파란색이 보인다고 한다. 가무이곶 끝까지 다녀오는 데는 40분~1시간 정도 걸리니 여유롭게 방문하는 것이 중요하다.

🚶 오타루 시내에서 자동차 약 1시간 30분, 오타루역에서 가무이곶행 버스 2시간 🕐 08:00~14:00/16:30(계절 및 날씨에 따라 운영 시간 변동)
🏠 www.kanko-shakotan.jp

아사히카와·
후라노·비에이

旭川·富良野·美瑛

#뒤뚱뒤뚱 #펭귄산책하는아사히카와
#새하얀설원 #푸른연못이아름다운비에이
#보랏빛물결 #후라노와인이나는후라노

언덕 위에서 색깔도 다양하게 피는 꽃과 작물들, 겨
울이면 수북이 쌓이는 눈, 그 위에 솟은 나무들이 비
경을 연출하는 비에이와 여름이면 보랏빛 라벤더가
수놓는 후라노. 또 하나의 보랏빛, 와인도 유명하다.
색채 짙은 풍경 속에 흠뻑 빠질 수 있는 곳. 물론 이
풍경들을 만나기 전 아사히카와에서 앙증맞은 걸음
으로 눈길을 산책하는 펭귄부터 만나고 가시길!

아사히카와·
후라노·비에이
가는 방법

렌터카 여행자가 아니라면, 삿포로에서 아사히카와까지 가는 JR 열차, 버스의 운행 편수가 많고 철도 및 도로 상태도 좋기 때문에 아사히카와를 시작점이나 거점으로 삼아 비에이, 후라노로 가는 루트가 좋다. 렌터카 여행자, 혹은 도마무 리조트에 머문다면 후라노, 비에이, 아사히카와 순으로 올라가는 일정을 추천한다.

JR 열차

삿포로에서 비에이, 후라노로 바로 가는 열차는 없어서 아사히카와에서 갈아타야 한다. 비에이, 후라노까지는 후라노선으로 갈아타 이동한다. 삿포로에서 후라노까지 가는 가장 편하고 빠른 방법은 삿포로에서 다키가와滝川까지 라일락 카무이선을 타고 간 다음, 네무로본선 후라노행을 타고 가는 것이다. 환승 시간까지 포함해 약 2시간 10분 걸린다. 다만 네무로본선이 약 2시간 간격으로 운행하는 것을 고려하면, 가장 빠르고 편한 방법은 아사히카와까지 라일락 카무이선으로 이동한 다음, 후라노선(약 1시간 간격으로 운행)으로 갈아타는 것이다. 이 경우 환승 시간까지 포함해 약 2시간 40분 걸린다. 비에이는 아사히카와에서 후라노선을 타면 지나가는 경유지이며, 아사히카와에서 약 30분 걸린다.

버스

삿포로에서 후라노까지는 홋카이도 중앙 버스北海道中央バス에서 운행하는 직행버스가 있다. 약 2시간 간격으로 운행, 2시간 40분 정도 걸린다. 삿포로에서 비에이까지 직행버스는 없고, 아사히카와에서 도호쿠 버스道北バス로 갈아타 이동한다. 삿포로에서 아사히카와까지 가는 버스는 삿포로 버스 터미널에서 JR 홋카이도 버스를 타고 2시간 30분 정도 걸리며, 약 30분 간격으로 운행한다. 여기에서 비에이까지는 도호쿠 버스 39번을 타고 45분 정도 걸리지만, 배차 간격이 1~2시간 이상으로 길기 때문에 시간을 잘 맞춰야 한다.

렌터카

삿포로에서 렌터카를 이용해 아사히카와, 비에이, 후라노 지역으로 이동한다면 반드시 아사히카와를 거쳐 갈 필요는 없다. 다만, 삿포로에서 아사히카와까지는 E5 고속도로가 나 있어서 다른 도로보다 빠르게 갈 수 있다. 일정을 아사히카와에서 시작할지, 후라노에서 시작할지, 아사히카와를 여정에 넣을지 말지를 고려해 효율적인 이동 동선을 짜는 것이 좋다. 삿포로에서 아사히카와까지 약 2시간, 아사히카와에서 비에이까지는 약 40분, 후라노까지는 약 1시간이 걸린다(도로 상황에 따라 변동).

후라노+비에이
추천 코스

하루 추천 코스

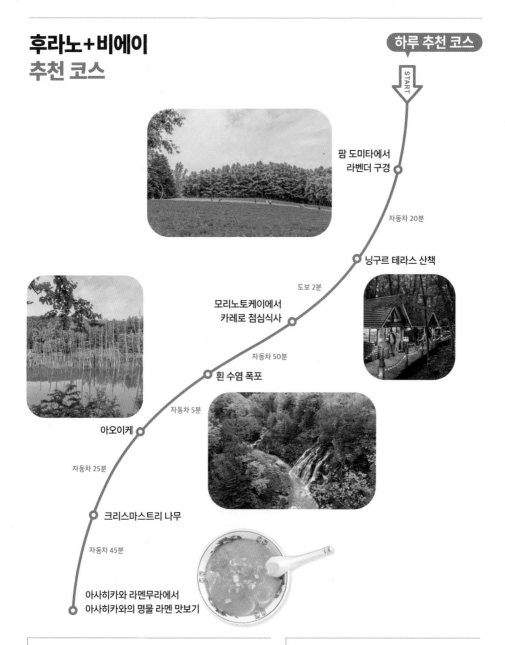

START

팜 도미타에서
라벤더 구경

자동차 20분

닝구르 테라스 산책

도보 2분

모리노토케이에서
카레로 점심식사

자동차 50분

흰 수염 폭포

자동차 5분

아오이케

자동차 25분

크리스마스트리 나무

자동차 45분

아사히카와 라멘무라에서
아사히카와의 명물 라멘 맛보기

여름엔 후라노, 겨울엔 비에이 일정을 길게

삿포로에서도 꽤 멀리 떨어진 지역이니 가는 김에 비에이, 후라노는 같이 보고 오는 것이 좋다. 후라노는 라벤더 관광을 중심으로 여름 여행객에 최적화된 명소가 듬뿍 있으니 여름 여행이라면 꼭 후라노 일정을 길게 잡고, 비에이는 주요 명소 몇 군데만 들르는 것이 좋다. 한편, 설경을 중심으로 여행지가 구성된 비에이를 겨울에 찾는다면 일정을 더 길게 잡는 것이 좋다. 또 한겨울 도로 사정 등에 따라 명소 간 이동 시간이 예상보다 길어지는 등 여러 변수가 있으니 이 또한 고려해 일정을 계획하는 것이 좋다.

가장 편하고 저렴한 일일 투어 상품

네이버 검색창에서 '비에이 후라노 일일 투어'로 검색하면 다양한 현지 투어 상품이 나온다. 보통 삿포로에서 대형 버스를 타고 출발해 비에이, 후라노의 유명 명소를 돌고 삿포로로 돌아오는 당일 상품인데, 가장 경제적이며 편리한 여행 방법이다. 다만, 단체로 이동하다 보니 사진을 찍을 때 차례를 기다려야 하고, 시간이 제한되어 자연을 온전히 만끽하기 어려운 점은 감수해야 한다.

아사히카와·후라노·비에이 전도

JR 후카가와

P.212
아사히카와

비에이

P.241

JR 다키카와

JR 아시베쓰

P.226

후라노

◀ 삿포로 방향

아사히카와 상세 지도

평화거리 쇼핑공원 05

시오카리 고개 기념관 04

아사히카와 라멘무라 02

5·7 골목길 후라리토 07

호시노 리조트 OMO7 아사히카와 06

아사히야마 동물원 01

히쓰지야 01

로바타노유카라 05

산로쿠가이 06

준쿠도 서점 03

하치야 03

이온몰 02

다이세쓰지비루관 04

아사히카와 JR 01

아사히카와요조

아사히카와 관광 물산 정보 센터

소운쿄 09

구로다케 로프웨이 10

유성 폭포·은하 폭포 11

외국 수종 견본림 03

미우라 아야코 기념 문학관 02

이야기가 샘솟는 도시

아사히카와

旭川

농업과 제조업이 발달한 홋카이도 제2의 도시. 하지만 뭐니 뭐니
해도 아사히카와에서 가장 유명한 명소는 당연 아사히야마 동물원!
한때 연 300만 명이 방문했을 만큼 아사히카와의 관광 산업을
책임지고 있다 해도 무방하다. 동물원만큼이나 유명한 인물도 있다.
우리나라에서도 드라마로 제작된 소설 《빙점》의 작가 미우라
아야코가 이곳 출신. 물론 《빙점》의 무대 역시 아사히카와다. 시내에는
숲 근처에 근사한 미우라 아야코 기념 문학관이 있고 근교에는
작가의 생가를 복원한 시오카리 고개 기념관이 있다. 동물원만
들렀다가 돌아가긴 아쉬운 도시.

가는 방법

종종 인천~아사히카와 구간 전세기가 뜨곤 하지만, 정규 노선이 아니기 때문에 늘 이용하기는 어렵다. 신치토세 공항으로 입국할 경우 공항에서 버스를 타고 바로 아사히카와로 갈 수 있고(하루 두 편 운행), JR 열차를 이용할 경우 삿포로역을 거쳐서 가야 한다.

- **JR 열차** 삿포로역에서 아사히카와까지 가는 JR 열차는 특급 열차인 라일락 카무이ㅋ イラック·カムイ와 보통 열차 하코다테본선函館本線 2가지가 있다. 특급 열차로 1시간 30분이면 아사히카와에 도착하고, 보통 열차를 타면 2시간 15분 가량 걸리나, 운임은 2,400엔가량 차이가 나므로 상황에 맞게 선택하자.

  삿포로~아사히카와 JR 라일락 카무이선 약 1시간 25분, 5,220엔
  삿포로~아사히카와 하코다테본선 약 2시간 15분, 2,860엔

- **버스** 신치토세 공항에서 아사히카와까지는 리무진 버스를 타고 약 2시간 50분 걸리지만, 성수기에도 세 편, 비수기에는 하루에 두 편밖에 운행하지 않아 시간을 맞추기 어렵다. 삿포로 시내에서 아사히카와로 가려면 삿포로역 앞 버스 정류장 14번에서 JR 홋카이도 버스(JHB)를 타고 아사히카와역 앞 버스 정류장에서 내린다.

  삿포로~아사히카와 JR 홋카이도 버스 약 2시간 10분~2시간 30분, 2,300엔

- **렌터카** 공항 혹은 삿포로 시내에서 아사히카와까지 렌터카를 타고 가면, 홋카이도 도중자동차도道央自動車道를 따라 약 2~3시간 걸린다. 삿포로에서 아사히카와까지는 E5 고속도로를 이용하면 일반 도로보다 1시간가량 시간을 절약할 수 있다. 통행료는 약 4,990엔(ETC 3,490엔).

  삿포로~아사히카와 E5 고속도로 이용 약 1시간 40분~2시간 50분, 140~150km

시내 교통

아사히카와는 삿포로에 이어 홋카이도 제2의 도시인 만큼 교통이 좋은 편이다. 버스가 시내 곳곳을 촘촘히 연결하고, 날씨만 나쁘지 않으면 평화거리 쇼핑공원, 산로쿠가이, 후라리토 등 시내 명소와 맛집은 충분히 걸어 다닐 수 있다. 주요 명소인 아사히야마 동물원, 소운쿄 등에 가려면 버스나 렌터카를 이용해야 한다.

- **시내버스** 아사히카와역에서 나오면 바로 앞에 버스 정류장이 있다. 6번에서 아사히야마동물원행, 8번에서 소운쿄행 버스를 탈 수 있다.

- **자전거** 아사히카와역 안에 있는 아사히카와 관광 물산 정보 센터P.220에서 자전거 렌털을 안내해준다. 일반 자전거부터 전동 자전거, 어린이 자전거 등 다양하게 준비되어 있으니 문의해 보자.

뒤뚱뒤뚱 펭귄이 산책하는 ······ ①
아사히야마 동물원
旭山動物園

1967년에 문을 열었다. 한때는 관람객이 줄어들어 폐원될 위기에 처했지만, 동물들의 행동을 그대로 보여주는 '행동 전시'를 통해 위기를 극복했고 2006년에는 300만 명이라는 경이적인 관람객 수(일본에서 도쿄 우에노 동물원을 제외하고 1위)를 기록했다. 겨울에는 하루 두 번(11시. 14시 30분) 펭귄들이 밖으로 나와 눈길을 산책하는데, 500m 정도 되는 길을 정확히 30분 동안 걷는다. 펜스 없이 바로 앞에서 볼 수 있어 더욱 즐겁다. 산책하는 펭귄들은 뒤뚱뒤뚱 앙증맞게 걷다가 중심을 못 잡아 미끄러지기도 하고 혼자 멍때리다가 뒤처지기도 하는 등 정말 어린아이 같다. 이곳에서는 펭귄이 하늘을 나는 모습도 볼 수 있는데, 어떻게 나는지는 직접 확인하시길! 물론 '그날의 기분에 따라' 행동하기 때문에 하늘을 나는 펭귄을 보려면 운이 좋아야 한다. 한창욱, 김영한 작가가 쓴 《펭귄을 날게 하라》라는 책에 아사히야마 동물원에 관한 이야기가 상세히 담겨있다. 읽고 가면 더 많은 것이 보인다.

🚶 아사히카와역에서 자동차 30분, 아사히카와역 6번 정류장에서 전기궤도버스 아사히야마 동물원선 41, 47번 탑승 🕐 여름 09:30~17:15(8월 ~21:00), 겨울 10:30~15:30, 4·11월 & 연말연시 휴무(홈페이지 확인) ¥ 고등학생 이상 1,000엔, 중학생 이하 무료
📞 +81-166-36-1104 🏠 www.city.asahikawa.hokkaido.jp/asahiyamazoo

작가를 꼭 닮은 공간 ······ ②
미우라 아야코 기념 문학관 三浦綾子記念文学館

작가 미우라 아야코가 운영하던 잡화점이 너무 번창해 주변 가게까지 영향을 주자, 가게 규모를 줄이고 남는 시간에 썼다는 소설 《빙점》. 이 작품은 〈아사히신문〉에서 주관한 천만 엔 현상 공모전에서 최우수작으로 선정됐다. 이후 미우라 아야코는 평생 병마와 싸우며 글을 썼다. 그녀를 기념하는 문학관은, 자기 딸을 유괴해 살해한 범인의 딸을 입양해 키우는 소설 《빙점》의 작가 미우라 부부의 마음처럼 따뜻한 분위기로 꾸며져 있다.

🚶 아사히카와역에서 자동차 5분, 도보 20분 📍 旭川市神楽7条8丁目 2-15 🕐 09:00~17:00, 월(여름 제외) & 연말연시 휴무 ¥ 700엔
📞 +81-166-69-2626 🏠 www.hyouten.com

《빙점》이 시작되는 곳 ⋯⋯⋯ ③

외국 수종 견본림
外国樹種見本林

1898년에 조성된 인공 숲이다. 스트로브 잣나무 등 외국에서 수입한 수종을 홋카이도 기후에서 키울 수 있는지 살펴보기 위해 조성했다고 한다. 현재 이곳에는 약 52종 6,000여 그루의 나무가 자라는데, 우리나라의 잎갈나무와 전나무도 있다. 미우라 아야코의 소설 《빙점》이 이곳에서 시작된다.

🚶 아사히카와역에서 자동차 5분, 도보 20분
📍 旭川市神楽7条8丁目2 🕐 24시간

미우라 아야코의 숨결이 느껴지는 공간 ⋯⋯⋯ ④

시오카리 고개 기념관 塩狩峠記念館

미우라 아야코가 살았던 집을 복원해 꾸민 기념관. 소설 《빙점》을 쓴 방을 비롯해 미우라 부부가 사용한 생활용품을 그대로 전시해 생활감이 남아있다. 1층에는 미우라 아야코의 작품들을 읽어볼 수 있는 공간도 있다. 1909년, 기념관이 위치한 시오카리 고개에서 철도 사고가 발생했는데, 한 철도 직원이 자기를 희생해 승객을 구하는 일이 있었다. 그 사고를 소재로 미우라 아야코는 《시오카리 고개》라는 소설을 집필했고, 기념관 근처에는 소설 주인공 노부오의 실제 모델인 나가노 마사오長野政雄를 기리는 비석이 서있다.

🚶 시오카리역에서 도보 1분 🕐 4~9월 10:00~16:30, 10~11월 10:00~15:30, 월 & 겨울(2/28 특별 개관) 휴무 ¥ 300엔 📞 +81-165-32-4088
🏠 www.town.wassamu.hokkaido.jp

연중 축제로 북적이는 ⸱⸱⸱⸱⸱⸱ ⑤
평화거리 쇼핑공원 平和通買物公園

1972년 6월에 일본 최초로 생긴 보행자 전용 거리. 아사
히카와역에서부터 약 1km 정도의 길 양옆에 상점들이 늘
어서 있다. 1960년대, 아사히카와 중심가인 이곳에서 교
통사고가 많이 발생하자 당시 시장이었던 이가라시 고조
가 보행자 전용 거리 조성을 추진했다고 한다. 매년 겨울
에는 얼음 조각 세계 대회, 여름에는 아사히카와 마쓰리,
9월에는 기타노 메구미 타베 마르셰라는 먹거리 시장, 6월
에는 쇼핑공원 탄생 축제가 열리는 등 연중 활기차다.

🚶 아사히카와역에서 도보 3분　📞 +81-166-26-0815
🏠 www.kaimonokouen.com

홋카이도 제2의 번화가 ⸱⸱⸱⸱⸱⸱ ⑥
산로쿠가이 36街

3조도리3町通り 6초메6丁目 일대에 1,000개 가까이 되는
음식점이 모여있다. 시내 중심부에 있어 접근성이 좋으며
이자카야, 바, 펍, 클럽, 스낵바 등 모든 종류의 술집이 있
고, 라멘, 소바, 해산물, 징기스칸 등 선택할 메뉴도 매우
많아 어딜 골라야 할지 난감할 정도. 매년 3월 6일은 '산로
쿠 감사의 날'로 정해 손님들에게 고마운 마음을 전하는
감사 이벤트가 열리며, 8월에는 '산로쿠 마쓰리'가 열려 평
소보다 더욱 활기를 띤다.

🚶 아사히카와역에서 도보 5분

즐거운 일이 일어날 것만 같은 길 ⸱⸱⸱⸱⸱⸱ ⑦
5·7 골목길 후라리토 5·7 小路ふらりーと

좁은 길을 사이에 두고 음식점, 술집, 미용실, 과일 가게
등 18개 가게가 영업 중이다. 시장 거리에서 시작해 한때
는 영화 거리로, 환락가로 이어지며 늘 왁자지껄해 온 장
소라고 한다. 5·7은 길과 번지의 숫자로, 2004년 시민들
의 공모를 받아 이름 붙였다. 왠지 모를 그리운 느낌을 주
는 풍취가 있는 골목이라 구경만으로도 신나고, 골목을
가득 메운 꼬치구이 냄새에 맥주 한잔을 곁들이고 싶다
는 생각이 절로 든다.

🚶 아사히카와역에서 도보 11분　📍 旭川市5条通7丁目右6·7号
🕐 가게마다 다름　🏠 furari-to.net

호시노 리조트 OMO7 아사히카와

星野リゾート OMO7 旭川

도시 관광이 콘셉트인 호시노 리조트 그룹의 네 번째 브랜드 OMO. '오모 레인 저'라 부르는 직원들이 투숙객과 함께 아사히카와 시내를 산책하며 주변 가게를 안내하는 프로그램(예약 필수)이 있다. 또한 투숙객들에게만 제공되는 고 킨조 Go-KINJO라는 지도에는 아사히카와 시내 맛집 정보가 자세히 담겨있어 매우 유용하다. 1층 로비 옆 북 터널에서 홋카이도 및 아사히카와를 주제로 한 가이드 북, 잡지, 단행본과 홋카이도 출신 작가들의 작품을 마음껏 볼 수 있다. 아사히야 마 동물원까지 가는 셔틀버스도 예약하면 무료로 이용 가능.

🚶 아사히카와역에서 도보 15분 📍 旭川市6条通9丁目右1
📞 +81-50-3134-8095 🏠 omo-hotels.com/asahikawa

소운쿄 層雲峽

다이세쓰산 구로다케 기슭에 조성된 온천 마을로, 장엄한 협곡 풍광이 특히 유명하다. 일본 근대 시인이자 수필가 오마치 게게쓰大町桂月(1869~1925)는 홋카이도 각지를 여행한 후 홋카이도의 매력을 기록한 기행문을 남겼다. 그가 1921년 이곳을 방문했을 때 '소운쿄'라는 이름이 붙었다고 전해진다. 겨울에는 얼음 폭포 축제가 열린다.

🚶 아사히카와 시내에서 자동차 약 1시간 30분 📞 +81-16-585-3350
🏠 www.sounkyo.net

구로다케 로프웨이 黒岳ロープウェイ

험준하게 깎인 소운쿄 협곡을 한눈에 담을 수 있다. 로프웨이를 타고 해발 1,300m 지점까지 빠르게 올라가기 때문에 창밖을 내다보고 있으면 다리가 후들거릴 정도. 로프웨이의 종착역은 구로다케역이다. 이곳에서 산책로를 따라 약 200m 정도 걸으면 리프트 정류장에 도착하며, 리프트를 타고 해발 1,520m 지점까지 올라갈 수 있다. 날씨 운이 나쁘면 주변이 안개로 뒤덮여 아무것도 보이지 않으니 맑은 날을 택하자.

🚶 가미카와역에서 버스 30분, 소운쿄 정류장에서 내려 도보 5분
🕐 4~5월 08:00~16:30, 6~9월 06:00~18:00, 10~12월 06:00, 08:00~16:30, 17:00(매년 다름) 💴 로프웨이 왕복 2,600엔, 리프트 왕복(여름) 1,000엔, 세트권 3,300엔
📞 +81-16-585-3031 🏠 www.rinyu.co.jp/kurodake

유성 폭포·은하 폭포 流星·銀河の滝

웅장한 절벽을 타고 떨어지는 두 줄기 폭포. 이름처럼 은하 폭포는 여러 갈래의 가는 물줄기가 모여 떨어지고, 유성 폭포는 물줄기 하나가 굵직하게 떨어진다. 주차장에 차를 대고, 15분에서 20분 정도 산길을 오르면 2개 폭포를 한눈에 볼 수 있는 전망대에 도착한다. 길이 험하진 않지만 경사가 있어 체력이 꽤 소모된다.

🚶 아사히카와 시내에서 자동차 1시간 20분 📞 +81-16-582-1811

아사히카와 관광 물산 정보 센터 旭川観光物産情報センター

아사히카와 역 안에 있는 정보 센터이자 기념품 가게. 외국어 응대가 가능한 안내원들이 상주하며, 아사히카와 및 근교 명소와 레스토랑 등에 관한 팸플릿도 있다. 아사히카와의 유명한 과자 및 특산품 등도 판매하니, 돌아가기 전에 이곳에서 기념품을 쇼핑해도 좋다. 자전거 대여, 짐 보관 서비스도 있으니 필요한 것이 있다면 방문해 보자.

🚶 아사히카와역 내 📍 旭川市宮下通8丁目3-1 🕐 6~9월 08:30~19:00, 10~5월 09:00 ~19:00, 연말연시 휴무 ¥ 자전거 대여 1일 1,000엔~, 짐 보관 1일 700엔
📞 +81-166-26-6665

지역을 상징하는 기념품을 사가요!
아사히카와 추천 기념품

아사히카와에서 1929년에 시작된 제과 브랜드 쓰보야壺屋総本店에서 만드는 쿠키 키바나き花. 바삭하고 아몬드 향이 입안 가득 퍼지는 이 쿠키의 맛을 아는 사람은 이곳에 들를 때 꼭 사간다. 또 아사히카와는 목공예로도 유명한 지역이다. 앙증맞게 깎은 목공예품이나 나무 컵 등은 무게가 가벼워 부담 없다. 물론, 소설 《빙점》의 도시인 만큼 '빙점 맥주'도 빼놓을 수 없다. 하지만 이들보다 더욱 의미 있는 기념품은 바로 영하 41℃ 시리즈. 아사히카와는 일본에서 기온이 관측된 이래 가장 낮은 온도를 기록한 도시로, 1902년 1월 25일의 영하 41℃는 지금도 깨지지 않은 기록이라고 한다. 이를 테마로 한 과자나 티셔츠 등 굿즈도 판매 중이니, 아사히카와의 매서운 추위를 경험해 본 여행자라면 이곳의 추위를 두고두고 추억해 보자.

접근성 좋은 대형 쇼핑몰 ····· ②
이온몰 イオンモール

아사히카와역 바로 앞에 있어 접근성이 좋은 4층
규모의 대형 쇼핑몰이다. 1층에서 유제품이나 가
공식품, 과자류, 도시락 등을 팔고, 소바, 우동, 라
멘, 돈부리 등을 먹을 수 있는 푸드 코트도 있다.
무인양품, 스타벅스도 입점해 있어 여행자들의 쇼
핑은 1층만 들러도 어지간히 해결된다.

🚶 아사히카와역에서 도보 1분
📍 旭川市宮下通7丁目2-5 🕐 09:00~21:00
📞 +81-166-21-5544
🏠 asahikawaekimae-aeonmall.com

홋카이도 북부 최대 서점 ····· ③
준쿠도 서점 ジュンク堂書店

1963년 고베에서 시작된 일본의 대형 체인 서점.
아사히카와 지점은 홋카이도 북부 지역에서 가장
큰 서점이다. 다양한 주제로 전시를 여는 갤러리도
있고, 4층에는 북 카페도 있어 꼭 책을 사지 않더
라도 잠시 쉬어가기 좋은 장소다.

🚶 아사히카와역에서 도보 10분
📍 旭川市1条通8丁目108 4~5F
🕐 10:00~19:30 📞 +81-166-26-1120
🏠 www.junkudo.co.jp

프리미엄 양고기를 즐기러 ····· ①
히쓰지야 旭川成吉思汗 ひつじ家

아사히카와 번화가인 산로쿠가이에 자리한 징기
스칸 전문점. 엄선된 재료를 사용하기 때문에 양고
기 특유의 냄새가 적으며, 깔끔하게 즐길 수 있다.
특히 얼굴이 까만 양, 서퍽 종 프리미엄 양고기를
놓치지 말 것!

🚶 아사히카와역에서 도보 13분
📍 旭川市3条通6丁目718-2
🕐 7~9월 16:00~23:30, 5~10월 17:00~23:30
¥ 징기스칸 700엔~ 📞 +81-166-73-3001
🏠 hitsujiya.foodre.jp

골라먹는 재미가 있는 ······· ②

아사히카와 라멘무라 あさひかわラーメン村

아사히카와 근교에 있는 라멘 테마파크. 아사히카와의 유명한 라멘집이 한데 모여 1996년에 오픈했다. 오골계를 고아 만든 수프가 특징인 사이조さいじょう, 화학조미료를 사용하지 않는 오랜 전통의 맛집 아오바青葉, 걸쭉함이 특징인 공방 가토工房加藤 등 총 8곳의 라멘집이 서로 다른 특색을 내세워 대표 메뉴를 선보인다. 동행이 많을 때 각자 먹고 싶은 라멘을 먹을 수 있는 것도 큰 장점. 입구에 라멘 벽화가 눈길을 끄는데, 안에는 신사도 있어 웃음을 자아낸다.

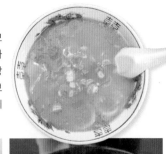

🚶 아사히카와 시가지에서 자동차 18분
📍 旭川市永山11条4丁目119-48
🕐 11:00~20:00(가게마다 다름)
📞 +81-166-48-2153 ¥ 850엔~ (가게마다 다름) 🏠 www.ramenmura.com

미슐랭 리스트에도 등재된 라멘집 ······· ③

하치야 蜂屋

돈코츠 육수와 해산물 육수를 절묘하게 조합한 국물에 아사히카와 간장의 깊은 맛을 즐길 수 있는 라멘. 미슐랭 리스트에도 올라갔다지만 가게엔 특별한 표식이 없다. 직원에게 물어봐도 "별은 안 붙었어요"라는 시큰둥한 반응이 돌아온다. 가게 이름에 꿀(하치蜂)이 들어간 이유는 1947년 개업 당시 꿀을 넣은 아이스크림을 파는 가게였기 때문. 메뉴의 '매운 파 라멘'도 우리 입맛에는 많이 맵지 않으며, 기대보다 못하다는 평도 꽤 있지만 한번쯤은 맛볼만하다.

🚶 아사히카와역에서 도보 15분
📍 旭川市3条通15丁目
🕐 10:30~19:50, 수 휴무
¥ 라멘 900~1,200엔
📞 +81-166-22-3343

맑은 물로 빚은 맥주를 맛봐요! ……… ④

다이세쓰지비루관 大雪地ビール館

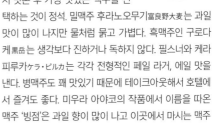

아사히카와의 로컬 맥주를 즐길 수 있는 비어 홀. 안주나 맥주가 좀 비싸지만 다이세쓰의 맑은 물로 만든 다양한 맥주를 마셔볼 수 있다. 샘플러를 시켜서 맛본 후 가장 맛있는 맥주를 선택하는 것이 정석. 밀맥주 후라노오무기富良野大麦는 과일 맛이 많이 나지만 물처럼 묽고 가볍다. 흑맥주인 구로다케黒岳는 생각보다 진하거나 독하지 않다. 필스너와 케라피루카ケラ·ピルカ는 각각 전형적인 페일 라거, 에일 맛을 낸다. 병맥주도 꽤 맛있기 때문에 테이크아웃해서 호텔에서 즐겨도 좋다. 미우라 아야코의 작품에서 이름을 따온 맥주 '빙점'은 과일 향이 많이 나고 이곳에서 마시는 맥주보다 진한 맛이 나기 때문에 추천!

🏃 아사히카와역에서 도보 7분　📍 旭川市宮下通11丁目1604-1
🕐 11:30~14:00, 17:00~22:00, 일 휴무　💴 샘플러 2,000엔,
글라스 맥주 660엔~, 안주류 500엔~　📞 +81-166-25-0400
🏠 www.ji-beer.com

따뜻한 화로 곁에 모여 앉아 ……… ⑤

로바타노유카라 炉端のユーカラ

추운 겨울에 방문하면 화로의 열기가 따뜻해 기분이 좋아진다. 카운터 앞에 놓인 커다란 화로 위에 스테이크, 생선, 유부, 주먹밥까지 다양한 재료를 구워주는데 메뉴가 대부분 짭짤해서 맥주가 술술 들어간다. 현지인 추천 맛집.

🏃 아사히카와역에서 도보 15분　📍 旭川市4条通7丁目　🕐 15:00~23:30, 수 휴무
💴 곱창소금구이 580엔, 임연수어구이 980엔　📞 +81-166-23-1114
🏠 www.robata-yukar.info

보랏빛 물결,
라벤더 향기에 물드는 시간

후라노 富良野

여름이면 보랏빛 라벤더가 수놓는 후라노, 그리고 이곳을
이야기할 때 빼놓을 수 없는 인물이 있다. 극작가
구라모토 소우倉本聰(1935~). 일본 국민 드라마 중 하나로
꼽히는 〈북쪽 나라에서〉를 쓴 작가다. 도쿄 출신인 그는
1977년 후라노시로 이주해 이곳이 배경인 시나리오를 쓰기
시작했고, 〈북쪽 나라에서〉가 큰 성공을 거두며
후라노는 전국적으로 유명한 관광지가 되었다. 이후에도
후라노가 배경인 다양한 작품을 집필한 덕에 작품의
배경이 된 공간은 매년 많은 여행객들을 불러모으고 있다.

가는 방법	삿포로에서 후라노까지 한 번에 가는 방법은 버스밖에 없고, JR 열차를 이용하면 아사히카와나 다키가와에서 갈아타야 한다. 다만 버스나 JR 열차 모두 운행 간격이 2시간 정도로 길기 때문에 삿포로에서 당일치기로 다녀오려면 시간을 잘 맞춰야 한다. 비에이에서는 후라노본선을 타고 약 1시간 내외로 걸린다.

- **JR**
  아사히카와~후라노 JR 후라노선 이용 시 약 1시간 10~1시간 40분, 1,290엔
  비에이~후라노 JR 후라노선 이용 시 약 35분~1시간, 750엔

- **버스**
  삿포로~후라노 홋카이도 중앙 버스 이용 시 약 2시간 40분, 2,500엔
  아사히카와~후라노 후라노 버스 이용 시 약 1시간 45분, 900엔
  비에이~후라노 후라노 버스 이용 시 약 40분, 650엔

- **렌터카**
  삿포로~후라노 E5, 452번 국도 이용 약 2시간~2시간 50분, 114km~142km
  비에이~후라노 237번 국도 이용 약 40분, 34km

시내 교통	• **버스** 아사히카와, 비에이, 후라노역까지 이어지는 후라노 버스 라벤더호ラベンダー号는 나카후라노中富良野, 가미후라노上富良野, 신 후라노 프린스 호텔 등을 연결한다. 배차 간격이 길어 시간 안배를 잘 해야 하지만 후라노 내에서 주요 관광지로 이동하기에도 좋다. 하루 여덟 편 운행하며, 시각표는 후라노 버스 홈페이지에서 확인할 수 있다.

   ¥ 후라노역~신 후라노 프린스 호텔 170엔, ~가미후라노 370엔, ~비에이역 650엔
   ♠ 후라노 버스 www.furanobus.jp/lavender

• **노롯코 기차**富良野·美瑛ノロッコ号 약 6~9월 사이에 한정 운행하는 비에이 후라노 노롯코호富良野·美瑛ノロッコ号 열차를 이용하면 임시 정류장 라벤더밭역ラベンダー畑에 내려 팜 도미타까지 가장 빠르게 갈 수 있다. 비에이~가미후라노~나카후라노~후라노 구간을 다니기 때문에(1대는 아사히카와까지) 다른 지역에서 후라노로 넘어오기에도 좋다. 구체적인 운행 기간은 매년 다르며, 중간에 쉬는 날이 있고 하루에 세 편 운행하니 팜 도미타 홈페이지에서 미리 운행일과 시간표를 확인해야 한다.

   ⏱ 후라노에서 라벤더밭역까지 약 13분 소요 ¥ 라벤더밭~후라노 300엔, ~비에이 750엔
   ♠ 팜도미타 www.farm-tomita.co.jp/access/station.asp

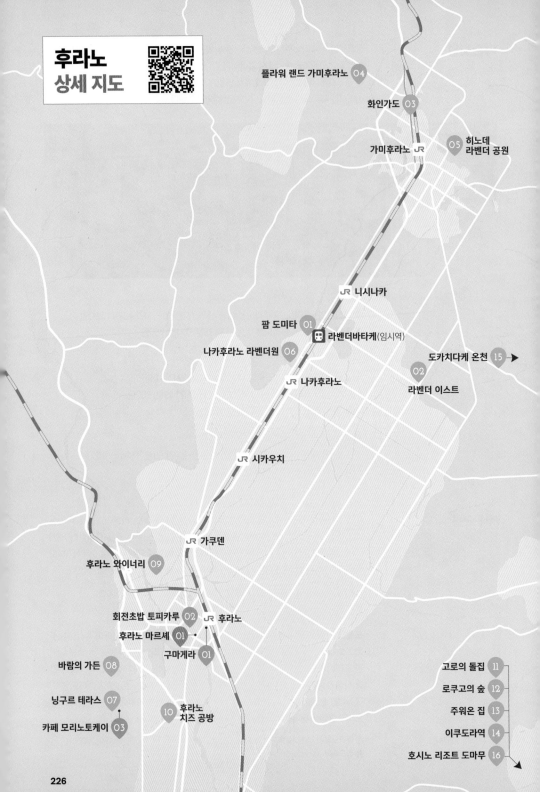

후라노
상세 지도

플라워 랜드 가미후라노 `04`

화인가도 `03`

가미후라노 JR

`05` 히노데
라벤더 공원

JR 니시나카

팜 도미타 `01`

🚇 라벤더바타케(임시역)

나카후라노 라벤더원 `06`

도카치다케 온천 `15` ➤

`02`

라벤더 이스트

JR 나카후라노

JR 시카우치

JR 가쿠덴

후라노 와이너리 `09`

고로의 돌집 `11`

로쿠고의 숲 `12`

주워온 집 `13`

회전초밥 토피카루 `02`   JR 후라노

후라노 마르셰 `01`

구마게라 `01`

바람의 가든 `08`

이쿠도라역 `14`

닝구르 테라스 `07`

호시노 리조트 도마무 `16` ➤

카페 모리노토케이 `03`

`10` 후라노
치즈 공방

보랏빛 물결 ······ ①
팜 도미타 ファーム富田

매년 여름이면 라벤더가 만개해 보랏빛 융단이 깔리기 시작한다. 6월 하순부터 8월 상순까지 총 다섯 종류의 라벤더가 개화 시기를 조금씩 달리해 피니, 피크 타임을 놓쳤다고 크게 상심하지 말자. 팜 도미타의 라벤더는 1958년부터 천연 향료를 생산할 목적으로 재배되었는데, 1976년 이곳 풍경이 JR 열차 달력에 실리며 일본 전국적으로 유명세를 탔다. 합성 향료의 기술 발전에 더해 무역 자유화로 값싼 외국 향료가 일본에 수입되며 후라노의 라벤더 오일 산업이 큰 어려움을 겪던 때, 달력 사진 한 장 덕분에 관광지로 급부상한 것. 이후 라벤더 오일만이 아니라 라벤더 향수·비누 등 다각도로 상품화를 시도했다. 이 밖에 붉은색 양귀비, 노란색 금잔화, 분홍색 꽃잔디 등 수십 종의 꽃을 함께 재배해 커다란 무지개처럼 펼쳐진 풍경을 봄부터 가을까지 감상할 수 있게 만든 점도 눈여겨볼 대목이다. 보랏빛이 도는 라벤더 소프트아이스크림, 라벤더 푸딩과 슈크림, 후라노의 채소가 듬뿍 들어간 카레를 맛보는 일도 이곳을 방문하는 즐거움 중 하나!

🚶 나카후라노역에서 자동차 4분, 도보 약 25분 / 여름철 노롯코호 라벤더바타케역에서 도보 약 7분 ⏰ 09:00~17:00 ¥ 무료
📞 +81-167-39-3939
🏠 www.farm-tomita.co.jp

팜 도미타 꽃 달력

4	**5**	**6**	**7**	**8**	**9**	**10**

라벤더 노시하야사키
라벤더 요테이
라벤더 오카무라사키
라멘더 하나모이와
라벤더 라반진
캘리포니아 양귀비
붉은 양귀비
원추리
아이슬란드 양귀비
샐비어
크로커스
비올라
무스카라
안개꽃
양귀비
블루 사루비아
아프리칸 메리골드
개민드라미
베고니아
프렌치 매리골드
다알리아

- 라벤더
- 봄빛 꽃밭
- 이로도리 꽃밭
- 하나비토 꽃밭
- 산의 이로도리 꽃밭
- 가을빛 꽃밭

팜 도미타 지도

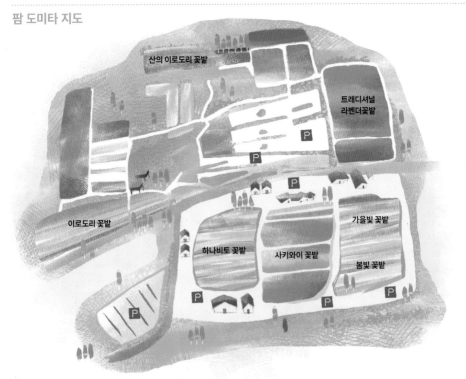

산의 이로도리 꽃밭

트래디셔널
라벤더꽃밭

이로도리 꽃밭

하나비토 꽃밭

사키와이 꽃밭

가을빛 꽃밭

봄빛 꽃밭

사키와이 꽃밭 倖の畑

'행복(사키와이倖)'이란 이름의 꽃밭에 네 종류의 라벤더가 꽃을 피운다. 네 종의 꽃 색깔이 묘하게 달라서 보랏빛 그러데이션이 연출된다. 팜 도미타의 주인공.

산의 이로도리 꽃밭 山の彩りの畑

2017년에 새로 생긴 꽃밭으로 붉은색, 흰색, 분홍색 양귀비가 피어난다. SNS 인증 사진 명소!

트래디셔널 라벤더꽃밭 トラディショナルラベンダー畑

팜 도미타가 이 꽃밭에서 시작되었다. 일본에서 가장 오래된 라벤더꽃밭이기도 하다. 후라노의 역사를 바꾼 JR 달력 속 사진도 이곳에서 찍은 것. 분지 안에 담긴 전원 마을과 도카치다케+勝岳 연봉을 한눈에 내려다볼 수 있다.

이로도리 꽃밭 彩りの畑

붉은색 양귀비, 오렌지색 캘리포니아양귀비, 분홍색 끈끈이대나물, 흰 안개꽃 등 일곱 가지 꽃들이 피는 모습이 마치 무지개 같다.

하나비토 꽃밭 花人の畑

무스카리와 비올라가 개화하는 5월 상순부터 금잔화와 베고니아가 피는 10월까지 긴 기간 꽃을 감상할 수 있다. 곁에 있는 하나비토 하우스 2층에 라벤더 자료관이 있으며, 하나비토 가든에서는 150여 종이 넘는 다채로운 꽃향기를 맡아볼 수 있다. 흰색 라벤더도 있으니 놓치지 말 것.

봄빛 꽃밭 & 가을빛 꽃밭
春の彩りの畑 & 秋の彩りの畑

남쪽에는 6월에 꽃을 피우는 샐비어와 파이브가, 북쪽엔 가을까지 꽃을 볼 수 있는 일일초, 키바나 코스모스, 백일초 등이 심겨 있다.

라벤더만을 오롯이 만날 수 있는 곳 ······ ②

라벤더 이스트 Lavender East

때마침 7월에 후라노를 방문했다면 이곳까지 들러보는 것이 좋겠다. 일본 최대 규모의 라벤더밭으로, 전망대가 있어 라벤더밭 위에 펼쳐진 도카치다케 연봉과 유바리夕張 산지를 감상할 수 있다. 팜 도미타보다는 덜 붐비지만 넓은 평야 가운데 라벤더밭이 덩그러니 있어 풍경이 좀 단조롭게 느껴질 순 있다.

🚶 나카후라노역에서 자동차 8분, 팜 도미타에서 자동차 7분 🕘 09:30~16:30
💴 무료 📞 +81-167-39-3939 🏠 www.farm-tomita.co.jp

꽃향기 가득한
드라이브코스 ······ ③

화인가도 花人街道

후라노 남북을 잇는 237번 국도의 별칭. 237번 국도를 따라 양옆으로 다채로운 꽃밭이 펼쳐진다. 간노 팜, 히노데 공원, 라벤더원, 채향의 마을을 차근차근 방문하며 꽃향기 가득한 드라이브를 즐겨보자.

🚶 팜 도미타에서 후라노, 아사히카와 방면 도로

가미후라노 마을을 한눈에 ⸺ ④

플라워 랜드 가미후라노

フラワーランドかみふらの

약 10만m² 크기의 광활한 꽃밭에 계절별로 다양한 꽃이 핀다. 가미후라노 마을이 한눈에 내려다보인다는 점이 이곳의 가장 큰 매력. 트랙터 버스를 타고 돌아볼 수 있으며, 라벤더가 들어가 숙면에 효능이 있다는 베개 등 라벤더를 활용한 다양한 상품을 판매한다.

🚶 가미후라노역에서 자동차 8분 ♀ 空知郡上富良野町西5線北27号 🕐 3~4월 & 11월 09:00~16:00, 5~6월 & 9~10월 09:00~17:00, 7~8월 09:00~18:00, 12~2월 휴무 ¥ 입장료 무료, 트랙터 버스 어른 600엔, 어린이 400엔 📞 +81-167-45-9528 🏠 flower-land.co.jp

지각해도 괜찮아요 ⸺ ⑤

히노데 라벤더 공원 日の出ラベンダー園

일반 라벤더 품종보다 꽃을 늦게 피우는 오카무라사키가 주로 심겨 있다. 라벤더 시즌을 조금 놓쳤다면 이곳을 찾아가 보자. 게다가 24시간 열기 때문에 조금은 늦은 시간에도 방문 가능하다. 꼭대기에 포토 스폿인 '사랑의 종'이 있는데, 웨딩 촬영지로도 유명해서 새하얀 드레스와 턱시도를 입은 신랑 신부와 마주칠 수도 있다.

🚶 가미후라노역에서 자동차 5분, 도보 20분 ♀ 空知郡上富良野町東1線北27号 🕐 24시간 ¥ 무료 📞 +81-167-45-6983

리프트를 타고 올라가 내려다보는 라벤더 풍경 ⸺ ⑥

나카후라노 라벤더원

なかふらの北星山 ラベンダー園

겨울엔 스키장으로 쓰이는 부지에 라벤더를 심어 여름 관광객을 맞이하는 곳으로, 리프트를 타고 올라가 라벤더밭을 감상할 수 있다. 라벤더밭 저편 너머로 나카후라노 마을도 내려다보인다.

🚶 나카후라노역에서 도보 11분 ♀ 空知郡中富良野町宮町1-41 🕐 09:00~18:00(변동 가능) ¥ 입장료 무료, 리프트 어른 400엔, 어린이 200엔 📞 +81-167-44-2123

숲의 요정들이 사는 마을 ······ ⑦
닝구르 테라스 ニングルテラス

닝구르는 아이누족 민화에 등장하는 작은 요정을 뜻한다. 신 후라노 프린스 호텔은 여기에서 착안해 숲에 아기자기한 상점들이 늘어선 거리를 만들었다. 유리·종이·나무·가죽·은 등 다양한 재료를 사용해 후라노의 자연을 표현한 기념품을 판매한다. 저녁에는 상점들이 불을 밝혀 더욱 요정 마을 같은 분위기를 연출한다.

🚶 후라노역에서 자동차 15분, 신 후라노 프린스 호텔행 버스 25분
🕐 12:00~20:45 📞 +81-167-22-1111 🏠 www.princehotels.
co.jp/shinfurano/facility/ningle_terrace_store

바람이 지나가는 길이 보이는 정원 ······ ⑧
바람의 가든 風のガーデン

450종이나 되는 화초가 사는 영국식 정원으로, 드라마 〈다정한 시간〉의 극작가 구라모토 소우의 다른 작품 〈바람의 가든〉 촬영지다. 췌장암에 걸려 죽음을 눈앞에 둔 남자 사다미가 삶을 되돌아보는 과정이 담긴 드라마로, 그의 딸과 아들이 꽃을 가꾸며 지내는 공간이 바로 이 〈바람의 가든〉. 드라마를 제작하기 2년 전부터 프린스 호텔 부지 안에 정원을 조성해서 촬영을 준비했다고 한다. 드라마에서 사다미의 딸은 이곳을 '초가을이 되면 풀잎이 나부끼며 바람이 지나가는 길이 잘 보인다'고 표현한다. 바람이 불어오는 순간을 기다려 보자.

🚶 신 후라노 프린스 호텔에서 셔틀버스 4분
🕐 봄·가을 08:00~16:00·17:00, 여름 06:30~17:00
(매년 다름), 겨울 휴무 ¥ 1,000엔 📞 +81-167-22-1111
🏠 www.princehotels.co.jp/shinfurano/facility/
kaze_no_garden_2022

후라노의 자연이 낳은 신의 물방울 ········ ⑨

후라노 와이너리 ふらのワイナリー

'와인 입문서'로 불리는 아기 타다시의 만화 《신의 물방울》. 23권에서 만화의 등장인물이자 실존 인물이기도 한 와인 전문가 혼마 쵸스케가 추천한 후라노 아이스 와인이 바로 이곳 후라노 와이너리에서 생산된다. 아이스 와인은 나무에 달린 채 언 포도송이를 하나하나 손으로 따서 만드는데, 언 포도는 수분이 빠져나가 당도가 매우 높다. 기온이 영하 8℃ 이하로 24시간 이상 지속되어야 만들 수 있기 때문에 다른 와인에 비해 생산량이 적고 가격이 비싼 반면, 수요는 높아서 손에 넣기는 어렵다. 그 밖의 후라노 와인(레드, 화이트, 로즈)은 연중 구매하기가 쉬운 편이다. 생각보다 묽은 편이지만, 후라노의 자연이 낳은 물방울을 맛보자.

🚶 후라노역에서 자동차 5분, 도보 30분　📍 富良野市清水山1161　🕐 09:00~17:00
📞 +81-167-22-3242　🏠 furanowine.jp

와인과 치즈의 환상적인 궁합 ········ ⑩

후라노 치즈 공방 富良野チーズ工房

와인과 치즈가 잘 어울린다는 사실은 누구나 알고 있다. 그렇다면 아예 치즈에 와인을 넣어버리면 어떨까? 1982년 후라노시와 홋카이도에 있는 낙농 대학이 공동으로 개발한 와인 함유 치즈를 이곳에서 만날 수 있다. 후라노 목장에 사는 젖소에서 짠 신선한 우유로 만든 버터와 아이스크림을 비롯한 유제품도 인기다. 미리 이메일이나 전화로 신청하면 버터·치즈·아이스크림·빵 만들기 체험도 가능하다.

🚶 후라노역에서 자동차 8분　🕐 4~10월 09:00~17:00, 11~3월 09:00~16:00　💴 버터, 아이스크림, 치즈 만들기 체험 1,000엔~
📞 +81-167-23-1156　🏠 furano-cheese.jp

고로가 손수 쌓아올린 ······ ⑪

고로의 돌집 五郎の石の家

〈북쪽 나라에서〉는 어린 준과 호타루가 어른이 되기까지 여정을 담은 따뜻한 가족 드라마다. 도쿄에서 살던 준과 호타루가 엄마의 불륜을 계기로 아버지 고로와 함께 그의 고향 후라노로 이주하면서 이야기는 펼쳐진다. 일본에서는 이 드라마를 보지 않은 사람은 있어도 존재를 모르는 사람은 적을 정도로 큰 사랑을 받았다. 1981년부터 1982년까지 24회가 방영된 후, 인기에 힘입어 2002년까지 스페셜 드라마가 8번이나 제작됐다. 이곳에는 '89 귀향 편에서 준의 아버지 고로가 돌을 하나하나 쌓아 올려 만든 돌집이 여전히 남아있다. 2007년에는 드라마의 첫 회부터 등장한 고로 가족의 첫 번째 집도 이곳으로 옮겨뒀기 때문에 함께 볼 수 있으며, 고로의 차도 주차되어 있다.

🏃 후라노역에서 자동차 30분 🕐 4/16~9/30 09:30~17:30, 10/1~11/23 09:30~16:00 ¥ 500엔, 3개 명소(고로의 돌집·로쿠고의 숲·주워온 집) 이용권 1,200엔

드라마에선 타버렸지만 이곳에 남은 ······ ⑫

로쿠고의 숲 麓郷の森

고로가 돈을 벌러 도쿄로 떠난 사이 준과 준의 친구 쇼키치가 실수로 통나무집을 태워버리는 에피소드의 배경이다. 드라마 촬영 시엔 다른 통나무집을 태워서 촬영을 하고, 원래 통나무집은 그대로 남겨두었다고 한다. 집이 타버려 갈 곳을 잃은 고로 가족은 또다시 폐가를 고쳐서 사는데, 세 번째 집도 이곳에 남아있다. 준이 아버지의 생일 선물로 만든 풍력 발전기도 여전히 뱅글뱅글 돌고 있다. 수풀이 우거진 곳에 위치해 드라마를 보지 않았어도 피톤치드를 듬뿍 마시며 산림욕을 즐기기도 좋다.

🏃 후라노역에서 자동차 25분 📍 富良野市東麓郷1-1 🕐 4/16~9/30 09:30~17:30, 10/1~11/23 09:30~16:00 ¥ 500엔, 3개 명소 (고로의 돌집·로쿠고의 숲·주워온 집) 이용권 1,200엔

드라마를 보지 않았어도 즐거운 ……⑬
주워온 집 拾って来た家 やがて町

고로가 전 부인의 여동생인 유키코를 위해 만든 집과 준의 신혼집 등을 남겨둔
곳이다. 폐품을 모아 만들었는데, 버스 손잡이에 프라이팬 등 주방용품을 걸어
두는가 하면 버스 뒷좌석을 거실로 꾸미고, 곤돌라를 테라스로 사용하는 등 아
이디어가 기발해 드라마 내용을 몰라도 즐겁게 구경할 수 있다.

🚶 후라노역에서 자동차 21분　🕐 4/16~9/30
09:30~17:30, 10/1~11/23 09:30~16:00
💴 500엔, 3개 명소(고로의 돌집·로쿠고의
숲·주워온 집) 이용권 1,200엔
🏠 www.furanotourism.com/jp/spot/
spot_D.php?id=402

신호 OK! ……⑭
이쿠도라역 幾寅駅

영화 〈철도원〉의 배경이 된 이쿠도라역(영화 속 호로마이역)은 지금도 영화 속
모습 그대로 남아있다. 역 안에는 주인공 오토의 집무실을 비롯해 당시 배우들
이 입은 의상, 영화에 쓰인 소품 등이 전시 중이고, 역사 밖에는 영화에 등장한
기동차의 일부와 다루마 식당 건물이 그대로 남아 영화 속 풍취를 고스란히 느
낄 수 있다. 2016년 8월 태풍으로 큰 피해를 입어, 이쿠도라역을 포함한 구간에 열
차가 아닌 버스가 오갔지만 2024년 폐역이 결정되며 관광명소로만 남게 되었다.

🚶 후라노역에서 열차 약 1시간 10분(일부 구간 버스로 이동), 자동차 약 40분　🕐 24시간

도카치다케 풍경을 감상하며 온천욕을 ⋯⋯⋯ ⑮

도카치다케 온천 ＋勝岳温泉

다이세쓰산 국립공원 안에 있는 조용한 온천 마을. 해발 고도 1,000m 이상인 도카치다케 연봉 중턱에 위치해 홋카이도에서 가장 높은 곳에 있는 온천 마을이기도 하다. 무료 노천탕인 후키아게 노천 온천을 비롯해, 료운카쿠·가미호로소·하쿠긴조·시유린 등 총 4개의 온천 숙소가 있다. 1960년대부터 조성되어 숙소는 대부분 매우 낡았지만, 북적이지 않아 도카치다케의 풍경을 감상하며 고요히 온천욕을 즐길 수 있다는 점에서 하룻밤쯤 머물만하다.

🏃 가미후라노역에서 자동차 약 30분

사계절 온 가족이 즐길 거리로 가득한 ⋯⋯⋯ ⑯

호시노 리조트 도마무

星野リゾートトマム

봄이면 해먹에서 낮잠을 즐기고, 운해 테라스에 운해가 깔리면 환상적인 풍경을 마주할 수 있다. 여름부터 가을까지 실내 수영장에서 수영을 즐기고 패들보드, 카누, 농장 체험, 카트 투어 등 다양한 액티비티 프로그램도 준비된다. 겨울이면 스키와 보드를 즐기는 사람들로 북적이며 운해 테라스가 하얗게 얼어붙으면 설경과 함께 유빙 감상이 가능하다. 건축가 안도 다다오의 작품인 물의 교회, 얼음의 교회도 볼거리. 뷔페, 수프카레, 라멘 등 레스토랑도 알차게 들어서 있다. 언제, 누구와 찾아가도 즐길 거리가 가득해 특히 가족 여행자들에게 추천.

🏃 도마무역에서 자동차 5분(역에서 셔틀버스 출발),
삿포로 시내 및 신치토세 공항에서 직행버스
💴 운해 테라스 1,900엔, 수영장 2,600엔(숙박객 무료)
🏠 www.snowtomamu.jp

후라노를 간직하고 싶다면 ······ ①
후라노 마르셰 フラノマルシェ

후라노의 농산품과 기념품을 판매한다. 농산물 직거래 장터, 후라노 물산 센터가 가장 크며 카페, 아이스크림 가게, 햄버거 가게, 빵집 등 식당도 많다. 농산물 직거래 장터에서는 과일과 채소를 비롯해, 후라노산 감자로 만든 포테이토 칩이나 후라노에서 재배한 마늘을 듬뿍 넣은 드레싱, 후라노산 토마토로 만든 케첩 등을 판매한다. 농산물은 여행 중 먹기 불편할 수 있으니 가공식품을 노려보자. 물산 센터에는 후라노를 상징하는 라벤더, 와인, 치즈 관련 상품이 많아 여기에서 기념품 쇼핑을 마무리하는 것도 좋은 선택이 될 것.

🚶 후라노역에서 자동차 5분, 도보 10분
📍 富良野市幸町13-1
🕐 6/17~8/31 10:00~19:00, 그 외
10:00~18:00, 11/13~17 & 연말연시 휴무
📞 +81-167-22-1001 🏠 marche.furano.jp

북쪽 나라의 식당 ······ ①
구마게라 くまげら

홋카이도에 사는 에조 사슴과 오리를 넣고 요리한 나베, 양질의 소고기회를 올린 돈부리 등 후라노 향토 요리를 맛볼 수 있는 식당. 드라마 〈북쪽 나라에서〉에도 몇 번이나 등장해 인기 있고, 여름 라벤더 시즌에는 손님이 더 많아 오래 기다려야 할 때가 많다. 맛 좋은 요리가 술과도 잘 어울린다. 화장실을 다녀오다가 마치 드라마 주인공과 마주칠 것 같은 느낌이 드는 곳이다.

🚶 후라노역에서 도보 5분 📍 富良野市日の出町3-22 🕐 11:00~22:30
💴 나베 2인 3,600엔, 샤부샤부 세트 5,500엔 📞 +81-167-39-2345
🏠 www.furano.ne.jp/kumagera

가성비 최고 초밥집 ⋯⋯ ②

회전초밥 토피카루 回転寿司トピカル

후라노역에서 멀지 않은 곳에 있는 회전초밥 가게. 저렴한 가격에 비해 회의 신선도가 나쁘지 않다. 배불리 먹어도 한 사람당 1,500~2,000엔을 넘지 않는다. 따라서 손님도 많은 편이라 식사 시간에 찾아가면 기다려야 할 수 있다.

🚶 후라노역에서 도보 9분 🕐 11:00~20:30 ¥ 접시당 140~620엔
📞 +81-167-22-0070 🏠 topical-sushi.jp

숲의 시계는 천천히 시간을 새긴다 ⋯⋯ ③

카페 모리노토케이 珈琲 森の時計

신 후라노 프린스 호텔 부지 안에 있는 숲속 카페. '숲의 시계'란 간판을 단 이곳에서 드라마 〈다정한 시간〉을 촬영했다. 손님이 직접 간 콩으로 커피를 내려주는 '핸드 밀' 메뉴가 대표. 점심 메뉴로 '숲의 카레'와 '눈의 스튜'가 준비된다. 초록빛 여름 숲과 새하얀 겨울 눈 모두 아름다운 곳이므로, 후라노에 간다면 꼭 한번 들러서 한적하고 고요한 숲속의 시간을 즐겨보자.

🚶 신 후라노 프린스 호텔 버스 정류장에서
도보 약 7분 🕐 12:00~20:00 ¥ 블렌드 커피
700엔, 식사 1,350엔 ~ 📞 +81-167-22-1111
🏠 www.princehotels.co.jp/newfurano/
restaurant/morinotokei/

마음이 차분해지는 마을

비에이

美瑛

면적은 서울보다 크지만, 인구는 1만 명이 채 안 되는 곳.
구릉 위에서 다양한 색의 꽃을 피우는 작물들, 겨울이 되면 수북이
쌓이는 눈, 그 위로 솟은 나무들이 비경을 연출한다. 비에이의
아름다운 풍광이 전국적으로 알려지게 된 계기는 일본의 사진작가
마에다 신조前田真三가 찍은 사진이다. 그는 여행 중 우연히
비에이의 환상적인 풍경을 만나 오랜 시간 동안 카메라에 담았다.
이제 그는 세상을 떠났지만 그의 사진 속에 담겼던 풍경은
여전히 비에이에 남아있다.

가는 방법

삿포로에서 비에이까지 한 번에 가는 방법은 없어, 버스를 이용하든 JR 열차를 이용하든 무조건 아사히카와에서 갈아타야 한다. 아사히카와에 거점을 두고 숙박한 뒤, 당일치기로 후라노와 비에이를 찾아도 좋고 여행사에서 운영하는 당일치기 버스를 이용하는 것도 방법이다.

・JR
아사히카와~비에이 JR 후라노선 이용 시 약 30분, 640엔

・버스
아사히카와~비에이 도호쿠 버스 이용 시 약 45분, 580엔

・렌터카
삿포로~비에이 E5 고속도로 이용 시 약 2시간 10분~3시간, 155km~165km
아사히카와~비에이 237번 국도 이용 시 30~45분, 24km

시내 교통

비에이, 후라노 지역은 시내버스가 있긴 하지만, 하루 운행 편수가 적고 주변이 산으로 둘러싸인 곳이기 때문에 뚜벅이 여행은 사실상 어렵다. 특히 비에이의 주요 볼거리인 아오이케, 흰 수염 폭포를 비롯하여 유명 나무들은 모두 따로 떨어져 있기 때문에 운전하기가 어렵다면 당일치기 버스 투어, 혹은 택시 투어 이용을 권장한다.

・버스 아사히카와역, 비에이역, 아오이케, 흰 수염 폭포를 연결하는 도호쿠 버스가 있다. 하루 5~7편만 운행하지만 운행 시간에 맞춰 가면 매우 유용한 교통 수단이다.

¥ 아사히카와역~비에이역 640엔, 비에이역~시로카네 온천 660엔 🏠 www.dohokubus.com

・택시 투어 가장 편하지만 가장 비싼 선택지. 비에이역에서 출발해 택시를 타고 주요 명소 나무들을 돌아본다. 방문하는 스폿 수에 따라 1시간에서 1시간 반 정도 걸리며, 투어 금액도 다르다. 관광객이 몰리는 시즌에는 당일 예약이 어려울 수 있으니 홈페이지 혹은 전화로 사전 예약을 하는 것이 좋다.

¥ 차량 크기와 루트, 소요 시간별로 다름. 1시간 7,580엔~3시간 22,740엔대
📞 +81-166-92-1181 🏠 www.bieihire.jp

・렌터카 여행 코스를 자유롭게 설정할 수 있는 최적의 교통수단. 그러나 크리스마스트리 나무, 오야코 나무 등 명소 대부분은 주변에 별도로 주차장이 없기 때문에 갓길에 주차하면 통행에 방해가 되지 않도록 주의해야 한다.

・자전거 비에이 지역은 구릉이 많아 전동 자전거가 아니면 상당한 체력이 필요하다. 비에이역 근처에 자전거 대여점이 4곳 정도 있다. 역 가까이에 있는 관광 안내소 '사계의 정보관四季の情報館'에 들러 안내를 받자.

¥ 일반 자전거 1시간 500엔~, 1일 3,000엔~, 전동 자전거 1시간 600엔~(가게별로 다름)

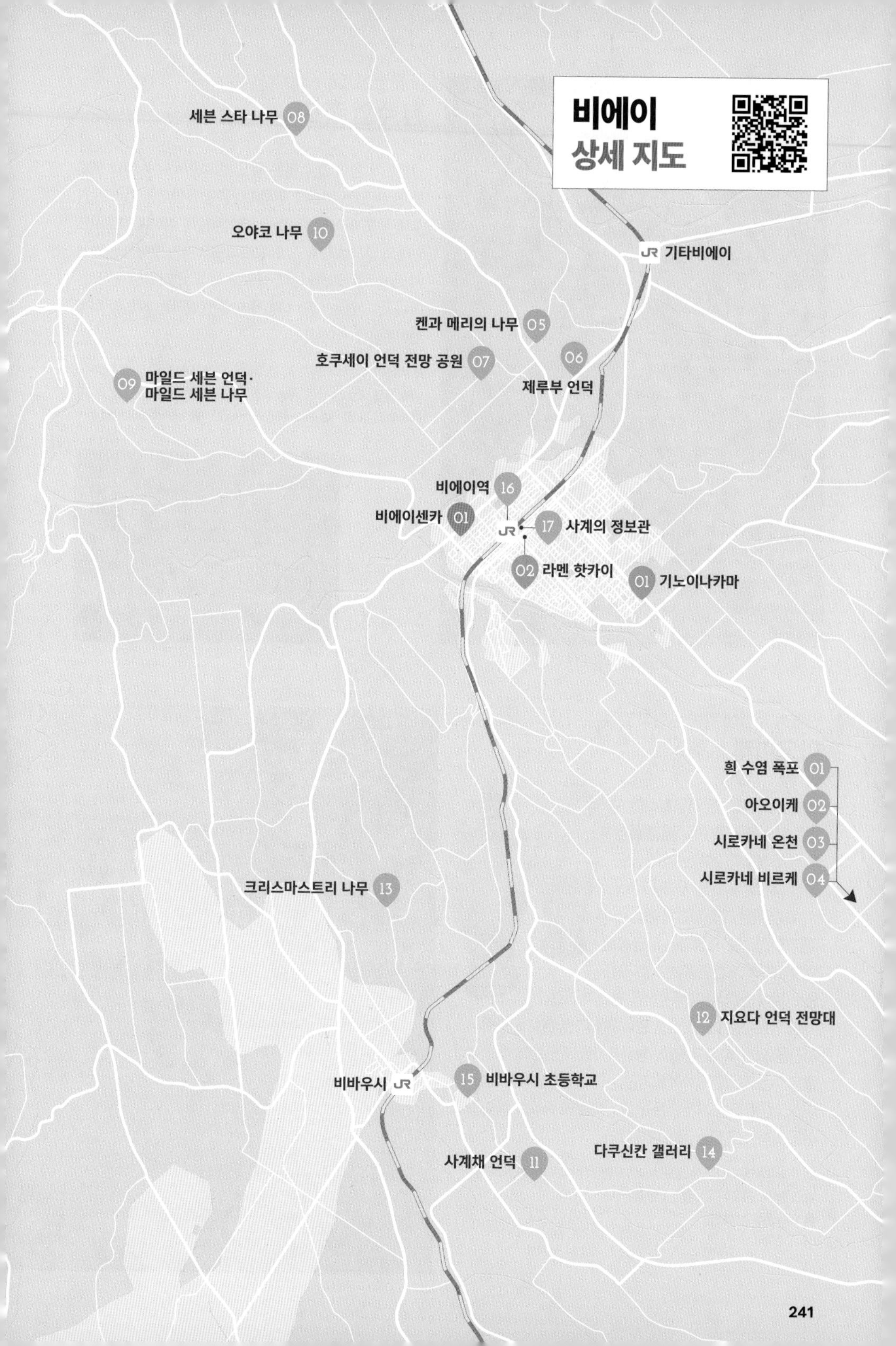

비에이
상세 지도

세븐 스타 나무 08

오야코 나무 10

JR 기타비에이

켄과 메리의 나무 05

호쿠세이 언덕 전망 공원 07   06

09 마일드 세븐 언덕·
마일드 세븐 나무   제루부 언덕

비에이역 16

비에이센카 01   JR 17 사계의 정보관

02 라멘 핫카이   01 기노이나카마

흰 수염 폭포 01

아오이케 02

시로카네 온천 03

시로카네 비르케 04

크리스마스트리 나무 13

12 지요다 언덕 전망대

비바우시 JR   15 비바우시 초등학교

다쿠신칸 갤러리 14

사계채 언덕 11

하얀 물줄기가 수염처럼 떨어지는 ········ ①
흰 수염 폭포 しらひげの滝

물줄기가 흰 수염을 닮은 폭포. 한겨울에도 푸른색 물빛을 볼 수 있는 명소다. 알루미늄을 함유한 시로카네 온천수와 폭포 아래로 흐르는 비에이강물이 섞이며 콜로이드 형태의 입자를 만들고, 이 콜로이드 입자가 햇빛을 산란시켜 코발트블루빛을 낸다. 실제 물색이 코발트블루인 것은 아니고, 사람 눈에만 이렇게 보일 뿐이라는 사실이 더욱 신비로움을 자아낸다.

🚶 비에이역에서 자동차 30분, 비에이역에서 하루 다섯 번 도호쿠 버스 출발 🕐 24시간, 점등 일몰~21:00(자세한 시간은 홈페이지 참고) 📞 +81-166-92-4321 🏠 biei-hokkaido.jp

한없이 투명에 가까운 청의 호수 ········ ②
아오이케 青い池

맥북, 혹은 아이폰 사용자라면 한 번쯤 보았을 푸른 연못 배경 화면의 실제 장소다. 2012년 홋카이도 출신 사진작가 겐토 시라이시ケント白石가 찍은 이곳 사진이 애플사의 배경 화면으로 채택되며 유명세를 얻기 시작했다. 한겨울에는 얼어붙은 연못 위에 눈이 쌓여 푸른색을 만나기 어렵다. 가장 아름다운 아오이케를 만나고 싶다면 겐토 시라이시가 사진을 찍은 10월 말 경에 방문하기를 추천한다. 접근성이 좋은 여름에는 관광객이 많지만 아오이케의 물색을 닮은 아이스크림을 파는 가게도 문을 열기 때문에 독특한 아이스크림을 맛볼 수 있다는 점이 메리트.

🚶 비에이역에서 자동차 22분, 비에이역에서 하루 다섯 번 도호쿠 버스 출발 🕐 24시간. 점등 11~4월 일몰~21:00
🏠 biei-hokkaido.jp

시로카네 온천 白金温泉

비에이의 대표 온천 마을로 호텔·료칸·게스트하우스 등 다양한 숙박 시설들이
있다. 1950년, 마을 사람들이 갖은 고생 끝에 땅속 399m 지점에서부터 투명한
온천물을 끌어올리게 되자, 당시 비에이 읍장이 "이 온천수는 백금과도 같다"고
이야기한 데서 '시로카네白金'란 지명이 붙었다고 한다.

🏃 비에이역에서 자동차 30분, 비에이역에서 하루 다섯 번 도호쿠 버스 출발
📞 +81-166-94-3025 🏠 biei-shiroganeonsen.com

시로카네 비르케 白金ビルケ

시로카네 온천에 관한 모든 정보를 얻을 수 있다. 아오이케 관련 기념품도 판매
하고 있으며, 자전거나 캠핑 사이트 대여도 해준다. 겨울철에는 바나나 보트를
타고 눈길을 달리는 체험도 준비되어 있다. 햄버거 가게가 하나 있어 요기도 가
능하고, 노스페이스 매장에서 미처 준비하지 못한 방한용품도 구매할 수 있다.

🏃 비에이역에서 자동차 20분 ⏰ 9~5월 09:00~17:00, 6~8월 09:00~18:00,
매장 12/31~1/3 & 레스토랑 매주 수·목 휴무 📞 +81-166-94-3355
🏠 www.hokkaido-michinoeki.jp/michinoeki/16028

패치워크 로드
パッチワークの路

다양한 작물을 심어둔 풍경이 마치 헝겊 조
각을 모아 붙인 것처럼 보여 '패치워크 로드'
라 부른다. 비에이를 상징하는 나무들을 둘
러보는 코스. 사실 비에이는 어딜 가도 푸르
른 초원 위에, 혹은 새하얀 설원 위에 근사
하게 서있는 나무들을 볼 수 있기 때문에 굳
이 이름 붙인 나무들을 하나하나 찾아갈 필
요가 없을 수도 있다.

켄과 메리의 사랑과 바람 같이 ⸺⸺ ⑤
켄과 메리의 나무 ケンとメリーの木

닛산 자동차에서 만든 고급 승용차 '스카이 라인'의 광고에 등장한 포플러나
무. 1976년에 제작한 '지도가 없는 여행' 편에 석양이 질 때의 이곳 나무가 배
경으로 등장하는데, 여행의 기분을 한껏 느끼게 하는 광고 속 남녀 주인공의
이름이 켄과 메리다. O.S.T '켄과 메리의 사랑과 바람 같이'라는 곡과도 무척
어울리는 풍경이기도 하니, 찾아가는 길에 들어보자. 바로 앞에 펜션 겸 카페
가 하나 있다.

🚶 비에이역에서 자동차 8분 📞 +81-166-92-4378 🏠 biei-hokkaido.jp

지속 가능한 여행을 위해

켄과 메리의 나무, 오야코 나무 등 이름 붙은
나무들은 명소가 되었지만, 이 나무가 자라
는 밭 주인들은 매우 고통받고 있다. 대표적
인 예로 이제는 없어진 철학의 나무는 가까
이 가서 사진을 찍으려는 관광객들과 사진
작가들이 밭을 망가트려 주인이 베어버렸다.
사진 욕심을 조금만 거두고 매너를 지킨다면
다음 여행자들도 환상적인 풍경을 볼 수 있
다. 혹은 알려지지 않은 나만의 나무를 찾아
이름 붙이며 다녀보는 것도 색다른 여행이
될 것이다.

제루부 언덕 ぜるぶの丘

라벤더, 해바라기꽃밭이 펼쳐진 언덕. 바람(가제かぜ), 상쾌하게 느껴지다(가오루かおる), 놀다(아소부あそぶ)의 끝 글자를 따서 '제루부'라는 이름이 붙었다. 풀이하면 '상쾌한 훈풍이 부는 언덕에서 즐겁게 노닐 수 있는' 장소다. 홈페이지에서 실시간 라이브 영상을 볼 수 있으니 꽃이 얼마나 피었는지 방문 전에 확인해 보아도 좋다.

🚶 비에이역에서 자동차 8분 🕐 09:00~17:00 📞 +81-166-92-3160 🏠 biei.selfip.com

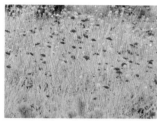

호쿠세이 언덕 전망 공원 北西の丘展望公園

피라미드 모양의 전망대가 언덕 위에 서있다. 라벤더가 만개하는 여름에 가장 아름다우며 관광 안내소도 4월 말에서 10월 말까지만 문을 연다. 가까운 곳에 비에이의 풍경을 카메라에 담는 사진작가 아베 슌이치의 갤러리도 있다.

🚶 비에이역에서 자동차 8분 🕐 관광 안내소(4월 말~10월 말) & 갤러리 09:00~17:00
📞 +81-166-92-4445

여름에도 겨울에도 밤에도 아름다운 ⸱⸱⸱⸱⸱⸱ ⑧

세븐 스타 나무 セブンスターの木

일본 담배 브랜드 세븐 스타의 패키지에 담겨 유명해진 떡갈나무. 패키지에 담긴 것은 40여 년 전의 일이지만 나무가 여전히 건강하고 주변 풍경도 아름다워 인기가 좋다. 왼쪽에 나란히 세워진 자작나무는 새로운 포토 스폿으로 통한다. 밤에는 주변이 어두워 별을 촬영하기에도 좋다.

🚶 비에이역에서 자동차 15분
📞 +81-166-92-4378 🏠 biei-hokkaido.jp

이제는 사라져 버린 풍경 ⸱⸱⸱⸱⸱⸱ ⑨

마일드 세븐 언덕 · 마일드 세븐 나무
マイルドセブンの丘・マイルドセブンの木

새하얀 언덕 위에 나무들이 병풍처럼 늘어선 모습은 한때 비에이를 상징하는 장소였지만, 이제는 만날 수 없다. 이곳은 언덕과 나무 사진이 각각 담배 브랜드 마일드 세븐의 광고 포스터와 패키지에 등장해 유명세를 얻기 시작했다. 하지만 이미 30년 전 포스터 속 풍경으로, 세븐 스타 나무가 여전히 건재한 것에 비해 잘려나갔다. 북서쪽으로 약 2.3km 떨어진 곳에 있는 마일드 세븐 나무는 아직 건재하니, 아쉬운 마음이 든다면 이곳을 찾아가자.

🚶 비에이역에서 자동차 8분

저 멀리 보이는 아이와 엄마 아빠 ⸱⸱⸱⸱⸱⸱ ⑩

오야코 나무 親子の木

양옆에 엄마와 아빠가 서있고 가운데에 아이가 양손을 뻗어 부모의 손을 잡는 모습에 닮았다 해 이름 붙었다. 오야코ぉやこ는 부모와 자식이라는 뜻이다. 주변에 주차장이 따로 있지는 않고, 사진을 찍을 수 있는 도로에서 나무가 다소 멀리 있다. 패치워크 로드 여행 중 시간상 1곳을 포기해야 한다면 들르지 않아도 좋다.

🚶 비에이역에서 자동차 12분

파노라마 로드
パノラマロード

산아이 언덕, 지요다 언덕, 다쿠신칸, 사계채 언덕 등을 돌아보는 코스. 비에이역과 비바우시역 사이의 지역이다. 렌터카로는 약 3시간, 자전거로는 약 5시간이 걸린다. 택시 투어 상품도 있다. 360도를 빙 둘러보는 확 트인 스폿들로 구성된 점이 특징.

비에이의 다채로운 언덕 ······ ⑪
사계채 언덕 四季彩の丘

라벤더, 해바라기, 튤립 등 50종이 넘는 꽃들이 광활한 언덕 위에 펼쳐진다. 굉장히 넓기 때문에 트랙터 버스·버기카·카트를 타고 돌아볼 수도 있다. 알파카 목장도 있어 앙증맞은 알파카를 쓰다듬거나 먹이 주는 유료 체험도 가능하다. 매점에서는 비에이산 우유로 만든 소프트아이스크림을 꼭 맛보자.

🚶 비에이역에서 자동차 11분
🕐 1~4월 09:10~17:00, 5·10월 08:40~17:00, 6~9월 08:40~17:30, 11~12월 09:10~16:30 (알파카 목장은 30분 전 마감)
💴 입장료 500엔, 알파카 목장 500엔, 버기카 600엔, 트랙터 버스 500엔, 카트 1대 2,200엔 📞 +81-166-95-2758
🏠 shikisainooka.jp

이곳에서 보는 풍경이
진정한 파노라마 뷰 ······ ⑫
지요다 언덕 전망대 千代田の丘見晴台

유리창이 360도로 둘러싸인 전망대 위에서 비에이의 파노라마 풍경을 충분히 감상할 수 있다. 날씨만 좋으면 도카치다케 연봉뿐만 아니라 미즈사와 댐까지도 내려다보인다. 접근성이 떨어지는 곳에 있어 관광객들로 붐비지 않아 고즈넉하다.

🚶 비에이역에서 자동차 12분 🕐 09:00~17:00
📞 +81-166-92-7015 🏠 f-chiyoda.com

크리스마스트리 나무 クリスマスツリーの木

비에이란 지명을 들으면 가장 먼저 떠오르는 풍경. 허허벌판 위
에 가문비나무 하나가 오롯이 서있다. 나무 위쪽 가지가 크리스
마스트리에 다는 별처럼 뻗어 크리스마스트리 나무라 불리게
되었다. 많은 관광객들이 이곳 앞에 서서 다양한 포즈로 사진을
찍고 있다. 단체로 온 관광버스가 정차할 때는 순서를 한참 기
다려야 하는 때도 있다. 이곳 역시 사유지이니 함부로 들어가면
안 되고, 주변에 주차 공간도 따로 없으므로 차량 이동에 불편
함을 주지 않도록 매너를 지켜야 한다.

🚶 비에이역에서 자동차 12분 🏠 biei-hokkaido.jp

가장 아름다운 비에이가 담긴 공간 ······⑭

다쿠신칸 갤러리 拓真館

비에이의 풍경을 카메라에 담아 일본 전국에 알린 사진
작가 마에다 신조 前田真三의 사진 갤러리. 마에다 신조는
1971년 일본 전역을 여행하던 중 비에이 가미후라노 언덕
을 발견한다. 그때부터 비에이에 흠뻑 빠져들어 이곳 풍
경을 사진에 담았고, 폐교된 지요다 초등학교 건물에 갤
러리를 열었다. 1987년 오픈한 그 갤러리 안에서 가장 아
름다운 비에이가 관람객을 기다리고 있다.

🚶 비에이역에서 자동차 15분 🕐 4~10월 10:00~17:00,
11~3월 10:00~16:00 ✚ 무료 📞 +81-166-92-3355
🏠 www.takushinkan.shop

고깔모자를 쓰고 있는 ······⑮

비바우시 초등학교 美馬牛小学校

40명이 채 안 되는 학생들이 등교하는 초등학교. 마에다
신조의 사진에 자주 등장한 장소다. 아이들과 지역 주민
들이 '고깔모자를 쓴 건물로 하자'는 아이디어를 내서 삼
각형 모양의 첨탑이 세워졌고 명물이 되었다. 학교 내부
에는 주차할 수 없으며, 아이들의 사진을 찍거나 말을 걸
어도 안 된다. 실제로 비바우시 초등학교는 멀리서 언덕과
함께 보아야 더욱 아름답다.

🚶 비바우시역에서 자동차 3분, 도보 15분
📍 上川郡美瑛町美馬牛南2丁目2-58 📞 +81-166-95-2113

건물 자체만으로도 아름다운 ······⑯

비에이역 美瑛駅

비에이 여행의 시작점인 비에이역은 근처에서 채굴된 연
석으로 지었다. 역사驛舍가 아름다워 여러 광고에서 배경
이 되었으며 여자 아이돌 그룹 모닝구무스메 モーニング娘
의 대표곡 '후루사토ふるさと(고향)'의 뮤직 비디오에도 담
겼다.

🚶 삿포로역에서 기차 2시간 30분, 아사히카와역에서 기차 40분
📍 上川郡美瑛町本町1丁目1

비에이 여행에 관한
모든 정보는 이곳에서 ····· ⑰
사계의 정보관 四季の情報館

비에이역 바로 앞에 있는 여행 정보 센터. 비에이는 대중교통이 불편한 데다 특히 겨울철은 날씨의 영향을 많이 받으므로 이곳에서 미리 교통수단을 알아보고 이동하면 좋다. 버스나 택시 투어를 예약할 수 있고, 비에이의 특산물과 기념품도 판매한다. 아오이케의 물빛을 간직하고 싶다면 이곳에서 푸른 연못 사이다 또는 캐러멜 등을 살 수 있으니 추억을 남길만한 상품을 잘 골라보자.

🚶 비에이역 바로 앞 📍 上川郡美瑛町本町1丁目2-14
🕐 11~4월 08:30~17:00, 5·10월 08:30~18:00, 6~9월
08:30~19:00, 연말연시 휴무 📞 +81-166-92-4378
🏠 biei-hokkaido.jp

비에이만의 맛과 향이 깃든 ····· ①
비에이센카 美瑛選果

비에이에서 나는 양질의 농산물을 구매하거나 맛볼 수 있는 곳. 센카 시장, 센카 공방, 레스토랑 아스펠주, 비에이 밀 공방 이렇게 네 공간으로 나뉜다. 센카 시장에서는 비에이에서 갓 수확한 신선한 채소나 비에이산 과일로 만든 잼, 비에이 로컬 맥주를 판매한다. 비에이에서 재배한 팥을 넣은 롤케이크나 푸딩과 시럽에 절인 토마토, 아이스크림은 센카 공방에서 테이크아웃으로 즐길 수 있다. 레스토랑에서는 비에이산 재료로 구성한 코스 요리를 제공한다. 돌아가는 길에 밀 공방에서 비에이산 밀로 만든 팥빵이나 식빵을 사는 것을 잊지 말자.

🚶 비에이역에서 자동차 5분, 도보 15분 📍 上川郡美瑛町大町2丁目6
🕐 09:00~17:00(상점 및 계절별로 다름) 📞 +81-166-92-4400 🏠 bieisenka.jp

그날 아침 갓 수확한 채소를 듬뿍 담아 ······ ①
기노이나카마 木のいいなかま

매일 아침 주변 농가에서 들여온 채소를 그날 모두 소진하는 식당. 비에이에서 키운 단호박에 다른 채소를 채워 만든 크림 스튜가 인기 메뉴다. 8월부터 10월까지만 즐길 수 있다. 가게 이름이 '나무의 좋은 친구'란 뜻처럼 나무로 꾸며진 내부 인테리어가 요리에 신선함을 더해준다. 라벤더가 피는 시즌에는 대기가 길고, 맛있는 메뉴는 금방 재료가 소진되니 서둘러 가는 것이 좋다.

🚶 비에이역에서 자동차 7분 　📍 上川郡美瑛町丸山 2丁目5-21 　🕐 11:30~17:00, (부정기, 겨울 휴무)
💴 야채카레 1,200엔, 미소카쓰 1,200엔, 고로케 세트 650엔 　📞 +81-166-92-2008
🏠 www.instagram.com/kinoiinakama_caferest

비에이의 매운맛 ······ ②
라멘 핫카이 らーめん八海

가라미소라멘(매운 된장 라멘)으로 유명하다. 국물은 돈코츠(돼지 뼈 육수)를 베이스로 하는데, 해산물과 채소의 맛도 더해져 깊은 맛을 낸다. 매운맛은 3단계 중에서 고를 수 있지만, 가장 매운맛은 웬만한 매운 음식을 잘 먹는 사람도 매우 매울 수 있으므로 주의! 맵기 선택만 잘하면 면이 쫄깃쫄깃하고 국물도 진해서 추천하고 싶은 맛집.

🚶 비에이역에서 도보 2분 　📍 上川郡美瑛町本町1丁目 5-26 　🕐 11:00~14:30, 17:00~19:30, 화 휴무
💴 라멘 900~1,200엔 　📞 +81-166-92-0609

반짝반짝 밤에 빛나는

하코다테
函館

#보석같은야경 #활기찬아침시장
#굵직한역사

이보다 더 완벽한 관광 도시가 있을까. 홋카이도 3대
라멘 중 하나인 시오라멘이 있고, 아침 시장에 가면
신선한 해산물 요리를 비교적 저렴하게 맛볼 수 있
다. 노면 전차가 달리는 시내엔 동서양이 절묘하게
융합된 건물들이 서있다. 막부군이 신정부군에게
마지막까지 저항한 도시라서 역사와 관련된 유적지
도 많다. 밤이 되면 일본의 3대 야경 중 하나로 손꼽
히는 하코다테산 야경이 반짝인다.

하코다테
가는 방법

신치토세 공항, 혹은 삿포로에서 가는 데 비용과 시간이 비교적 많이 드는 곳이다. 시간을 절약하는 것이 중요하다면 항공편을 이용하고, 느긋하게 이동해도 괜찮다면 고속버스를 타고 가는 것이 가장 저렴한 방법이니 참고하자. 무로란, 도야 호수도 들르는 드라이브 겸 렌터카 여행도 추천하지만, 유료 도로가 비싸니 홋카이도 익스프레스웨이 패스 P.338를 이용하는 것이 좋다.

JR 열차

삿포로시에서 하코다테로 가려면 삿포로역에서 호쿠도 특급 열차北斗22号特急를 타고 약 3시간 45분 간다. 신치토세 공항에 도착해 하코다테로 바로 가는 경우, 삿포로까지 갈 필요 없이 쾌속 에어포트선을 타고 미나미치토세南千歳로 가서 호쿠도 특급 열차를 탈 수 있다. 약 3시간 30분 걸리는데, 소요시간은 삿포로 시내에서 가는 것과 별 차이가 없으므로 열차를 타고 하코다테를 여행하려는 경우 하코다테를 먼저 들르거나 하코다테를 마지막으로 들렀다가 공항으로 가는 것도 고려해볼 만하다.

- **신치토세 공항~하코다테** 쾌속 에어포트선+호쿠도 특급 열차 이용 시 약 3시간 30분, 5,630엔
- **삿포로~하코다테** 호쿠도 특급 열차 이용 시 약 3시간 45분, 6,270엔

버스

삿포로 버스 터미널에서 하코다테호 고속버스로 약 5시간 30분 걸리며, 요금은 4,900엔이다. 공항에서 하코다테로 바로 가는 버스는 없다.

비행기

신치토세 공항과 하코다테 공항을 잇는 국내선 항공편이 하루 두 편 운행한다. 약 35분 걸리며, 하코다테 공항에서 하코다테역까지는 리무진 버스로 약 20분 걸린다. 국내선 항공편 시간만 잘 맞추면 신치토세 공항에서 입국해 하코다테부터 여행하기도 좋다. 요금은 티켓 구매 시기에 따라 다르지만 우리 돈으로 15만~20만 원 선.

렌터카

삿포로에서 하코다테까지 약 270km 거리로, 홋카이도 중앙고속도로(E5)를 따라 약 3시간 30분 걸린다. 고속도로 통행료는 일반 요금 약 5,530엔, ETC 3,870엔.

하코다테 시내 교통

하코다테는 시내를 관통하는 노면 전차만 익숙해지면 어디든 편하게 다닐 수 있다. 유노카와湯の川 정류장에서부터 주지가이十字街 정류장까지는 2번과 5번 두 노선이 모두 정차하고, 주지가이에서 5번 노선은 스에히로초末広町를 거쳐, 하코다테도쓰쿠마에函館どっく前를 향해, 2번 노선은 하코다테 공원 부근 야치가시라谷地頭 정류장까지 간다.

노면 전차

도로 중간에 있는 정류장에서 대기하다가 전차가 서면 뒷문으로 탄다. 1일, 2일 승차권(패스권)을 샀다면 정리권을 뽑지 말고 탑승, 내릴 때 패스권을 운전기사에게 보여주면 된다. 스이카Suica, 파스모Pasmo 등 교통카드를 이용하면 탈 때 카드를 카드 리더기에 터치하고, 내릴 때 다시 터치하면 된다. 요금을 현금으로 내려면 탑승할 정류장에서 정리권을 뽑아두고, 내릴 때 요금을 통에 지불한다. 요금은 거리에 따라 210엔, 230엔, 250엔, 260엔으로 다르며, 지폐만 있을 때는 미리 환전기에서 동전으로 바꿔서 정확한 금액을 요금통에 넣어야 한다. 2,000엔부터는 차내에서 환전이 되지 않으니 타기 전에 최소 1,000엔짜리 지폐를 준비해 둘 것.

노면 전차 노선도

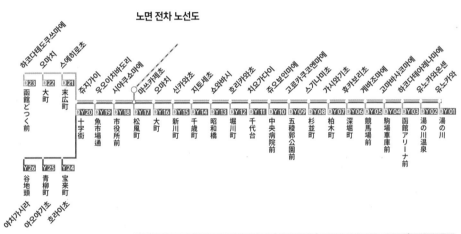

3회 이상 타야할 땐 패스권 구매가 이득

패스권은 전차 안, 관광 안내소, 호텔 프런트, 편의점 등에서 판매하며, 'DohNa!!'라는 애플리케이션에서도 살 수 있다. 하코다테산 정상까지 버스로 갈 계획이거나, 쓰타야 서점, 외국인 묘지를 갈 예정이라면 버스도 함께 탈 수 있는 승차권을 구매하는 것이 좋다.

시영 전차 1일 승차권 어른 600엔
시영 전차 + 버스 1~2일 승차권 1일 1,000엔, 2일 1,700엔

하코다테
상세 지도

20 트리피스티누 수도원
• 하코다테 공항

19 하코다테 열대 식물원

유노카와
18 유노카와 온천
유노카와온센

게이바조마에

후카보리초

고료가쿠 21
하코다테 23
봉행소
스기나미초
22 고료가쿠 타워
멘추보 11
아지사이 본점
주오뵤인마에

쇼와바시

24 하코다테 쓰타야 서점

JR
고료가쿠

JR 하코다테

17 오누마 공원

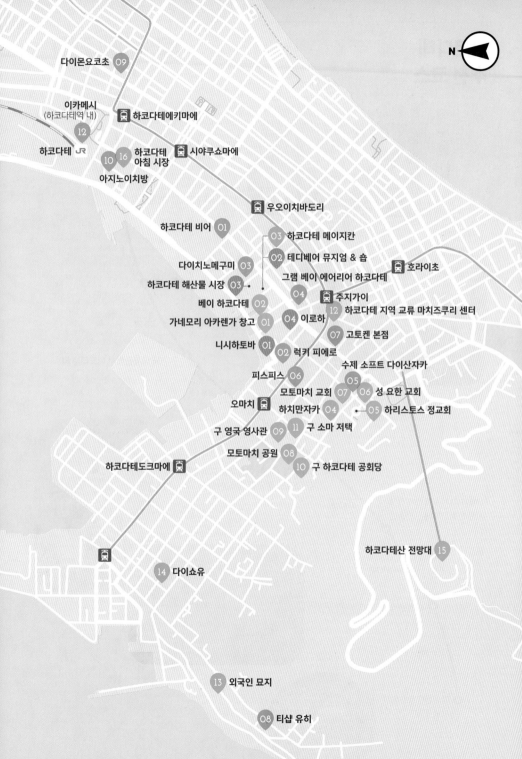

N

다이몬요코초 O9

이카메시
(하코다테역 내) 12

하코다테 JR

하코다테에키마에

하코다테
아침 시장 10 16

아지노이치방

시야쿠쇼마에

卍

우오이치바도리

하코다테 비어 O1

O3 하코다테 메이지칸

다이치노메구미 O3

O2 테디베어 뮤지엄 & 숍

하코다테 해산물 시장 O3

그램 베이 에어리어 하코다테

호라이초

베이 하코다테 O2

O4

주지가이

가네모리 아카렌가 창고 O1

O4 이로하

12 하코다테 지역 교류 마치즈쿠리 센터

니시하토바 O1

O7 고토켄 본점

O2 럭키 피에로

수제 소프트 다이산자카

피스피스 O6

O5

모토마치 교회 O7

O6 성 요한 교회

오마치

하치만자카 O4

O5 하리스토스 정교회

구 영국 영사관 O9

11 구 소마 저택

모토마치 공원 O8

하코다테도크마에

10 구 하코다테 공회당

하코다테산 전망대 15

14 다이쇼유

13 외국인 묘지

O8 티샵 유히

257

하코다테
추천 코스

하코다테역

START

도보 18분,
노면 전차 15분

가네모리 창고에 가서
하코다테 맥주와 가볍게 점심

도보 10분

모토마치 공원 산책

도보 1분

구 영국 영사관에서 애프터눈 티

도보 6분

하코다테의 명물 언덕 구경

도보 2분

언덕 위에 서있는 아름다운 교회 건물들
하리스토스 정교회, 성 요한 교회

해가 지기 시작하기 전에
서둘러 하코다테산 전망대

도보 5분

케이블카 3분

반짝반짝 하코다테 야경 구경

버스 30분

다이몬요코초에서
저녁 식사

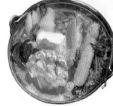

100년 넘은 건물 안에서
세련된 시간을 ⋯⋯⋯①
가네모리 아카렌가 창고

金森赤レンガ倉庫

빨간 벽돌 건물, 세모난 지붕을 한 외관부터가 여행 온 기분을 한껏 달군다. 1869년에 와타나베 구마시로渡邊熊四郎가 문을 연 가네모리 모리야 양품점이 이곳 아카렌가 창고군의 시작이다. 다섯 채의 건물마다 새겨진 '森(모리)'라는 한자는 양품점의 로고였다는데, 지금 봐도 세련되었다. 양품점 주인 와타나베는 1887년부터 창고업을 시작했고, 하코다테 해운 산업이 성장하며 덩달아 장사가 매우 잘 되자 주변 토지를 더 확보하고 창고를 증축해 사업을 확장했다. 그러나 대형 화재로 큰 피해를 입었고, 지금 있는 건물은 1909년에 재건한 것이다. 1988년, 이곳에 쇼핑몰·레스토랑·카페가 들어서며 종합 시설로 다시 태어났다. 개성 넘치는 잡화를 파는 상점, 분위기 근사한 카페들로 가득해 한번 들어가면 좀처럼 빠져나올 수 없다.

🚶 하코다테역에서 도보 18분, 노면 전차 15분 📍 函館市末広町14番12号 🕘 09:30~19:00 (계절 및 이벤트에 따라 다름) 📞 +81-138-27-5530 🏠 hakodate-kanemori.com

푸른 바다, 붉은 건물, 초록 산 ⋯⋯ ②
베이 하코다테 BAYはこだて

초록색 담쟁이덩굴이 벽을 뒤덮은 베이 하코다테는 이 일대에서 가장 오래된 건물로, 오르골당·주얼리 숍·잡화점이 들어섰다. 운하를 사이에 두고 동쪽에는 고풍스러운 리라노트 교회가 자리한다. 두 건물 앞쪽에 석조로 지어져 강 위에 걸린 시치자이바시七財橋 다리 위에 서면 푸른 바다, 붉은 가네모리 아카렌가 창고군, 그 위에 솟은 초록빛 하코다테산을 한눈에 담을 수 있다.

🚶 하코다테역에서 도보 15분 📍 函館市豊川町11-5 🕐 09:30~19:00
📞 +81-138-27-5530 🏠 hakodate-kanemori.com/facilities/bayhakodate

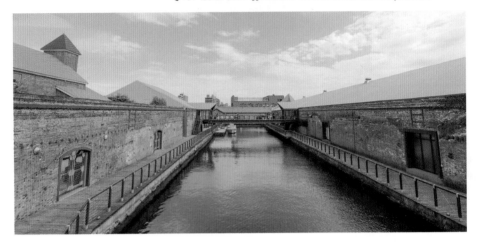

홋카이도 최초의 우체국 건물 ⋯⋯ ③
하코다테 메이지칸 函館明治館

1911년 홋카이도에 최초로 지어진 우체국 건물. 베이 하코다테처럼 담쟁이덩굴이 벽을 뒤덮었다. 현재는 쇼핑몰로 변신해 여러 가게가 입점했는데, 유리 제품이나 오르골, 잡화 등을 판매한다. 그 밖에 나만의 오르골을 만들거나 직접 그린 그림으로 유리컵을 디자인하는 체험 공방도 잘 되어 있다. 체험 공방은 방문 전 예약이 필수다.

🚶 하코다테역에서 도보 15분 📍 函館市豊川町12
🕐 09:30~18:00 📞 +81-138-27-7070
🏠 www.hakodate-factory.com/meijikan

하치만자카 八幡坂

하코다테에서 바다가 내려다보이는 여러 언덕 가운데 가장 유명한 언덕이 하치
만자카다. 이곳에 올라서면 하코다테만과 그 위에 떠있는 선박들이 시원하게 내
려다보인다. 백혈병에 걸려 시한부 인생을 사는 남학생 타로와 교통사고로 병원
에 입원한 다마키의 풋풋한 사랑을 그린 영화 〈리틀 디제이〉. 영화 속 주인공들
이 병원을 몰래 빠져나가 데이트를 즐기는 장면에서 가장 먼저 등장하는 명소도
바로 이곳이다. 그 밖에도 '이 작품의 배경이 하코다테임'을 알리는 하코다테의
대표 명소라고 해도 좋을 만큼 다양한 영화와 광고에 등장했다. 원래 이곳에 하
치만구 신사가 있었기 때문에 하치만자카라는 이름이 붙었지만, 신사는 화재로
타버려 야치가시라로 옮겨 갔고 현재는 이름만 언덕에 남았다. 겨울에는 가로수
에 일루미네이션을 달아 야경도 아름답다.

🏃 스에히로초 정류장에서 도보 7분

희미하게 종소리가 들려오면 ······ ⑤

하리스토스 정교회 函館ハリストス正教会

하코다테 시내를 걷다 희미하지만 아름다운 종소리가 들리면 바로 이 교회에서 울리는 것이다. 1858년에 일본 최초로 하코다테에 세워진 러시아 영사관의 부속 성당으로 1860년에 건립되었다. 원래의 건물은 1907년 화재로 소실되어, 지금 건물은 1916년에 다시 지었다. '일본의 소리 풍경 100선'에 채택될 정도로 종루의 종소리가 아름답기로 유명하다.

🚶 주지가이 정류장에서 도보 11분   📍 函館市元町3-13
🕐 월~금 10:00~17:00, 토 10:00~16:00, 일 13:00~16:00
💴 200엔   📞 +81-138-23-7387
🏠 orthodox-hakodate.jp

하코다테 언덕과 잘 어울리는 곡선 ······ ⑥

성 요한 교회 函館聖ヨハネ教会

영국 성공회 계열의 교회. 하코다테의 성공회 역사는 1874년 영국인 데닝 선교사가 하코다테에 도착하며 시작되었다. 교회 건물은 여러 차례 화재가 나서 복구를 거듭했으며, 1979년에 지은 건물이 지금까지 보존 중이다. 다른 곳에 비해 역사가 길지 않은 건물인 만큼 외관이 세련된 편이다.

🚶 주지가이 정류장에서 도보 10분
📍 函館市元町3-23   📞 +81-138-23-5584

지붕 위에 있는 닭을 올려다 보세요 ······ ⑦

모토마치 교회 元町教会

프랑스 고딕 양식의 교회로, 두 번이나 화재 피해를 입고 1924년에 재건했다. 교회 안의 제단은 로마 교황 베네딕트 15세가 기증한 것으로, 교회에 행사가 없을 때는 일반인도 관람할 수 있다. 지붕 위에 앉은 닭 역시 인상적이다.

🚶 주지가이 정류장에서 도보 8분   📍 函館市元町15-30
📞 +81-138-22-6877   🏠 motomachi.holy.jp

'하코다테'라는 이름이 탄생한 곳 ⑧
모토마치 공원 元町公園

이곳에서 내려다보는 하코다테 항구 풍경은 단연 일품이다. 원래 우스케시宇須岸라 불리던 이 도시는 고노 마사미치河野政通라는 무장이 상자(はこ 하코) 모양의 건물을 세우면서 '하코다테'란 이름이 붙었다. 이후 에도 시대에는 이곳에 하코다테 봉행소(奉行所 봉행이라는 관직의 관청)가 자리 잡고, 홋카이도 하코다테 지청 청사도 세웠다. 즉, 홋카이도 남부의 정치 중심지였다. 르네상스 양식으로 지어진 홋카이도 하코다테 지청 청사는 지금도 남아있는데, 모토마치 관광 안내소로 사용되다가 2022년에 '졸리 젤리피시Jolly Jellyfish'라는 레스토랑이 오픈했다. 근처 붉은 벽돌로 지은 서고와 하코다테 도시 형성에 공헌한 4명의 동상도 있다.

🚶 스에히로초 정류장에서 도보 3분
📍 函館市元町12-18 🕐 24시간
📞 +81-138-21-3431

일본에서 만나는 애프터눈 티 ⑨
구 영국 영사관 函館旧イギリス領事館

1859년 개항과 함께 하코다테에 생긴 영국 영사관. 넓진 않지만 아늑한 정원이 있어 장미가 피는 계절이면 더욱 아름답다. 영사관 건물은 화재로 여러 번 소실되고 복구를 거듭했는데, 지금의 건물은 1913년에 세워져 1934년까지 영사관으로 쓰이다가 1992년에 개항 기념관으로 바뀌었다. 특히 영사 집무실 및 가족 방이 잘 복원되어 있고, 카페에서 영국식 애프터눈 티를 즐길 수도 있다. 2층 회의실은 지금도 일반에 대여하기 때문에 종종 '회의 중' 팻말이 문 앞에 붙어 있다.

🚶 스에히로초 정류장에서 도보 4분
📍 函館市元町33-14 🕐 4~10월 09:00~19:00, 11~3월 09:00~17:00, 연말연시 휴무
💴 300엔 📞 +81-138-83-1800
🏠 www.fbcoh.net

찬란했던 옛 하코다테의 상징 ......⑩

구 하코다테 공회당 旧函館区公会堂

하늘색으로 칠한 목조 건물에 황금빛 테두리를 두른 화려한 외관, 샹들리에와 대리석 난로를 설치한 귀족실, 르네상스 양식으로 문양을 새긴 기둥과 발코니 등 내부 인테리어가 눈길을 사로잡는다. 1907년 하코다테 집회소가 화재로 불타버리자 하코다테의 실업가이자 정치인 소마 텟페이相馬哲平가 5만 엔을 기부해 지어진 건물이다. 건립 당시에는 상공회의소나 호텔 등으로 이용하려 했으나 실현되지는 못했다. 2018년부터 2021년 4월까지 보존 공사를 거쳐 새단장했다.

🚶 스에히로초 정류장에서 도보 6분
📍 函館市元町11-13
🕐 4~10월 화~금 09:00~18:00 & 토~월 09:00~17:00, 11~3월 09:00~17:00, 연말연시 휴무
¥ 300엔 📞 +81-138-22-1001
🏠 hakodate-kokaido.jp

홋카이도 굴지의 부호가 살았던 저택 ......⑪

구 소마 저택 旧相馬邸

에도 막부가 끝나갈 무렵, 28살의 소마 텟페이相馬哲平는 하코다테로 넘어가 한 상인의 집에서 더부살이를 시작했다. 거기서 자본금을 마련해 쌀가게를 열었고, 얼마 후 금융업으로 사업을 확장해 39살에는 홋카이도 제일의 부호가 되었다. 이 집은 그 영화 같은 스토리의 주인공이 살던 곳이다. 1908년에 준공한 저택은 일본과 서양의 건축 양식이 조화를 이루고, 집에서 항구가 한눈에 내려다보인다. 다만 휴관일이 많고 겨울에는 아예 문을 닫는다.

🚶 스에히로초 정류장에서 도보 4분 📍 函館市元町33-2 🕐 4~11월 중순 09:30~16:30, 화~목 & 겨울 휴무 ¥ 900엔 📞 +81-138-26-1560 🏠 www.kyusoumatei.com

하코다테 지역 교류 마치즈쿠리 센터 函館市地域交流まちづくりセンター

하코다테 시민의 문화 센터로 쓰이는 공간. 건물 자체가 고
풍스러워 호기심을 끈다. 1923년 마루이 이마이 포목점丸井
今井吳服店函館支店으로 문을 열었고, 1969년까지는 백화점
이었다가 2002년까지는 하코다테 청사로도 사용됐다. 건물
과 주변의 역사를 사진과 함께 정리한 역사 코너가 1층에 있
는데, 여느 박물관 못지않게 구경하는 재미가 있다. 카페와
휴게 공간도 있으니 도보 여행에 지쳤을 때 잠시 들러보자.

🚶 주지가이 정류장에서 도보 2분　📍 函館市末広町4-19
🕐 카페 10:00~17:00, 수 휴무　✚ 블렌드 커피 360엔~
📞 +81-138-22-9700　🏠 hakomachi.com

외국인 묘지 外国人墓地

높은 지대에 위치해 바다가 시원하게 내려다보이고, 해가
질 무렵 찾아가도 풍경이 아름답기 때문에 묘지라 해도
으스스한 분위기는 아니다. 1854년 미국의 페리 제독이
하코다테에 왔을 당시, 병사 2명이 사망하자 이곳에 묻으
며 외국인 묘지가 시작되었다. 묘지는 국적과 종교를 기준
으로 기독교와 가톨릭, 러시아인과 중국인 4개의 묘지로
나뉘었는데, 이를 아울러 외국인 묘지라 부른다.

🚶 하코다테도쓰쿠마에 정류장에서 도보 12분
📍 函館市船見町23　🕐 24시간

다이쇼유 大正湯

분홍색으로 외관을 치장한 90년 넘은 대중탕. 인스타그램용
사진에 가장 최적화된 스폿이다. 미야자키 아오이宮崎 あおい
가 주연한 영화 〈파코다테진 パコダテ人〉에서 어느 날 갑자기
엉덩이에 꼬리가 난 여고생 히카루의 집으로 등장하기도 한
다. 오랜 시간 영업해 왔으나, 2022년 연료비 급등과 기기 수
리비를 감당하지 못하고 폐업하게 되었다. 100주년까지 5년
정도 남긴 시점이었기에 더욱 안타까움이 크다.

🚶 하코다테도쓰쿠마에 정류장에서 도보 5분
📍 北海道函館市弥生町14-9　📞 +81-138-22-8231

하코다테산 전망대 函館山展望台

오른쪽에는 쓰가루 해협이, 왼쪽에는 하코다테만灣이 들어와 잘록한 허리를 연상시키는 풍경. 해가 지기 시작하면 서서히 노랑, 주황, 하양 따스한 불이 하나둘 켜지며 아름다운 야경이 연출된다. 개척 당시 하코다테에는 언덕을 따라 다닥다닥 붙은 목조 가옥이 많았다. 그 탓에 작은 불씨라도 생겨 바람 한번 불면 하코다테산을 따라 대형 화재로 번지곤 했다. 거의 도시 전체가 타버리는 참사를 여러 번 겪은 하코다테시에서는 화재를 방지하고자 넓은 직선 도로를 내었고, 이렇게 곧게 뻗은 길을 따라 불이 켜지면서 지금의 야경이 완성되었다. 도시의 과거를 알고 내려다보면 이 아름다운 야경이 어딘가 슬퍼 보인다. 전망대에서 완벽한 야경 사진을 찍고 싶으면 최소한 일몰 30분 전에는 올라가 난간의 첫째 줄을 확보하자. 1시간이 넘도록 바닷바람을 맞으며 서있는 건 좀 고통스럽지만, 깜깜해지기 시작하면 사람들이 켜켜이 행렬을 이루기 때문에 야경 사진을 찍기 어려울 수 있다. 케이블카는 날씨에 따라 갑자기 운영 시간을 단축하기도 하니 안내 방송에 꼭 귀를 기울일 것!

라이브 방송도 활용해 보세요

홈페이지(334.co.jp/mtinfo/live), 혹은 하코다테시 커뮤니티 FM 방송국 유튜브 채널(www.youtube.com/@FM807MHz)에 접속하면, 하코다테산 정상에서 실시간으로 촬영 중인 라이브 방송을 볼 수 있다. 궂은 날씨에 올라가면 짙은 안개 때문에 야경을 못 볼 가능성도 크니, 올라가기 전에 확인하면 좋다. 방문 며칠 전에 확인해서 대략 몇 시 몇 분쯤 해가 지기 시작하는지 감을 잡는 데도 유용하다.

전망대 가는 방법

❶ 로프웨이

노면 전차 주지가이 정류장에서 내려 도보 10분. 산로쿠역山麓駅에서 로프웨이를 타고(소요시간 3분, 15분 간격 운영) 산초역山頂駅에서 하차.

🚶 4~9월 10:00~21:50 10~4월 말 10:00~20:50 📍 函館市元町19-7 ¥ 왕복 1,800엔
☎ +81-138-23-3105 🏠 334.co.jp

❷ 버스

하코다테역 앞 버스 정류장 4번 탑승장에서 하코다테 등산 버스函館山登山バス를 타고 산정상 정류장에서 하차(약 30분 소요).

🕐 4월 중순~11월 중순 하코다테역 출발 17:30~20:30, 하코다테산 정상 출발 18:10~21:10(로프웨이 중단 시즌에는 배차 간격이 늘고 시간 변동), 겨울 휴무 ¥ 편도 500엔
☎ +81-138-51-3137 🏠 www.hakobus.co.jp

❸ 렌터카, 택시

675번 산길을 따라 정상까지 자동차로 이동하는 방법. 택시는 30분 정도 야경 관람할 시간을 주고 왕복 운행하는 상품도 있다. 인원이 4명쯤 되면 로프웨이보다 오히려 저렴할 수 있다. 겨울철에는 도로가 폐쇄되기 때문에 자동차 이동 불가능.

🕐 겨울 휴무 ¥ 약 7,900엔~ ☎ +81-138-41-8111 🏠 hakodate-hire.com

불친절함에는 요주의 ······⑯

하코다테 아침 시장 箱館朝市

홋카이도에서 가장 활기차게 아침을 맞이할 수 있는 곳. 1945년 하코다테역 앞에서 농산물을 판매한 데서 시작해 몇 차례 자리를 옮기다 지금 위치에 큰 시장으로 자리잡았다. 가장 큰 건물인 하코다테 아침 시장 광장에서는 해산물뿐만 아니라 하코다테 인근 지역에서 수확한 채소나 과일도 판매한다. 푸드 코트에서는 신선한 해산물을 얹은 돈부리를 즐길 수 있고, 바로 옆 건물에서는 오징어 낚시와 함께 직접 잡은 오징어회를 맛볼 수도! 길 건너에는 건어물 가게가 모인 엔칸이치바塩干市場가 있는데, 해산물을 사기 어려운 여행객들은 이곳에서 맥주 친구들(?)을 노려보자. 다만 아침 시장에는 종종 사진을 찍으면 화를 내는 가게가 있다. 그간 관광객들에게 많이 시달린 탓일 테니, 사진 촬영 금지 표식이 있으면 카메라나 스마트폰은 잠시 내려두자.

🚶 하코다테역에서 도보 4분　♀ 函館市若松町9-19
🕐 1~4월 06:00~14:00, 5~12월 05:00~14:00(가게마다 다름)
📞 +81-138-22-7981　🏠 www.hakodate-asaichi.com

천 개의 바람의 되어 ······⑰

오누마 공원 大沼国定公園

고마가타케 화산을 배경으로 오누마, 고누마, 준사이누마 등 크고 작은 호수들로 구성된 국정공원. 한적하고 아름다운 자연을 보며 하이킹, 자전거 캠프 등 다양한 레저 활동을 즐길 수 있다. 특별한 것을 하지 않아도 잘 조성된 산책로가 무척 아름다워 산책만으로도 충분히 힐링된다. 작곡가 아라이 만이 이곳의 자연을 모델로 '천 개의 바람이 되어千の風になって'란 곡을 지었는데, 이 음악을 들으며 천천히 걸어보자.

🚶 하코다테 시가지에서 자동차 약 40분,
하코다테역에서 JR 특급 열차 약 30분,
보통 열차 약 50분　📞 +81-138-67-2229
🏠 onumakouen.com

피부가 매끈매끈해지는 ⋯⋯ ⑱
유노카와 온천 湯の川温泉

1453년에 한 나무꾼이 자연 용출되는 온천을 발견하고
아팠던 팔을 치료한 데서 유래했다. 온천물에 나트륨이
함유되어 약간 짠맛이 난다. 1653년에는 마쓰마에 번주
가 불치병을 치료했으며, 하코다테 전쟁 때는 부상병들을
치료했다 한다. 온천 마을에는 숙박 시설이 약 20곳 있으
며, 하나비시 호텔花びしホテル, KRR하코다테KKRはこだて,
다이쿠로야 료칸大黒屋旅館 등 11곳에서는 당일치기 온천
도 가능하다(이용료 및 영업 시간 시설별 다름).

🚶 하코다테역에서 노면 전차나 버스 30분
📞 +81-138-57-8988 🏠 hakodate-yunokawa.jp

온천욕을 즐기는 원숭이들을
만나는 곳 ⋯⋯ ⑲
하코다테 열대 식물원 函館市熱帯植物園

약 300종 3,000그루의 열대 식물이 있는 식물원이지만,
외부에 마련된 원숭이산에서 12월부터 5월 골든 위크까
지 온천욕을 즐기는 원숭이들이 더 유명하다. 그 밖에도
가볍게 물놀이를 할 수 있는 물의 광장, 범퍼카, 시소 등 아
이들이 즐겁게 시간을 보낼 수 있는 다양한 시설이 있다.

🚶 유노카와온센 정류장에서 도보 15분
📍 函館市湯川町3丁目1-15 🕐 4~10월 09:00~18:00, 11~3월
09:00~17:00, 연말연시 휴무 ¥ 300엔 📞 +81-138-57-7833
🏠 www.hako-eco.com

목가적인 풍경 ⋯⋯ ⑳
트리피스티누 수도원 トラピスチヌ修道院

1898년 프랑스에서 파견된 수녀 8명이 세운 수도원이다.
시가지에서 한참 떨어진 곳에 위치해 한적하고 고요하다.
지금도 수녀들이 생활하고 있기 때문에 수도원 안은 견학
할 수 없지만 앞뜰과 루르드 동굴 등을 둘러볼 수 있다. 매
점에서는 소박한 재료로 만든 프랑스 전통 과자를 판매
하는데, 이것도 꽤 인기다.

🚶 하코다테 시가지에서 버스 약 40분
📍 函館市上湯川町346 🕐 09:00~11:30, 14:00~16:30
📞 +81-138-57-2839 🏠 www.ocso-tenshien.jp

막부군의 마지막 애환이
서린 성 ······ ㉑
고료가쿠 五稜郭

🏃 고료가쿠코엔마에 정류장에서
도보 15분 📍 函館市五稜郭町44-2
🕐 4~10월 05:00~19:00, 11~3월
05:00~18:00, 연말연시 휴무
📞 +81-138-21-3456
🏠 www.hakodate-jts-kosya.jp/park/
goryokaku

도쿠가와 막부의 명을 받은 다케다 아야사부로武田斐三郎가 별 모양으로 설계한 성곽. 유럽의 요새를 보고 착안한 일본 최초의 서양식 성곽으로, 1864년에 완공되었다. 일본 신정부와 막부가 대치한 보신 전쟁의 마지막 전투, 하코다테 전쟁이 벌어진 역사적인 장소이기도 하다. 1868년 막부가 폐지되고 일왕 중심의 새로운 정부가 수립되자 막부를 지지하는 세력이 반발하며 전쟁이 시작되었다. 우에노 전투, 호쿠에쓰 전투, 도호쿠 전투 등을 거치며 막부군은 신정부군에게 계속해서 진압당했지만, 에노모토 다케아키榎本武揚는 끝까지 굴하지 않고 해군을 이끌고 하코다테까지 올라가 저항했다. 그가 이곳 고료가쿠 안에 에조시마 정부를 수립하고 9개월간 신정부군과 전투를 벌인 것이 바로 하코다테 전쟁. 결국 1869년 에조시마 정부가 항복하며 일본은 근대 국가의 문을 연다. 이후 이곳 건물들은 한 동을 제외하고 모두 해체되어 육군 연병장으로 이용되다가, 1914년에 공원으로 일반에게 공개되었다. 공원으로 바뀌면서 심기 시작한 벚꽃이 지금은 무려 1,600그루나 되어 매년 봄 고료가쿠를 화려하게 물들인다.

커다란 별이 땅 위에! ······ ㉒
고료가쿠 타워 五稜郭タワー

고료가쿠 축성 100주년 기념으로 1964년에 60m 높이로 세웠던 타워를 2006년 107m 높이로 다시 세웠다. 별 모양 성곽 고료가쿠가 한눈에 내려다보일 뿐만 아니라, 날씨가 좋으면 쓰가루 해협, 하코다테산을 비롯해 하코다테 전역을 볼 수 있다. 타워 모양도 고료가쿠와 똑같이 별 모양. 2층 역사 회랑에는 고료가쿠의 역사가 알기 쉽게 정리되었으니 차분히 돌아보면 좋다.

🏃 고료가쿠코엔마에 정류장에서 도보 15분
📍 函館市五稜郭町43-9 🕐 09:00~18:00 ¥ 1,000엔
📞 +81-138-51-4785 🏠 goryokaku-tower.co.jp

가장 높은 자리에 앉아보는 체험을 ⋯⋯ ㉓
하코다테 봉행소 函館奉行所

에도 막부는 외국과의 교섭이나 방위를 위해 하코다테에 '봉행소'라는 관청을 설치했다. 처음 봉행소는 항구와 가까운 시가지에 있어 함선의 표적이 되기 쉬워, 다시 내륙으로 옮기고 해자를 둘렀다. 당시 옮긴 위치가 바로 지금의 자리다. 하코다테 전쟁 이후 봉행소는 해체되었지만, 문헌에 기반해 옛 건축 공법으로 복원해서 2010년에 공개했다. 봉행(최고 관료)이 접견실로 사용한 오모테자시키表座敷는 가장 안쪽 방까지 총 4개 문을 거쳐야 할 정도로 크고 화려한 구조이며, 관람객은 가장 상석에 앉아볼 수도 있다.

🚶 고료가쿠코엔마에 정류장에서 도보 18분
📍 函館市五稜郭町44-3 ⏰ 4~10월 09:00~18:00,
11~3월 09:00~17:00, 연말연시 휴무
💰 어른 500엔, 학생 250엔 📞 +81-138-51-2864
🏠 hakodate-bugyosho.jp

새로운 라이프 스타일을 제안하는 ⋯⋯ ㉔
하코다테 쓰타야 서점 函館 蔦屋書店

새로운 라이프스타일을 제안하는 기획 회사로 유명한 쓰타야 서점의 첫 번째 지방 지점이 바로 하코다테에 있다. 본점인 도쿄의 다이칸야마보다 4배나 많은 도서를 보유 중이며, 여행, 영화, 예술, 역사, 음악 등 다양한 분야의 콩셰르주(전문 안내원)을 두어 고객과 소통할 수 있게 했다. 단순 책방이 아닌 복합 문화 시설이기 때문에 아이들의 놀이방도 잘 되어있다. 서점 안에 스타벅스 및 레스토랑, 편의점, 미용실, 잡화점 등 다양한 상업 시설도 갖춰 오래 머물기도 좋다.

🚶 하코다테 시가지에서 자동차 15~20분,
하코다테역앞 버스 정류장에서 53, 7
4번 버스 탑승 쓰타야서점앞 정류장 하차
📍 函館市石川町85番1号
⏰ 09:00~22:00 📞 +81-138-47-2600
🏠 www.hakodate-t.com

하코다테 기념 과자는 이곳에서 ······ ①

니시하토바 函館西波止場

가네모리 아카렌가 창고군 옆 니시하토바에는 하코다
테의 유명한 식품 브랜드 상품들이 모여있다. 특히 공
항에서 취급하지 않는 하코다테 특산 과자, 맥주 및 와
인 등을 팔기 때문에 마음에 드는 상품을 보았다면 미
리미리 사는 것이 좋다.

🚶 주지가이 정류장에서 도보 3분 📍 函館市末広町24-6
🕐 09:00~18:00 📞 +81-138-24-8108
🏠 www.hakodate-factory.com/west_wharf

아이들 선물로 딱! ······ ②

테디베어 뮤지엄 & 숍
テディベアミュージアム & ショップ

하코다테 메이지관 2층에는 테디베어 뮤지엄이, 1층에
는 테디베어 숍이 있다. 테디베어 인형 및 그림책, 다양
한 캐릭터 상품을 판매한다. 귀여운 상품이 많아 아이
들에게 줄 여행 기념품을 사기에 딱 좋은 곳이다.

🚶 우오이치바도오리 정류장에서 도보 6분 📍 函館市豊川町
11-17 2F 🕐 09:30~18:00 📞 +81-138-27-7070
🏠 www.hakodate-factory.com/meijikan/shop

보다 쾌적하게 해산물 쇼핑을 ······ ③

하코다테 해산물 시장
はこだて海鮮市場

하코다테 팩토리 안에 있는 해산물 시장으로, 아침 시
장보다 쾌적하게 해산물을 쇼핑할 수 있다. 해산물뿐
만 아니라 과자·유제품·카레 및 잡화 등 2,000종에
달하는 하코다테 특산품을 판매한다.

🚶 우오이치바도오리 정류장에서 도보 6분
📍 函館市豊川町12-12 🕐 06:30~20:00
📞 +81-138-22-5656
🏠 www.hakodate-factory.com/market

동서양의 절충 ······· ④

이로하 いろは

1908년에 지어진 옛 민가를 개조한 잡화점. 1층은 일본식, 2층은 서양식으로 지어진 하코다테 특유의 건축 양식이 눈길을 끈다. 주로 그릇이나 천으로 만든 제품을 판매하는데, 취급하는 제품의 종류가 워낙 많아 의외로 딱 필요한 상품을 만날 수도 있다. 예를 들면 오징어를 매우 편리하게 구울 수 있는 석쇠 같은 것들.

🚶 주지가이 정류장에서 도보 5분
📍 函館市末広町14-2 🕐 10:00~17:00, 월 휴무
📞 +81-138-27-7600

사장님이 즐겨 마시는
맥주! ······· ①

하코다테 비어 はこだてビール

하코다테산에서 흘러내리는 천연 지하수로 만든 하코다테 맥주를 즐길 수 있는 맥주 공장이자 레스토랑. 레스토랑 한가운데 양조 탱크가 자리하고 그 앞에도 좌석이 있어서 양조 과정을 보며 맥주를 마실 수 있다. 독일식 밀맥주인 '고료 맥주', 영국식 에일인 '북쪽 한걸음' 등 종류도 다양하다. 맥아를 배로 사용하고 한 달간 숙성시켜 만든다는 '사장님이 즐겨 마시는 맥주'는 맥주치고 알코올 도수가 높지만(10%) 하코다테에서만 맛볼 수 있는 술이다. 메뉴가 대부분 안주 위주라 식사로는 조금 애매할 수 있지만, 확 트인 공간에서 풍기는 분위기가 매우 괜찮으니 다른 곳에서 식사를 하고 맥주만 즐기러 가는 것도 좋은 선택이다.

🚶 우오이치바도오리 정류장에서 도보 3분 📍 函館市大手町5-22
🕐 11:00~15:00, 17:00~22:00, 수 휴무 📞 +81-138-23-8000
🏠 www.hakodate-factory.com/beer

럭키 피에로 ラッキーピエロ

하코다테에 본사가 있는 햄버거 체인점. 미리 만들어
두지 않고 주문받는 즉시 패티를 굽거나 치킨을 튀겨
만들기 때문에 패스트푸드라기보다 정성스러운 요리
에 가깝다. 재료의 80% 이상을 홋카이도산을 고집하
고 최대한 화학 비료를 쓰지 않은 채소를 사용하는 등
재료 선정에도 까다롭다. 무엇보다 눈길을 끄는 것은
외관과 인테리어. 하코다테에만 지점이 10곳이 넘는데
도 지점마다 영화, 명화, 놀이동산 등 테마가 모두 다
르고 메뉴나 가격에도 차이를 두었다. 예를 들어 대학
가 근처에 있고 학생이 많이 찾는 미하라점은 양이 푸
짐한 오므라이스와 가쓰동 메뉴가 특징이다. 여행 중
여러 번 찾아가도 색다르게 느껴지는 곳!

🚶 스에히로초 정류장에서 도보 4분
📍 函館市末広町23-18(베이 에어리어점)
🕐 10:00~20:30 ¥ 햄버거 380엔~
📞 +81-138-26-2099 🏠 luckypierrot.jp

다이치노메구미 大地のめぐみ

하코다테에서 맛보는 수프카레 맛집. 베이 하코다테와 가까워 접근성도 좋다.
'대지의 은혜'라는 가게 이름답게 카레 위에 올라가는 채소, 고기가 매우 신선하
고 맛있어 힐링받는 기분이 든다. 징기스칸 요리점 메이메이테이羋羋亭와 한 공
간에 있기 때문에 수프카레를 먹다 보면 징기스칸의 향기가 풍겨오고, 징기스칸
을 먹다 보면 카레 냄새가 풍겨와 둘 다 먹고 싶어진다는 것이 단점 아닌 단점.

🚶 우오이치바도오리 정류장에서 도보 6분
📍 函館市豊川町12-8 🕐 11:00~14:30,
17:00~21:30 ¥ 수프카레 1,200엔~
📞 +81-138-24-8070

그램 베이 에어리어 하코다테 gram ベイエリア函館

프랜차이즈 팬케이크 가게로, 하코다테에도 지점이 있다. 반죽이 한껏 부풀어 올라 폭신폭신 솜사탕 같은 팬케이크가 시그니처. 매일 특정 시간에 20개씩만 한정 판매하는 프리미엄 팬케이크는 가장 인기가 높아 좀처럼 사 먹기 쉽지 않다. 한정 판매 팬케이크가 아니어도 각각 다른 맛을 내는 삼단 팬케이크도 충분히 맛있으니, 한정 판매를 놓쳤다고 너무 아쉬워하지는 말자.

🚶 주지가이 정류장에서 도보 2분
📍 函館市末広町12-3 🕐 11:00~19:00,
화 휴무 ¥ 프리미엄 팬케이크 1,200엔,
스마일 팬케이크 1,450엔
📞 +81-138-84-6210
🏠 www.cafe-gram.com

수제 소프트 다이산자카

手作りソフト大三坂

모토마치 교회 앞에는 민트색으로 칠한 깜찍한 건물이 하나 있는데, 이곳에서 소프트아이스크림을 판다. 맛도 바닐라, 초코, 믹스 세 가지인 전형적인 소프트아이스크림이지만, 첨가물을 넣지 않아 맛이 깔끔하고 마치 우유 케이크 같은 부드러움을 자랑한다. 가게 앞 벤치에 앉아 아이스크림을 하나 입에 물고 잠시나마 지친 다리를 쉬는 시간을 가져 보자.

🚶 스에히로초 정류장에서 도보 5분
📍 函館市元町17-9 🕐 09:00~17:00
¥ 350엔~ 📞 +81-138-26-4580

센스 있는 커피 선물이 필요하다면 ⑥
피스피스 Peacepiece

하치만자카 언덕 중턱에 위치한 작은 카페. 하코다테의 가파른 언덕길에서 시원한 아이스 커피가 생각날 때 오아시스처럼 등장하는 곳이다. 점주가 직접 볶은 커피콩도 판매하는데, 스모 선수가 그려진 패키지가 인상적이라 선물용으로 좋다.

🚶 스에히로초 정류장에서 도보 2분
📍 函館市末広町18-12 💴 블렌드 커피 600엔~
📞 +81-138-22-5500 🏠 oshiocoffee6.jimdo.com

동서양의 만남 ⑦
고토켄 본점 五島軒 本店

1878년에 문을 연 레스토랑. 창업주 와카야마 소타로의 뒤를 이은 2대 셰프 와카야마 도쿠지로가 도쿄 제국호텔에서 배운 프랑스 요리 실력을 바탕으로 하코다테 풍토에 잘 어울리는 요리를 선보인다. 고토켄 그랜드 코스, 셰프의 추천 코스 등 다양한 코스 요리가 있다. 가격대가 부담스러우면 단품 요리로 맛봐도 좋다.

🚶 주지가이 정류장에서 도보 4분 📍 函館市末広町4-5
🕐 11:30~14:30, 17:00~20:00, 연말연시 휴무
💴 고토켄 그랜드 코스 22,143엔~ 영국풍·프랑스풍 카레
1,430엔~ 📞 +81-138-23-1106 🏠 gotoken1879.jp

하코다테에서 가장 아름다운 석양을
만날 수 있는 카페 ⑧
티샵 유히 ティーショップ夕日

하코다테에서 석양이 가장 아름다운 곳에 위치한 카페. 1885년 하코다테 검역소로 세워진 건물을 카페로 리뉴얼해 2014년에 오픈했다. 바다가 내려다보이는 테이블은 5개밖에 없어 해 질 무렵에는 매우 붐빈다. 노을을 보고 싶다면 미리 가서 자리를 맡는 것이 좋다.

🚶 노면 전차 하코다테도쓰쿠마에 정류장에서 도보 12분
📍 函館市船見町25-18 🕐 10:00~일몰까지, 목·금 휴무
💴 차 종류 650엔~ 📞 +81-138-85-8824
🏠 www.facebook.com/teashopyuhi

깊은 밤 홍등이 밝히는 포장마차 골목 ····· ⑨
다이몬요코초 大門橫丁

개성 넘치는 26개의 점포가 모인 포장마차 골목이다. 2005년에 조성되어 역사는 오래되지 않았지만 규모는 홋카이도 최대를 자랑한다. 회·오뎅·숯불구이·꼬치구이·라멘 등 일본 요리뿐만 아니라, 이탈리아 요리 술집, 프랑스 와인을 즐길 수 있는 가게, 순두부찌개와 곱창볶음을 파는 한국 식당까지 다양한 식당이 있어 고르기 쉽지 않다. 물론 어디든 친절하고 정겨운 분위기라 실패하지는 않을 것. 주차장이 따로 없고 주변 유료 주차장을 이용해야 하기 때문에 날씨만 좋다면 걸어가는 편이 좋다.

🚶 하코다테역에서 도보 7분
📍 函館市松風町7-5 🕐 17:00~24:00,
부정기 휴무 📞 +81-138-24-0033
🏠 hakodate-yatai.com

따뜻하고 든든한 아침을 맛볼 수 있는 ····· ⑩
아지노이치방 味の一番

하코다테 아침 시장 안에 있는 가정식 음식점으로 1978년에 문을 열었다. 신선한 해산물이 듬뿍 들어간 라멘과 돈부리가 인기 메뉴. 겨울철 여행자, 혹은 전날 다이몬요코초에서 술을 한잔한 사람들에게는 여기만 한 곳이 없다. 라멘 국물, 혹은 가리비로 국물을 낸 미소장국(하코다테만 어부들이 즐겨 먹는 메뉴)이 위장을 따뜻하게 데운다. 특히 6월 중순~11월 오징어 제철에만 한정 판매하는 오징어돈부리는 주민들도 즐겨 찾는 메뉴라고 한다.

🚶 하코다테역에서 도보 3분 📍 函館市若松町11-13
🕐 07:00~15:00 ¥ 라멘 750엔~, 해산물돈부리 1,950엔~
📞 +81-138-26-5587

멘추보 아지사이 본점 麺厨房あじさい 本店

하코다테의 명물인 시오라멘을 파는 80년 넘은 노포. 홋카이도산 다시마와 돼지뼈를 우리고 소금으로 간한 깔끔한 국물이 일품이다. 잔치국수를 좋아한다면 분명 시오라멘도 입맛에 맞을 것! 신치토세 공항에도, 하코다테 시내에도 지점이 몇 곳 있지만 고료가쿠 근처에는 본점이 있다. 고료가쿠에 일정이 있다면 꼭 들러보자. 물론 시오라멘 외에 쇼유라멘, 미소라멘도 있다.

🏃 고료가쿠 타워 바로 근처
📍 函館市五稜郭町29-22
🕐 11:00~20:25, 넷째 수 휴무
💴 시오라멘 880엔~
📞 +81-138-51-8373 🏠 www.ajisai.tv

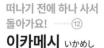

떠나기 전에 하나 사서 돌아가요! ·······⑫
이카메시 いかめし

이카메시는 만화 《에키벤駅弁》에 등장하는 오징어순대 도시락. 《에키벤》은 일본 전국 방방곡곡을 열차를 타고 여행하면서, 역에서 판매하는 도시락을 즐기는 철도 마니아 다이스케의 이야기다. 다이스케가 하코다테에서 홋카이도 여행을 시작하며 맛본 원조 오징어순대는 모리역에서 파는 것이지만, 하코다테역을 비롯한 다른 도시락 업체에서도 비슷한 제품을 판매한다. 하코다테는 오징어가 맛있기로 유명하기 때문에 시내에서 오징어를 맛보지 못했다면 꼭 역에서 오징어순대를 사볼 것. 찹쌀로 속을 채워 쫀득하고 뱃속이 든든한 오징어순대 도시락이 기차 여행의 기분을 한껏 올려준다.

🏃 하코다테역 내 도시락 판매점駅弁の函館みかど 에서 판매
📍 函館市若松町12(하코다테역) 🕐 06:00~18:00 📞 +81-137-42-2797

구시로·아칸
釧路·阿寒

#광활한습원 #아이누족마을 #낭만적인다리

구시로는 홋카이도 동부 지역을 대표하는 도시로
알려졌지만 별로 도회적이지도, 목가적이지도 않
다. 그럴싸한 역과 상업 시설 모두 갖췄지만 어딘가
쓸쓸해 보인다. 단지 도시 변두리에 자리 잡은 공업
부지를 보며 한때 각종 산업이 번성한 흔적을 짐작
할 수 있을 뿐이다. 시내 한가운데 누사마이 다리에
서 새벽 안개, 저녁 노을을 보면 그 아름다움이 도
시의 흥망성쇠를 이야기하는 것처럼 느껴진다. 구시
로 시내에서 차로 약 2시간 정도 가면 나오는 온천
마을 아칸호 부근에는 홋카이도 땅의 원주민 아이
누족이 마을을 이루어 살고 있다.

구시로·아칸
가는 방법

홋카이도 동쪽 끝자락에 위치한 구시로, 아칸은 신치토세 공항이나 삿포로에서 출발하면 어떤 이동수단을 이용하더라도 기본 4시간 가까이 걸린다. 가장 빨리 이동하는 방법은 항공편. 신치토세 공항에서는 ANA, 오카다마 공항에서는 JAL을 타고 단초 구시로 공항까지 갈 수 있으니 비용과 시간을 고려해 선택해 보자.

JR 열차

삿포로역에서 구시로까지는 오조라ㅊㅊ 특급 열차를 타고 약 4시간 30분 걸린다. 신치토세 공항에서 바로 구시로로 갈 경우, 쾌속 에어포트선을 타고 미나미치토세南千歲까지 간 다음 오조라 특급 열차로 갈아타면 된다.

- **삿포로~구시로** 오조라 특급 열차 약 4시간 30분, 9,990엔
- **신치토세 공항~구시로** 쾌속 에어포트선+오조라 특급 열차 약 3시간 30분, 9,460엔

버스

삿포로에서 구시로까지는 삿포로역 앞 버스 정류장에서 홋카이도 버스나 아칸 버스를 타고 가면 된다. 약 5시간~5시간 30분 걸리며, 요금은 5,800엔~. 반면 삿포로에서 아칸호까지 가는 직행 버스는 없다. 구시로까지 이동 후 구시로 버스 터미널에서 갈아타야 한다.

렌터카

삿포로에서 구시로까지 약 270~300km로, 홋카이도 동자동차도(E38)를 따라 약 4~5시간 걸린다.

구시로·아칸
시내 교통

구시로 시내는 걸어서도 충분히 돌아다닐 수 있지만, 습원까지 이동하려면 열차나 버스를 이용해야 한다. 열차가 가지 않는 아칸 여행까지 고려한다면 렌터카 이동이 제일 합리적이고 시간을 효율적으로 사용할 수 있다. 구시로역 바로 옆에 JR 렌터카 홋카이도 구시로 영업소가 있고, 역 주변에 다양한 렌터카 회사가 모여있다.

렌터카

구시로 시내에서 구시로 습원 호소오카 전망대까지는 391번 국도를 타고 약 35분(25km) 걸리며, 아칸호까지는 240번 국도를 타고 약 2시간(80km) 가량 걸린다.

버스

구시로역 앞 버스 정류장에서 아칸 버스阿寒バス 쓰루이선鶴居線을 타면, 구시로 습원 전망대 혹은 온네나이 비지터 센터에서 하차할 수 있다. 각각 약 40분, 45분 정도 걸리며 운임은 편도 690엔이다. 하루 대여섯 편 정도 운행하므로 미리 시간표를 확인하는 것이 좋다. 아칸호까지는 구시로역 앞 버스 정류장에서 아칸 버스阿寒バス 아칸선阿寒線을 타면, 아칸호 온천에서 하차할 수 있다. 약 2시간 정도 걸리며 운임은 편도 2,750엔이다. 하루에 서너 편 밖에 운행하지 않으니 시간표 확인은 필수다.

🏠 www.akanbus.co.jp/route

당일치기 관광버스

피리카호ピリカ号 관광버스를 타고, 마슈호 제1전망대, 굿샤로호를 들러 아칸호까지 간 후, 저녁 무렵 구시로로 돌아오는 관광버스 상품도 있다. 홈페이지에서 사전 예약하여 이용해 보자.

🕐 4월 말~10월 말 ¥ 5,600엔 🏠 www.akanbus.co.jp/sightse/pirika.html

구시로·아칸
추천 코스

핵심만 콕! 1박 2일 코스

구시로 시내에서
아칸호로 출발

START

버스 or 자동차 2시간

아이누코탄 구경하며,
아이누족 전통음식 맛보기

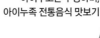

도보 15분

아칸호반 에코 뮤지엄 센터에서
마리모 구경하기

도보 3분

아칸호에서 빙어 낚시, 스노 모빌, 유람선 등
다양한 체험 활동 즐기기

구시로 시내로 돌아오기

버스 or 자동차 2시간

도리마쓰에서 구시로의 명물 장기 맛보기

사쿠라기 시노 이야기

홋카이도 동부 여행을 이야기할 때, 소설가 사쿠라
기 시노櫻木紫乃를 빼놓을 수 없다. 그녀는 구시로에
서 태어났다. 결혼 전에 법원 속기사로 근무했지만
결혼 후에 전업주부로 지내다, 늦은 나이에 소설가
의 길을 걷기 시작했다. 작품 배경 대부분이 구시로
가 중심인 홋카이도 동부인데, 그녀의 소설 속에서
도동(홋카이도 동부)의 풍경은 어딘가 애잔하고도
쓸쓸하며 무척 아름답다. 데뷔 10년 만에 나오키상
을 탄 소설 《호텔 로열》은 구시로 습원이 내려다보
이는 러브호텔이 배경으로 실제로 작가의 학창 시
절에 아버지가 같은 이름의 러브호텔을 운영했다고
한다. 구시로 여행을 계획 중이라면 그녀의 작품 하
나쯤은 꼭 읽어보고 떠날 것을 추천한다. 읽다 보면
당장이라도 홋카이도 동부로 달려가 그 문장 그대
로를 느껴보고 싶은 충동이 든다.

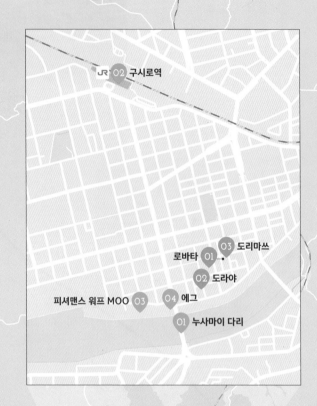

아칸 국립공원

10 가와유 온천

가와유 에코 뮤지엄 센터 12

굿샤로호 09

11 마슈호

02 구시로역

05 아칸호

아이누코탄 06
• 아칸 호반 에코
뮤지엄 센터

03 도리마쓰

로바타 01

02 도라야

피셔맨스 워프 MOO 03

04 에그

01 누사마이 다리

08 아칸 국제 쓰루 센터

구시로 습원 07

구시로의 낭만 ⋯⋯ ①

누사마이 다리 幣舞橋

🚶 구시로역에서 도보 16분   🏠 ja.kushiro-lakeakan.com/things_to_do/3688

이곳 다리에서 바라보는 석양은 마치 한 폭의 유화 작품 같다. 일본 특유의 과장을 보태자면 인도네시아 발리, 필리핀 마닐라와 함께 세계 혹은 아시아 3대 석양이라고도 한다. 북태평양으로 이어지는 구시로강 주변의 낮고 고풍스러운 건물들이 만들어 낸 이국적인 풍경이 빼어난 배경 역할을 하고, 아침엔 안개가, 밤엔 주황빛 조명이 더해져 언제라도 꽤 그럴듯한 사진을 찍을 수 있다. 누사마이라는 다리 이름은 아이누어로 제사를 지내는 장소라는 말 'nusa-o-mai'를 음차한 것이다. 1889년 한 무역회사가 나룻배로 강을 오가기가 불편해 나무다리(당시 이름 아이호쿠바시愛北橋)를 만든 데서 다리의 역사가 시작되었다. 당시만 해도 홋카이도에서 가장 긴 나무다리로 주목받았지만 약 30년간 붕괴와 재건을 반복하다 1928년 철근으로 제작되었고, 1975~1977년 한 차례 재건축을 거쳐 지금의 모습을 갖췄다. 누사마이바시는 구시로를 상징하는 구조물답게 혼다 츠바사 주연의 일본 영화 〈터미널〉, 사쿠라기 시노의 소설 《바다로 돌아가다》 등 구시로를 배경으로 하는 작품에 빼놓지 않고 등장한다. 홋카이도의 사계를 상징하는 4개의 청동 여인 조각상 역시 누사마이 다리의 명물. 각각의 조각상에는 춘春·하夏·추秋·동冬이 새겨져 있다.

구시로의 번영과 쇠퇴가 담긴 ⋯⋯ ②

구시로역 釧路駅

1901년 첫 운행을 시작한 이래 석탄 등 화물 열차의 전초 기지로서 구시로의 중추 산업을 뒷받침했다. 1961년엔 지하 1층, 지상 4층으로 개축해 백화점 등 각종 상업 시설이 들어서기도 했다. 하지만 구시로 산업이 하향세에 접어들면서 1980년대 말부터 화물역의 기능을 잃었고, 2004년 백화점이 폐점했다. 현재 이용객은 하루 평균 1,000명도 못 미친다고 한다. 사쿠라기 시노의 소설을 원작으로 만든 영화 〈터미널〉의 일본 제목이 '시종착역'인데, 바로 이곳 구시로역이 시종착역으로 등장한다.

🏠 jrhokkaido.co.jp   📍 釧路市北大通14丁目1-78
📞 +81-154-24-3176

구시로강을 바라보며 ⋯⋯⋯ ③

피셔맨스 워프 MOO フィッシャーマンズワーフMOO

도시의 활기를 느끼고 싶을 때는 이곳을 찾아가자. 홋카이도 동부에서 보기 드문 크기인 1만 6,028㎡(약 4,848평) 면적의 5층 건물로 식당, 카페, 관광 교류센터, 우체국 등이 들어섰다. 1989년에 문을 열 때만 해도 세이부 백화점이 입점하는 등 기대를 모았지만 지방 도시의 경제난이 찾아오면서 유명 브랜드들이 철수해 위기를 겪었다. 이후 구시로시 당국이 적극 나서 인센티브 제도 등을 통해 가게를 유치했다. 현재 이 시설이 나름 활기를 유지하는 건 이와 같은 노력의 산물이다. 특히 2층 식당가港の屋台는 한번쯤 들러볼 만하다. 포장마차식의 현지 해산물 식당이 즐비하고, 저녁 때는 회식하는 회사원들로 층 전체가 시끌벅적하다. 현지인들은 구시로를 쇠락하는 도시라고 자조하지만, 그 말과 사뭇 다른 풍경을 이곳에서 느낄 수 있다. 매년 5월 셋째 주 금요일부터 10월 말까지는 건물 앞에 간페키로바타岸壁炉ばた라고 하는 로바타야키 노천 포장마차가 늘어선다.

🚶 구시로역에서 도보 14분 　📍 釧路市錦町2丁目4 　🕐 10:00~19:00(가게마다 다름), 2층 식당 11:30~14:00, 17:00~23:30, 연말연시 휴무 　📞 +81-154-23-0600
🏠 moo946.com

도시 속 작은 휴식 ⋯⋯⋯ ④

에그 EGG

피셔맨스 워프 MOO와 연결된 식물원. 에그는 Ever Green Garden의 약자다. 2층 높이의 유리 돔 아래 1,477㎡(446평) 크기의 공간으로 이뤄져 있다. 식물원치고 규모가 소박해 볼거리가 많지 않지만, 무료로 개방돼 더위나 추위에 지친 관광객들과 산책 나온 시민들에게 없어서는 안 될 휴식처이다.

🚶 구시로역에서 도보 14분 　📍 釧路市北大通1丁目2
🕐 4~10월 06:00~22:00, 11~3월 07:00~22:00
📞 +81-154-53-3371

다양한 즐길 거리가 준비된 ······⑤

아칸호 阿寒湖

도쿄 돔 280개 크기에 달하는 13만km² 면적의 칼데라호(화산 분화구 주변의 움푹한 곳에 생긴 호수). 마슈호, 굿샤로호 등과 함께 아칸 국립공원을 구성하는 호수 중 하나다. 일본 특별 천연기념물인 마리모マリモ(담수성 녹조류의 일종)와 홍연어가 서식하는 것으로 유명한데, 즐길 거리가 꽤 많다. 한겨울이 되면 기온이 낮고 염분은 높아 호수가 두껍게 어는 결빙 현상이 일어난다. 이때는 호수 깊은 곳까지 얼음을 뚫어 빙어 낚시를 즐기거나 스노모빌을 빌려 타며, '결빙 육지' 위에서 열리는 아칸호 빙상 페스티벌 같은 행사도 빼놓을 수 없다. 여름에는 약 90분 코스의 유람선이 운행된다.

🚶 구시로역에서 자동차 1시간 20분, 아칸 버스 약 2시간. 구시로 공항에서 아칸 에어포트 라이너 버스 약 1시간
🏠 ja.kushiro-lakeakan.com

아이누족의 삶을 엿보러 ······⑥

아이누코탄 阿寒湖 アイヌコタン

'코탄'은 아이누어로 '마을'을 뜻하는 동시에 아이누족의 행정 구역 최소 단위다. 이런 맥락에서 보면 이곳 아이누코탄이 새롭다. 걸어서 1시간이면 둘러볼 수 있는 작은 관광지 내에서 지금도 36가구 약 120명의 아이누족이 살아간다. 한때 홋카이도 곳곳을 누볐던 아이누족은 이제 이곳에서 공예품을 팔거나 사슴 고기 음식점을 운영하면서 생계를 꾸리고 있다.

🚶 아칸호반 버스 터미널에서 도보 13분　📍 釧路市阿寒町阿寒湖温泉4丁目7-19　🕐 10:00~22:00　📞 +81-154-67-2727
🏠 www.akanainu.jp

마음까지 촉촉한 경험 ······ ⑦

구시로 습원 釧路湿原

일본에서 가장 큰 습원으로, 면적이 서울 서초구 면적의 약 4배인 193.57km²
에 달한다. 먼 옛날 해저였던 이곳은 바다 유기물이 풍부하게 보존된 덕에 초
목과 생물들의 천국이 됐고, 홋카이도 개발 이전 자연 경관이 여전히 잘 남아
있다는 평가를 받는다. 1980년 일본 최초로 람사르 협약에 가입했고, 1987
년 일본 28번째 국립공원으로 지정됐다. 렌터카로 방문하면 호소오카 전망
대細岡展望台, 사루보 전망대サルボ展望台, 콧타로 전망대コッタロ湿原展望台, 구시
로 습원 전망대釧路湿原展望台, 온네나이 비지터 센터温根内ビジターセンター 등
여러 전망대를 둘러볼 수 있다. 버스로 이동한다면 큰 욕심은 접고 온네나이
비지터 센터, 구시로 습원 전망대, 열차로 이동한다면 호소오카 전망대만 방문
해도 습원을 충분히 느낄 수 있다. 각 전망대 인근에는 산책로가 잘 되어있어,
촉촉한 기운을 받으며 걷다가 운이 좋으면 천연기념물 두루미, 사슴을 마주
할 수도 있다. 때로는 곰이 출몰해 일부 산책로가 폐쇄되기도 한다.

🏠 www.env.go.jp/park/kushiro/index.html 📞 +81-154-31-1993

구시로 습원 찾아가기

- **노롯코 열차** 매년 6, 7월에서 10월까지
  만 한시적으로 운행하는 구시로 습원 관
  광용 열차. 창밖으로 구시로 습원이 파노
  라마로 펼쳐져 눈 호강까지 더하는 이동
  수단이다. 구시로역 혹은 여행 센터에서
  표를 구매해 구시로역에서 탑승한다.

- **열차** 노롯코 열차가 아니더라도 일반 열
  차 센모본선釧網本線을 타고 갈 수 있다.
  구시로역에서 구시로 습원역까지 약 20
  분 걸린다.

- **버스** 구시로역 앞 버스 정류장에서 아칸
  버스를 타고 습원전망대 정류장에서 내
  린다. 약 40분 정도 걸리며, 하루 3~4편 운
  행하니 미리 시간표를 확인하는 것이 좋다.

작품 사진에 도전 ┈┈┈ ⑧

아칸 국제 쓰루 센터 阿寒国際ツルセンター

멸종 위기에 처한 일본 특별 천연기념물 두루미와 가까워지는 공간이다. 건물 내 센터에는 두루미의 생태 등이 전시돼 있고, 옥외 사육장에는 인공 포육으로 자란 두루미가 산다. 여기까지는 맛보기. 하이라이트는 관찰 센터라 불리는 분관에 있다. 11월부터 이듬해 3월까지 개방하는 분관의 야외에 들어서면 낚싯대처럼 늘어선 각종 망원 카메라에 놀라고, 설원 위 두루미들에 다시 한 번 놀란다. 경력이 상당해 보이는 카메라 주인들의 시선을 따라가 보자. 어떤 장면을 즐기고 포착할지 감이 잡힌다. 두루미들이 구애를 하려 울음소리를 내고 날개를 펼치는 순간, 아침과 점심 먹이를 놓고 경쟁하는 순간 등에 특히 셔터 소리가 집중되는데, 이때 스마트폰 카메라를 잘 들이대면 제법 소장 가치가 있는 사진을 찍을 수 있다. 성수기는 1월 말부터 2월 말까지로, 매일 200마리 이상 두루미가 이곳을 오간다.

🚶 구시로역에서 자동차 46분. 아칸 버스 단초노사토 정류장에서 하차(약 1시간 10분 소요) 📍 釧路市阿寒町上阿寒23線40
🕐 본관 09:00~17:00, 분관 11~3월 08:30~16:00 ¥ 480엔
📞 +81-154-66-4011 🏠 aiccgrus.wixsite.com/aiccgrus

백조들이 우아하게 온천을 즐기는 .... ⑨

굿샤로호 屈斜路湖

서울 서초구 면적 3배에 달하는 79.54km² 면적으로, 일본 최대 칼데라호다. 호수 내에는 나카지마中島라는 섬이 있는데, 이 역시 면적이 5.7km²로 여의도의 2배다. '굿샤로'는 아이누어로 '목구멍'을 뜻하는데, 굿샤로호에서 구시로강으로 물을 내보내는 모습을 인간의 신체 구조로 표현한 것이다. 겨울에는 호수 곳곳에 백조가 모델처럼 자리하고, 전망대 입장이 가능한 6~10월엔 운해가 한 폭의 그림 같다.

🚶 가와유온천역에서 굿샤로 버스 약 40분(하루 세 편) ¥ 족욕 무료, 수건 유료 구매 📞 +81-15-484-2254
🏠 sunayu.teshikaga.asia

한적한 온천 마을 .... ⑩

가와유 온천 川湯温泉

간이역인 가와유온천역에 내리면 역 안의 족욕탕, 그리고 수증기를 뿜는 이오산硫黄山의 모습이 눈에 띈다. 전형적인 온천 마을에 들어섰다는 의미다. 산성이 강한 이 지역 온천수는 아이누족이 약으로 여길 정도로 피부 질환에도 효과가 있다고 한다. 하지만 이제는 다소 쇠락한 온천 마을 느낌이 드는 것은 어쩔 수 없다. 가와유온천역은 무인역사가 됐고 거리는 한산하다. 반대로 생각하면 인파에서 벗어나 여유를 즐기기 좋은 곳이라는 얘기가 된다.

🚶 가와유온천역 바로 앞(족욕탕) 📞 +81-15-483-2670

마슈호 摩周湖

수면의 투명도가 유명해 '마슈 블루'라는 애칭으로 불린다. 1940년대에는 투명도 41m를 기록해 투명도 40m의 바이칼호를 능가했다고 한다. 하지만 송어 방류에 따른 물벼룩 감소와 플랑크톤 증가, 주변 토양 유입 등으로 현재는 투명도가 20m 안팎으로 나온다. 안개 역시 마슈호를 상징하는 단어다. 1960년대에 '안개의 마슈호'라는 가요가 크게 유행해 일본인들은 아직도 마슈호라고 하면 안개를 떠올리는 이들이 많다. 렌터카로 가면 마슈 제1전망대摩周第一展望台를 들르는 코스를 추천한다. 관광 센터 내에 가볍게 배를 채울 먹거리도 있고, 산길을 따라 전망대로 올라가면 사슴이 뛰노는 모습도 볼 수 있다.

🚶 가와유온천역에서 마슈호 버스 약 25분(하루 세 편) 📞 +81-15-482-2200
🏠 www.masyuko.or.jp

가와유 에코 뮤지엄 센터

川湯エコミュージアムセンター

아칸마슈 국립공원의 생태를 설명하는 장소이자 관광객들을 위한 휴식처. 전시 자료를 관람할 것이 아니라도 겨울철 온천욕으로 나른해진 몸을 이끌고 커피 한 잔 마시러 들를만하다. 센터에서 장비를 빌려 바로 뒤 소나무 숲을 트레킹하는 재미도 쏠쏠하다.

🚶 가와유온천역에서 아칸 버스 약 10분, 자동차 7분
📍 川上郡弟子屈町川湯温泉2丁目2-6
🕐 4~10월 08:00~17:00, 11~3월 09:00~16:00,
수 & 연말연시 휴무 📞 +81-15-483-4100
🏠 www.kawayu-eco-museum.com

로바타 炉ばた

로바타야키炉端焼き의 사실상 원조 가게. 로바타야키는 화덕에 생선, 채소 등 신선한 재료를 즉석에서 구워 제공하는 음식을 말한다. 이 조리법은 미야기현 센다이시宮城県 仙台市에서 처음 시작됐지만, 이를 일본 전역에 대중화한 곳이 구시로의 로바타다. 이곳 식당의 명물은 다름 아닌 가게 한가운데서 묵묵히 재료를 굽는 할머니. 60년 넘는 가게의 역사를 함께하며 마치 로바타 요리의 '신'이 된 것 같다. 할머니를 중심으로 모여 앉은 손님들이 음식을 건네받을 땐 신성한 분위기마저 풍긴다. 메뉴판에 가격이 표기되지 않은 것도 그래서일까. 임연수어ほっけ, 바다 빙어ししゃも, 꽁치さんま 등 대표 로바타 요리가 각 1,000~3,000엔 사이를 오간다. 2022년 8월 화재로 가게가 전소하자 임시 휴업을 하면서 폐점까지 검토했으나 지역 주민들과 로바타야키 팬들의 성원에 힘입어 클라우드 펀딩을 받아 가게를 이어가기로 했다. 가게가 넓지 않으니 방문 전 홈페이지를 통해 예약은 필수다.

🚶 구시로역에서 도보 15분　📍 釧路市栄町 3-1　🕐 17:00~23:00, 부정기 휴무　¥ 인당 약 2,500~3,000엔　📞 +81-154-22-6636　🏠 www.robata.cc

신선한 분위기 ⸺ ②
도라야 虎や

일본 프로야구단 한신 타이
거즈의 팬이 운영하는 로바
타야키 가게. 자의인지 타의인
지 모르겠으나 직원들 모두가 한신 타이
거즈 유니폼을 입고 요리하고 서빙한다. 가게 전반적으로
에너지가 넘치는 분위기인 데다, 한가운데 놓인 커다란
화로에서 주문한 재료를 정성스레 구워주는 모습에 여행
자의 밤이 더욱 즐거워진다. 메뉴도 상당히 많고 구워 나
온 제철 생선에서는 신선함이 고스란히 묻어난다. 그리고
무엇보다 맥주 러버라면 주목! 삿포로 클래식 특대 사이
즈 맥주가 있다. 대체 몇 cc인지 감조차 잡을 수 없지만 일
단 잔을 들기조차 힘들 정도다. 그러나 잔의 무게만큼이나
만족감, 포만감이 배가 된다.

🚶 구시로역에서 도보 15분 📍 釧路市末広町2丁目9-1
🕐 평일 17:00~22:30, 일요일, 공휴일 17:00~21:30
¥ 굴구이 880엔~, 특대 생맥주 990엔
📞 +81-154-22-6636 🏠 www.946toraya.com

구시로가 원조인 홋카이도식 가라아게 장기! ⸺ ③
도리마쓰 鳥松

닭튀김의 일종이자 가라아게와 비슷한 음식 장기ザンギ의 원조 가게. 닭 한 마리
를 통째로 튀겨 조각낸 음식이 대성공을 이룬 게 시초다. 1958년 개업해 2대째
이어오는 이 가게에선 세월을 거듭하며 뼈 없는 장기도 개발했다. 포장 주문해서
호텔에서 캔 맥주와 함께 야식으로 즐겨도 좋다.

🚶 구시로역에서 도보 15분 📍 釧路市栄町3丁目1 🕐 17:00~24:30, 일 휴무
¥ 장기 650엔~ 📞 +81-154-22-9761

홋카이도의 명물, 장기

닭고기를 간장, 마늘 등 양념에 밑간해
서 밀가루나 튀김가루를 묻혀 튀기는 홋
카이도의 요리. 주로 닭고기로 만들지
만 문어나 오징어, 양고기 등으로 만드는
것도 장기라고 한다. 외지인이 장기와 가
라아게를 구분하는 건 쉽지 않지만, 굳이
따지면 원조 장기는 튀기기 전 밑간이 필
수라고 한다.

PART 4

홋카이도
외곽을
가장 멋지게
여행하는
방법

한없이 푸르른 바다와
눈이 시리도록 새하얀 유빙

아바시리
網走

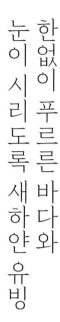

#신비한체험 #유빙여행
#테마파크가된감옥이라니 #아바시리감옥

'아바시리'라는 이름의 유래는 아이누어로 '우리가 찾은 땅' 또는 '들어가는 땅'이라는 두 가지 설이 있다고 한다. 지도를 보면 이해가 간다. 오호츠크해와 마주한 이 도시는 위치상 홋카이도에서도 매우 후미진 곳에 있다. 메이지 시대에 중범죄자를 수용하는 감옥을 이곳에 설치한 이유도 짐작된다. 동시에 오호츠크해에 떠오르는 유빙이 선사하는 자연은 아름답기 그지없다. 지리적 위치가 상반되는 특색과 매력을 선사하는 도시라 할 수 있다.

가는 방법	• **JR 열차** 삿포로역에서 JR 오호츠크 다이세쓰 특급 열차를 타고 약 5시간 30분(10,540엔)이 걸린다. JR 오조라 특급 열차를 타고 구시로역까지 약 4시간, 구시로에서 센모본선을 타고는 약 3시간에서 3시간 40분(12,520엔)이 걸린다.

• **버스** 삿포로역 앞 버스 터미널에서 홋카이도 기타미 버스를 타고 약 6시간 30분(6,800엔) 정도 걸린다.

**아바시리
상세 지도**

• **렌터카** 삿포로에서 아사히카와를 거쳐 가면 333km, 오비히로를 거쳐 가면 368km 거리로, 약 4시간 10분에서 5시간 30분 정도 걸린다(통행 요금 약 3,770엔).

• **항공편** 신치토세 공항에서 국내선을 타고(하루 여섯 편 운행) 메만베쓰 공항까지 약 45분(왕복 약 30,000엔) 소요되며, 공항에서 아바시리 시내까지는 리무진 버스를 타고 약 30분(1,050엔) 걸린다.

추천 코스

아바시리를 대표하는 키워드는 단연 '유빙'과 '감옥'이다. 아바시리 여행은 이 2개 키워드와 관련된 장소로 대부분 완성된다는 의미이기도 하다. 겨울철에는 아바시리역에서 관광 시설 순회 버스를 타고 쇄빙선 선착장으로 이동(도보 20분)해 유빙 관광을 마친 뒤 아바시리 감옥, 유빙관, 북방 민족 박물관 등을 버스로 돌아보는 코스를 추천한다. 여름철이라면 유빙 관광을 제외한 일정으로 코스를 짜면 된다.

시내 교통

아바시리 버스 터미널과 아바시리역, 아바시리 감옥 박물관, 오호츠크 유빙관, 북방 민족 박물관 등 주요 관광지를 대부분 지나는 관광 시설 순회 버스路線バス 観光施設めぐり가 있다. 이 버스를 기준으로 삼으면 아바시리 여행 계획을 짜는 건 그리 어렵지 않다. 1,800엔짜리 1일 패스권이 있으나, 들를 명소 수에 따라 비용 면에선 별로 이득이 없을 수도 있다. 쇄빙선이 운항하지 않는 여름에는 배차 간격이 길어지니 미리 시간표를 숙지하자.

일반 노선 버스를 이용할 경우 아바시리역에서 아바시리 감옥 박물관까지 편도 230엔, 북방민족 박물관까지는 420엔이다. 관광 시설 순회 버스뿐만 아니라, 아바시리 버스의 주요 노선까지 탑승할 수 있는 2일 패스권(2,200엔)도 있는데, 만약 공항에서 시내로 이동해 여행한다면 이 패스권을 이용하면 이득일 수 있다(공항에서 구매 가능).

🏠 www.abashiribus.com/regular-sightseeing-bus

신비로운 기분을 느낄 수 있는 ⋯⋯⋯ ①

유빙 관광 쇄빙선 오로라 網走流氷観光砕氷船 おーろら

오호츠크해로 흘러 들어간 아무르강(중국 동북 지역에서 러시아와 국경선을 따라 오호츠크해까지 흐르는 강)물이 얼어 홋카이도 아바시리 앞바다까지 내려온 유빙을 쇄빙선 위에서 관람할 수 있다. 파란 바다 위에 새하얀 유빙이 둥둥 뜬 모습이 보이기 시작하면, 배 안에 음악이 흐르며 더욱 신기한 기분을 자아낸다. 약 1시간 정도 유람을 하는데, 바닷바람이 매우 강하므로 옷을 최대한 여러 겹 껴입고 모자와 장갑은 꼭 챙기자. 쇄빙선은 정원 450명 규모라서 유빙이 웬만큼 크지 않으면 심하게 요동치지 않으니, 안전이나 멀미(사람마다 다르니 주의)도 크게 걱정하지 않아도 괜찮다. 10~15분간 매서운 바람을 맞으며 유빙을 본 뒤 선내 매점에서 즐기는 따뜻한 만두와 파란색 유빙 맥주는 별미다. 기상 상황에 따라 배편이 취소되는 상황이 잦으므로 홈페이지를 자주, 미리 확인하는 것이 중요하다. 여행 일정을 여유롭게 잡는 것이 좋고, 예약은 필수다.

🚶 아바시리역에서 버스 약 10분, 자동차 8분 　📍 網走市南3条東4丁目5-1
🕐 1월 하순~3월 말, 매일 4~7회 운행 　¥ 4,000엔 　📞 81-152-43-6000
🏠 ms-aurora.com/abashiri

아바시리 감옥 博物館網走監獄

1890년부터 역사가 시작된 아바시리 감옥을 박물관으로 복원해 1983년에 개관했다. 5개의 건물이 방사형으로 펼쳐진 옥사와 가운데에 8각형으로 지어진 중앙 감시소, 수감자들이 장기간 밖에서 노역할 때 사용했던 휴게 숙박소, 목욕탕과 교회당 등을 볼 수 있다. 지옥 식당에서는 수감자들이 먹었던 식단을 재현해 판매하는데, 보리밥과 생선구이, 반찬 두 가지, 된장국으로 구성된 메뉴를 만나볼 수 있다. 아바시리 감옥에 수용된 죄수들은 홋카이도 도로 공사에 투입되어 724km에 달하는 도로를 완성했고, 1,650만m²(500만 평) 이상의 토지를 개간했다. 홋카이도 개척 역사를 논할 때 아바시리 감옥을 빼고 이야기할 수 없으며, 일제 강점기 당시 이곳으로 끌려와 강제 노동한 조선인도 있었다고 한다. 여러모로 마음이 무거워지는 곳이지만, 어두운 역사를 상세하게 설명, 재현해 둔 스토리텔링 능력이 감탄스럽다.

🚶 아바시리역에서 자동차 7분, 버스 10분(아바시리 교도소는 현재 실제 교도소로 운영 중이며 반드시 아바시리감옥박물관 정류소에서 내려야 함)
📍 網走市字呼人1-1 🕐 09:00~17:00, 12/31 & 1/1 휴무 ¥ 1,500엔 📞 +81-152-45-2411
🏠 kangoku.jp

지옥 식당

오호츠크 유빙관 オホーツク流氷館

2015년에 재건축하여 꽤 세련된 외관으로 바뀐 과학관. 실제 유빙을 전시하는 중이고, 오호츠크해에 살며 몸이 투명한 신비로운 해양 생물 클리오네도 만날 수 있다. 과학관이 덴토산 정상에 있어 이곳에서 보이는 아바시리 전경도 근사하니, 유빙을 실제로 보지 못한 여름 여행객은 꼭 한번 들러보자.

🚶 아바시리역에서 관광 시설 순회 버스 약 15분 📍 網走市天都山244-3
🕐 여름 08:30~18:00, 겨울 09:00~16:30
¥ 990엔 📞 81-152-43-5951
🏠 www.ryuhyokan.com

홋카이도립 북방 민족 박물관

立北方民族博物館

북방 민족 문화를 소개하는 공간으로, 1991년에 개관했다. 비단 홋카이도의 아이누족뿐만 아니라 러시아 연해주, 알래스카, 시베리아, 북유럽 등 북방 지역에 사는 민족의 역사와 연구 자료를 전시하는 민족학 박물관이다.

🚶 아바시리역에서 관광 시설 순회 버스 약 15분 📍 網走市潮見309-1
🕐 10~6월 09:30~16:30, 7~9월 09:00 ~17:00, 월 휴무(2월, 7~9월 휴무 없음)
¥ 550엔 📞 81-152-45-3888
🏠 hoppohm.org

여기가 남극인가요? ⋯⋯⋯ ⑤

노토로호·노토로곶

能取湖·能取岬

사카이 마사토 주연의 일본 영화 〈남극의 쉐프〉를 재미있게 본 사람이라면, 혹은 9월에 아바시리를 방문한 렌터카 여행자라면 노토로 호수는 들렀다 가는 것을 추천한다. 매년 9월이면 58km² 크기의 호수가 퉁퉁마디들로 붉게 물든다. 퉁퉁마디는 소금을 흡수하며 자라는 식물로, 가을이 되면 단풍이 든 듯 붉어진다. 호수 주변 노토로곶에는 등대가 하나 있고 그 주변은 목장이다. 겨울이 되면 이 일대가 새하얀 눈으로 뒤덮여 흡사 남극 같은 풍경이 되는데, 그 덕분에 남극 돔 후지 기지 대원들의 일상을 담은 영화 〈남극의 쉐프〉 촬영지가 되었다.

🚶 아바시리역에서 차로 20분   📍 網走市字美岬   🕐 24시간   📞 81-152-44-6111

무라카미 하루키도 달린 풍경 ······ ⑥

사로마호 サロマ湖

홋카이도에서 가장 크고, 일본에서 세 번째로 큰 호수다. 면적은 약 15km², 둘레가 87km나 되어서, 매년 6월에는 호수를 곁에 두고 달리는 100km 울트라 마라톤이 열린다. 크기가 크다는 것 외에 볼거리가 많진 않지만, 인적이 드물고 자연 그대로의 모습이 남아있어 한적하게 시간을 보내기 좋다. 무라카미 하루키의 수필집 《달리기를 말할 때 내가 하고 싶은 이야기》에도 등장하는데, 그는 이곳에서 1996년에 열린 울트라 마라톤에 참가하여 100km를 완주했다. 하루키의 팬이라면 그의 이야기와 사진의 배경이 된 실제 풍경이 궁금해 한 번쯤 찾아가 볼 만하다. 사로마 호수를 한눈에 내려다볼 수 있는 전망대와 배를 타고 한 바퀴 돌아보는 유람선도 있다(겨울 미운행).

🚶 아바시리역에서 자동차 1시간 📍 常呂郡佐呂間町字字富武士752-18 🕐 유람선 1일 2회 운행 10:00, 14:00, 겨울 운휴 ¥ 유람선 일주 코스 7,500엔(1시간 30분) 📞 81-158-72-1800 🏠 www.ss-saroma.com

아바시리 기념품 쇼핑은 이곳에서 ······ ①

유빙가도 아바시리 휴게소

道の駅 流氷街道網走

쇄빙선 오로라가 정박하는 선착장에 있는 휴게소로, 관광 정보를 안내하는 안내소와 간단히 식사할 수 있는 공간이 있다. 무엇보다 아바시리 여행객이 이곳을 꼭 들러야 하는 이유는 지역 특산품 판매대가 매우 잘 되어있기 때문. 아바시리 지역 맥주와 기간 한정으로 나오는 맥주 외에도 유빙과 오로라를 주제로 한 푸딩 등의 디저트류, 굿즈, 농수산 가공품 등 다양한 상품을 판매한다. 오로라 쇄빙선에서 내린 후에는 사람들이 매우 붐비기 때문에 배를 타기 전에 시간 여유가 있으면 쇼핑을 해서 렌터카에 실어 놓는 것도 좋다.

🚶 아바시리역에서 버스 약 10분, 자동차 5분 📍 網走市南3条東4丁目5-1 🕐 4~9월 09:00~18:30, 10~3월 09:00~18:00, 12/31 & 1/1 휴무 📞 81-152-67-5007 🏠 www.hokkaido-michinoeki.jp/michinoeki/2986/

유빙을 내 몸에 담다 ⋯⋯ ①
야키니쿠 아바시리 맥주관 YAKINIKU 網走ビール館

야키니쿠와 아바시리의 명물 맥주를 함께 즐길 수 있다. 아바시리 맥주는 도쿄 대학교 농대와 향토 맥주 연구회가 손을 잡고 설립한 회사다. 1999년 개업한 아바시리 맥주관을 2007년에 레스토랑으로 재단장하여, 아바시리산 소고기와 맥주를 함께 즐길 수 있는 공간으로 탈바꿈했다. '유빙 드래프트'라는 맥주에는 실제로 오호츠크해 유빙수가 함유되었다. 이 맥주를 잔에 따르면 '오호츠크해 블루'라는 이름의 푸른색 맥주 위에 새하얀 거품이 올라앉아 유빙을 연상시킨다. 이밖에도 아바시리 감옥에서 영감을 받은 흑맥주, 아바시리산 맥아를 사용한 프리미엄 맥주 등도 있으니 일단 샘플러를 주문해 마음에 드는 맥주를 찾은 후 어울리는 안주를 곁들이자. 식사는 소고기뿐만 아니라 해산물, 채소 등을 구워 먹을 수도 있고, 비빔밥, 부침개, 찌개 등 한식 메뉴도 갖춰져 반갑다.

🏃 아바시리역에서 도보 8분
📍 網走市南2条西4丁目1-2 🕐 월~목
17:00~22:00, 금 17:00~23:00, 토·일, 공휴
일 16:00~22:00 ￥ 와규 세트 2,300엔~,
유빙 맥주 530엔 📞 81-152-41-0008
🏠 www.takahasi.co.jp/beer/yakiniku

깔끔하고 세련된 초밥집 ⋯⋯ ②
스시 레스토랑 나베 鮨 restaurant Nabe

낡고 쇠락한 거리 풍경과 비교하면 꽤 세련된 분위기의 초밥집으로, 2016년에 오픈했다. 아바시리산 해산물을 사용해 정갈하게 빚은 스시는 신선하고 밸런스도 좋다. 특히 점심에 방문하면 비교적 합리적인 가격에 스시를 즐길 수 있다. 오전에 오로라 쇄빙선을 타고 내렸다면 점심은 꼭 이곳에서 먹기를 추천!

🏃 아바시리역에서 도보 15분, 오로라 쇄빙선 내리는 곳에서 도보 8분
📍 網走市南4条東1丁目1 🕐 11:00~14:00, 18:00~22:00,
일 휴무 ￥ 런치 스시 세트 1,000엔, 라멘 세트 1,100엔,
디너 오마카세 1,800엔~ 📞 81-152-67-4843
🏠 yuji02.wixsite.com/nabe

때 묻지 않은 자연이 숨 쉬는 곳
시레토코
知床

약간 과장을 보태자면 홋카이도를 대표하는 진정한 자연은 사실상 이곳이 거의 다 품었다고 볼 수 있다. 2005년 유네스코 세계유산으로 지정된 시레토코 국립공원에는 육지 포유동물 36종과 해양 포유동물 22종, 조류 285종이 서식한다고 한다. 불곰이 뛰어다니니 주의하라는 팻말을 수시로 접하고, 밍크고래와 범고래도 어렵지 않게 볼 수 있다. 시레토코 여행의 필수 코스가 된 유빙 체험 외에도 야생 그대로의 지형이 만든 웅장한 풍광 역시 오래도록 기억에 남을 것이다.

이동 방법

· **JR 열차** 삿포로역에서 JR 오호츠크 다이세쓰 특급 열차, 센모본선을 타고 시레토코샤리역까지 약 9시간(11,090엔) 걸린다. 시레토코샤리역에서 내려서 우토로어항까지는 샤리에어포트라이너知床エアポートライナー 버스를 타고 이동한다(하루 2~3편 운행, 1,650엔).

· **버스** 삿포로 버스 터미널에서 밤 11시 15분에 탑승해 우토로 온천 터미널까지 약 7시간 30분(8,400엔) 걸린다.

· **렌터카** 삿포로에서 아사히카와를 거쳐 가면 407km, 오비히로를 거쳐 가면 428km로 약 5시간 40분에서 6시간 40분 정도 걸린다.

시레토코에선 유빙 위를 걸어볼 수 있다!

유빙 워크 流氷ウォーク

아바시리에서는 유빙을 배 위에서 관람했다면, 시레토코에선 직접 그 위를 걸어보는 체험이 가능하다. 매년 2월부터 3월 말까지 가능한 유빙 워크는 보온, 방수는 물론 부력까지 갖춘 드라이 슈트(업체에서 제공)를 입고 약 1시간 정도 유빙 위를 걷는 체험이다. 현지 여행사 서너 곳에서 유빙 워크 상품을 판매하니, 예약 가능 여부와 시간을 보고 선택하자(사전 예약 필수). 우토로 관광 안내소의 도움을 받아도 좋다. 키 130cm 이상, 체중 120kg 미만, 나이 75세 미만 등 참가 조건에 제한이 있다. 오전 시간대엔 유빙 특유의 환상적인 분위기가 좋고, 15시경에는 유빙에 오렌지빛이 스며들어 석양을 즐길 수 있는 특징이 있다고 한다.

📍 우토로 관광 안내소 斜里郡斜里町ウトロ西 186-8 💴 일반 6,000엔 🏠 고질라암관광 kamuiwakka.jp, 신라 www.shinra.or.jp, 홋카이도체험 h-takarajima.com

기이한 바위들이 곳곳에

우토로어항 ウトロ漁港

항구별 어획량으로 치면 홋카이도 1위를 자랑한다는 우토로어항에서는 주로 연어와 송어가 잡힌다. '우토로'라는 이름은 아이누어로 '그 사이를 우리가 지나가는 곳'이란 뜻인데, 기암이 많아 그 사이사이를 배로 왕래한 데서 유래했다. 고질라 바위, 모자 바위, 거북이 바위 등 곳곳에 기이하게 생긴 바위들이 솟아있다. 이 일대는 염분이 많이 함유된 온천이 샘솟기 때문에 작은 온천 마을이 조성되어 있다.

🚶 시레토코샤리역에서 자동차 40분
📍 斜里郡斜里町ウトロ西 🕐 24시간

시레토코 5호 知床五湖

세계자연유산으로 선정된 시레토코반도의
자연을 고스란히 느껴볼 수 있는 곳이다. 5
개 호수가 모여있는 숲속을 세 가지 방법으
로 산책할 수 있다. 첫 번째는 호수까지 이
어진 800m 길이의 고가 목도를 이용해, 야
생 동물이 출몰하는 위험 없이 무료로 즐기
는 방법이다. 두 번째로 지상 산책로를 걸
으며 더 가까이에서 시레토코의 자연을 느
낄 수 있다. 5개 호수를 모두 돌아보는 3km
길이의 대루트와 1, 2번 호수를 돌아보는
1.6km 길이의 소루트가 있다. 단, 5월부터
7월까지는 불곰이 활동하기 때문에 가이드
없이 지상 산책로를 산책하는 것은 금지다.
그리고 겨울(1월 말~3월 말)에는 얼어붙은
호수 위를 걷는 투어가 준비되어 있다(사전
예약제. 3시간 소요. 1인 6,000엔~).

🚶 우토로 온천 버스 터미널에서 버스 약 10분
📍 斜里郡斜里町大字遠音別村
🕐 4월 말~11월 초 08:30~16:30(계절에 따라
1~2시간 정도 달라지니 홈페이지 확인)
💴 고가 목도 무료, 지상 산책로 250엔,
불곰 활동기(5~7월) 가이드 투어 대루트 5,000엔
전후, 소루트 3,500엔~ 📞 +81-152-24-3323
🏠 www.goko.go.jp

오신코신 폭포 オシンコシンの滝

두 갈래로 나뉘어 흐르는 폭포. 그리 길지는 않지
만 다소 경사진 계단을 올라가야 해서 겨울철엔
미끄러지지 않도록 유의해야 한다. 주차장도 잘
되어있고 작은 기념품 상점도 있어 우토로를 떠나
는 길에 들러보면 좋다.

🚶 시레토코샤리역에서 자동차 40분
📍 斜里郡斜里町ウトロ西 🕐 24시간
📞 +81-152-22-2125
🏠 shiretoko.asia/oshinkoshin

도시와 자연을 동시에
즐길 수 있는 최적의 장소

오비히로
帯広

#의외로긴장감넘치는 #반에이경마
#도카치자연이담긴 #롯카테이 #부타동의도시

덩치 큰 말이 썰매를 끄는 반에이 경마輓曳競馬의 도
시이자 홋카이도 대표 디저트 브랜드 롯카테이의
발상지다. 맑은 공기, 높은 하늘, 푸른 산에 둘러싸
여 홋카이도다운 자연을 자랑하는 도카치 지역에
있지만, 생각보다 꽤 번화한 도시다. 자연도 슬슬 질
릴 무렵 방문하여 쇼핑도 하고 디저트도 맛보며 깔
끔한 비즈니스호텔에서 하룻밤 정도 머물렀다 가기
딱 좋다.

가는 방법

- **JR 열차** 삿포로역에서 JR 오조라 기차를 타고 가면 약 2시간 45분 걸린다(7,790엔).

- **버스** 삿포로역 앞 버스 터미널에서 뉴스타 버스, 포테토라이너 버스를 타고 약 3시간 30분 소요(3,400~ 3,840엔). 후라노역 앞에서 노스라이너 버스를 타고 약 2시간 40분 걸린다(2,400엔).

- **렌터카** 삿포로에서 약 200km 거리로 2시간 45분~3시간 30분(통행 요금 4,440엔), 후라노에서 약 120km 거리로 2시간(통행 요금 1,360엔) 정도 걸린다.

**오비히로
상세 지도**

추천 코스

점심 무렵 도착해서 오히비로의 명물 부타동 등으로 점심을 먹고, 반에이 경마를 체험한 다음 롯카테이 본점에 들러 디저트 타임을 갖는다. 저녁때는 기타노야타이에서 맛있는 안주와 술로 저녁을 먹고, 다음 날 도카치 천년의 숲에서 피톤치드를 듬뿍 끼얹은 후 다른 도시로 떠나는 일정이면 충분하다.

시내 교통

오비히로역 주변에 숙소를 잡으면 대부분의 맛집, 쇼핑센터를 걸어서 이동할 수 있지만, 큰 도시이기 때문에 시내 곳곳을 연결하는 시내 버스 노선도 잘 되어 있다. 경마장까지는 도카치버스 2번, 17번, 72번선을 타고 15분 정도(요금 200엔) 소요된다. 걸어서도 갈만하므로 날씨만 나쁘지 않다면 산책 겸 걸어봐도 좋다.

경기가 시작되는 순간 경주마들의 속도에 깜짝! ····· ①

오비히로 경마장 帯広競馬場

경마 하면 날렵한 경주마 위에 기수가 올라타고 발주대의 문이 열리는 순간 순식간에 달려 나가는 장면을 떠올릴 것이다. 오비히로 경마장에서는 전혀 다른 풍경이 펼쳐진다. 반에이 경마에는 홋카이도 개척 시대에 농경마이자 목재 운반 등의 일을 했던 '만마輓馬'라는 종의 육중한 말들이 경주마로 참가한다. '반에이' 경마라는 이름은 이 만마에서 따온 것이다. 체중이 77kg으로 규정된 기수들은 450kg의 썰매에 올라타고, 경주마들은 추까지 실어 거의 1톤에 달하는 썰매를 끌며 골을 향해 나가야 한다. 골까지는 1m 거리, 1.6m 높이의 언덕 2개와 모래밭까지 있다. 중간에 너무 힘들어서 쉬는 말도 있을 정도인데, 그 기분이 충분히 이해된다. 큰 말들이 뿜는 엄청난 에너지가 느껴지는 경기라 다른 경마에 비해 쫄깃함은 덜할지 몰라도 나름대로 매력적인 경기. 경마장 옆에는 개척 시대에 활약한 농경마에 대한 자료를 전시하는 말의 자료관도 있고, 상점과 식당도 잘 갖춰져 있다. 세계 유일, 게다가 홋카이도에서도 오직 오비히로에서만 즐길 수 있는 경기이니 꼭 한번 체험해 보는 것이 좋다.

🚶 오비히로역에서 자동차 7분, 도보 30분, 도카치 버스 탑승 15분(오비히로경마장앞 정류장에서 하차) 📍 帯広市西13条南9丁目 🕐 경기가 열리는 날과 시간은 홈페이지 확인
💴 입장료 무료 📞 +81-155-34-0825 🏠 www.banei-keiba.or.jp

반에이 경마에 도전!

'초보자 코너'가 있으니 방법을 잘 모르겠으면 일단 안내원의 도움을 받자. 마권은 총 8종류가 있는데, 주로 단승 혹은 복승 중에 선택한다. 단승은 한 팀만 응원하는 것인데, 내가 지정한 팀이 1등으로 들어오면 당첨이다. 복승은 내가 정한 팀이 3등 이내에 들어오면 당첨이다.

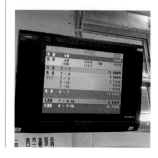

도카치 천년의 숲
十勝千年の森

히타카산맥과 도카치평야를 잇는 경계에 있는 자연공원으로 400만m²(121만 평)에 달하는 광활한 규모를 자랑한다. 이 공원은 배출된 이산화탄소의 양만큼 온실가스 감축 활동을 하거나 환경 기금에 투자하는 활동을 일컫는 '카본 오프셋 프로그램'의 하나로 조성되었다. 크게는 대지, 숲, 농장, 야생화를 주제로 한 4개의 가든과 오노 요코를 비롯한 예술가 4명의 작품이 곳곳에 전시 중이다.

🚶 오비히로에서 자동차 약 45분 　📍 清水町羽帯南10線 　📅 4월 말~6월 09:30~17:00, 7~8월 09:00~17:00, 9~10월 중순 09:30~16:00, 겨울 휴무 　¥ 입장료 1,200엔
📞 +81-156-63-3000 　🏠 www.tmf.jp

세그웨이 가이드 투어

전기를 동력으로 하는 친환경 교통수단 세그웨이를 타고 가이드와 함께 숲을 돌아보는 투어다. 탑승 제한(나이 16~69세, 몸무게 45~100kg)은 있지만 넓은 천년의 숲을 비교적 편하게 돌아볼 수 있는 유일한 교통수단으로, 비용은 교습 시간 45분을 포함하여 135분에 9,800엔 정도다. 운영 시간이 정해져 있으니 이용하고 싶으면 미리 홈페이지를 확인하자.

어스 가든 – 대지의 정원

굽이치는 언덕 뒤로 히타카산맥이 흐르고 광활한 대지가 시원하게 펼쳐진다. '천년의 숲'의 하이라이트라고도 할 수 있는 이곳을 바라보고 서있으면 가슴 속까지 뻥 뚫리는 느낌이 든다.

팜 가든 – 농장의 정원

자연과의 공생을 테마로 조성된 정원으로, 염소와 양이 풀을 뜯고 있다. '천년의 숲' 안에는 치즈 공방도 있어 염소젖으로 우유와 치즈를 생산하기도 한다. 염소에게 밥을 줄 수도 있다.

메도 가든 – 야생화의 정원

자생종과 원예종이 어우러진 정원. 다양한 색깔로 핀 꽃들 사이사이를 걸으며 산책할 수 있다.

포레스트 가든 – 숲의 정원

홀로 동떨어져 있어 걸어가기엔 꽤 멀다. 세그웨이를 이용하거나 과감히 포기하자.

어스 가든

팜 가든

메도 가든

원조 부타동 판초 元祖豚丼のぱんちょう

1933년 창업해 오비히로식 부타동을 처음 만든 곳으로 알려졌다. 홋카이도 동부 지역에서 농지 개척이 한창이던 시기, 이 집의 창업주인 아베 슈지阿部秀司가 농민을 위한 보양식을 만들겠다고 마음먹은 것이 시작이었다. 처음엔 보양식답게 뱀장어구이로 덮밥을 만들고 싶었다고 한다. 하지만 당시 뱀장어는 지금보다 비싼 재료여서 대중 요리에 어울릴 만한 다른 재료가 필요했다. 마침 홋카이도에 양돈 붐이 일었을 때라 돼지고기가 낙점됐다. 돼지고기에서 장어구이의 향이 나는 것은 이런 이유 때문이다.

🚶 오비히로역에서 도보 약 2분
📍 帯広市西1条南11丁目19
🕐 11:00~19:00, 월 & 첫째·셋째 화 휴무
🍴 마츠松(고기 4장) 950엔, 다케竹(고기 5장) 1,050엔, 우메梅(고기 6장) 1,150엔, 하나華(고기 8장) 1,350엔
📞 +81-155-22-1974

추운 날 따뜻한 우동 한 그릇 ······ ②
탄탄야 たんたん家

탱글탱글한 면이 다양한 국물과 잘 어우러진다. 바삭바삭한 튀김도 고퀄리티. 중심가에서 약간 떨어진 주택가에 있고, 경마장으로 가는 길에 들르기에도 조금 애매한 위치지만 찾아갈 만한 가치가 충분히 있는 가게다. 특히 비 오는 날이나 겨울에 오비히로를 찾아온 여행객이 온몸을 따뜻하게 녹이는 데 딱 좋은 선택.

🚶 오비히로역에서 도보 약 15분, 자동차 5분 📍 帯広市西8条南15丁目3-1
🕐 11:00~21:00, 목 휴무 🍴 카레우동 750엔, 김치나베우동 1,050엔
📞 +81-155-23-1070

로컬 맛집 ……③
인디언 インデアン

1968년에 1호점이 생긴 카레 가게. 오비히로에만 10개 점포가 운영 중이다. 오비히로 사람들에게는 '고향의 맛'과도 같은 곳이어서 단골손님도 많고 저녁 식사로 먹으려고 냄비째 가져가 사 가는 동네 주민도 많다고 한다. 카레는 기본 인디언 루, 베이식 루, 채소 루가 있고, 매운맛 조절(5단계)과 돈가스, 치킨, 햄버거, 해산물, 새우 등 토핑을 추가할 수 있다.

🚶 오비히로역에서 도보 5분 📍 帯広市西2条南10丁目1-1
🕐 11:00~21:00 ¥ 인디언카레 528엔~
📞 +81-155-20-1818 🏠 www.fujimori-kk.co.jp/indian

오비히로의 깊어가는 밤 ……④
기타노야타이 北の屋台

오비히로에서 하룻밤을 머물 예정이라면 꼭 찾아가 봐야 할 포장마차 골목. 비위생적이라는 포장마차의 이미지를 탈피하고자 환경을 깨끗하게 정비해서 쾌적하게 즐길 수 있으면서도 포장마차 특유의 분위기는 남겨놨다. 20여 개 점포에서 신선하고 맛있는 안주를 내놓고, 주종도 와인, 맥주, 사케 등 다양하다. 모든 점포는 10석이 넘지 않을 정도로 작으므로 원하는 메뉴가 따로 있다면 일찍 찾아가자. 규모가 작은 덕분에 지역 주민, 여행객, 가게 주인이 하나 되어 깊어가는 밤을 즐긴다.

🚶 오비히로역에서 도보 약 5분 📍 帯広市西1条南10丁目7 🕐 17:00~24:00
(가게별로 다름) 📞 +81-155-23-8194 🏠 www.kitanoyatai.com

조금 더 세련된 밤 ……⑤
도카치노나가야 十勝乃長屋

기타노야타이에서 자리를 잡지 못한 손님들이 길 건너 넘어가는 곳인데, 기타노야타이보다 깔끔하고 세련된 분위기로 꾸며졌다. 좌석 사이 공간도 기타노야타이에 있는 점포들보다 넓어서 차분하게 술을 즐기는 분위기다. 기타노야타이의 왁자지껄함이 부담스럽다면 이곳에서 생선구이나 피자, 튀김 요리 등을 즐겨보자.

🚶 오비히로역에서 도보 약 5분 📍 帯広市西1条南10丁目
🕐 가게별로 다름 📞 +81-155-26-3390
🏠 www.facebook.com/tokachinonagaya

눈과 입이 즐거워지는 공간 ······ 6
롯카테이 본점 六花亭帯広本店

홋카이도를 대표하는 디저트 브랜드 '롯카테이'는 오비히로에서 시작됐다. 물론 신치토세 공항을 비롯해 홋카이도 전역 어디에서든 만날 수 있지만, 오비히로 본점을 비롯해 몇 개 지점에서만 맛볼 수 있는 마루세이 아이스샌드マルセイアイスサンド, 사쿠사쿠파이サクサクパイ, 유키콘치즈雪こんチーズ는 본점에서 꼭 맛보면 좋다. 이 디저트들은 3시간 이내에 먹어야 해서 기념품으로 사가는 여느 디저트 류들과 차원이 다른 신선하고 진한 우유와 치즈 맛을 즐길 수 있기에, 오비히로를 찾는 여행자들의 특권이라 할만하다. 물론 화이트 초콜릿과 버터, 건포도를 버무린 크림이 비스킷 사이에 낀 마루세이 버터샌드マルセイバターサンド나 말린 딸기가 통째로 든 초콜릿 스트로베리 초코ストロベリーチョコ는 상큼한 맛을 좋아하는 지인과 친구들에게 기쁜 선물이다. 게다가 롯카테이는 홋카이도의 야생화가 아름답게 그려진 패키지 디자인(화가 사카모토 나오유키의 작품)으로도 사랑받는 브랜드인 만큼 본점 역시 인테리어도 예쁘고 앞치마, 쿠션 등 탐나는 굿즈가 많아 좀처럼 헤어 나올 수 없다.

🚶 오비히로역에서 도보 약 5분 📍 帯広市西2条南9丁目6 🕐 10:00~18:00, 수 휴무
💴 마루세이 아이스 샌드·유키콘치즈 250엔, 사쿠사쿠파이 200엔
🏠 www.rokkatei.co.jp/shop/obihiro

홋카이도 어디까지 가봤니?
최북단의 도시

왓카나이
稚内

#러시아분위기 #일본최북단
#소야곶

일본 최북단 도시 왓카나이는 러시아의 사할린섬
과 마주하고 있으며, 인구 3만여 명 정도가 사는 작
은 도시다. 어딘가 러시아 같기도 한 인상을 풍기는
왓카나이는 가볼 만한 곳이 많진 않지만 일본인들
은 '최북단'이라는 상징성 때문에 방문한다. 페리를
타고 리시리섬이나 레분섬 여행도 즐길 수 있다. 실
제로 러시아 영토인 사할린섬까지는 약 43km 떨어
져 있을 정도로 매우 가까워, 날씨가 좋을 땐 육안
으로 사할린섬이 보일 정도이다. 지금은 중단되었
지만 두 곳을 오가는 배도 20년 넘게 다녔다.

가는 방법	• **JR 열차** 삿포로역에서 아침에 출발하는 JR 소야 사로베쓰 기차를 타고 가면 약 5시간 10분(11,090엔)이 걸린다. 왓카나이역은 최북단 역이라는 이유로 기차 마니아들이 성지처럼 여기는 곳이다.

• **버스** 삿포로 오도리 버스 터미널에서 소야 버스를 타고 약 6시간 30분(6,200엔) 걸린다.

• **렌터카** 삿포로에서 출발하면 약 4시간 반에서 5시간 20분(통행 요금 2,860엔) 걸리는데, 중간에 후라노나 아사히카와를 거쳐 가는 것(통행 요금 1,170엔)이 일정상 합리적이다.

• **항공편** 왓카나이에는 공항도 있으므로 시간이 아까운 여행객은 국내선 항공편도 이용 가능하다. 신치토세 공항에서 ANA 항공기가 하루 2편 운행한다. 약 55분 걸리며, 요금은 왕복 15,000엔~ 25,000엔 정도다. 공항에서 시내까지는 리무진 버스를 타고 약 35분(700엔) 소요된다. 가까이 있는 리시리섬에도 리시리 공항이 있어, 항공편을 이용할 계획이라면 왓카나이나 리시리섬 중 어느 곳을 거점으로 삼아도 좋다

왓카나이 상세 지도

추천 코스

왓카나이는 최북단이라는 상징성 때문에 방문하는 것이므로, 소야곶만 가도 사실상 미션 클리어다. 시간이 여유로우면 북방파제 돔이나 왓카나이 공원, 노샷푸곶 정도를 더 들러보고, 왓카나이역 부근에 호텔을 예약해 근처 맛집에서 신선한 해산물 요리를 즐긴 후 떠나는 길엔 후쿠코이치바에서 기념품을 쇼핑한다.

시내 교통

• **렌터카** 왓카나이 시내 자체는 그리 크지 않지만, 소야곶이나 노샷푸곶 등은 중심가에서 좀 떨어져 있어 렌터카가 없으면 이동하기에 조금 불편하다. 왓카나이역 바로 앞에 렌터카 회사들이 여러 곳 있다.

• **버스** 왓카나이역 앞 버스 터미널에서 소야곶, 노샷푸곶 등 왓카나이의 주요 명소까지 가는 버스표를 판매한다. 소야곶까지는 하루 약 네 편, 노샷푸곶까지는 15~20분 간격으로 버스가 운행한다.

왓카나이까지 가는 이유 ⋯⋯⋯ ①

소야곶 宗谷岬

소야곶에 도착하면 이곳이 일본 최북단임을 알리는 '최북단의 비'가 서있다. 바다 건너 43km 떨어진 지점에 있는 사할린섬은 맑은 날에는 맨눈으로 보인다고 한다. 북위 45도에 위치한 이곳은 겨울에 눈이 아무리 많이 내려도 좀처럼 쌓이지 않을 정도로 바람이 강하게 분다. '최북단의 비' 가까운 곳에는 마미야 린조間宮林蔵의 동상이 있는데, 그는 사할린으로 건너가 사할린이 섬임을 밝혀낸 탐험가다. 마미야 린조 탄생 200주년을 기념한 동상이 처음 세워질 당시에는 그가 사할린을 향해 처음 출항했던 지점에 세워졌다가, 1988년 이곳으로 옮겨 왔다고 한다. 일본의 소설가 오쿠다 히데오의 수필 《항구 마을 식당》에는 마미야 린조가 혼자 사할린 땅이 섬임을 밝혀낸 것이 아니라, 마쓰다 덴주로松田伝十郎와 함께 가 좌우로 나누어 걸어가 만나면서 반도가 아니라 섬임을 알아냈다는 이야기가 담겨 있다. 왓카나이로 떠나기 전에 읽으면 기대감이 부풀어 오르고, 다녀와서 읽으면 여행의 기억이 새록새록 떠오르는 작품이니 한번쯤 읽어봐도 좋다.

🚶 왓카나이역에서 자동차 35분   📍 稚内市宗谷岬3

왓카나이항 북방파제 돔

稚内港北防波堤ドーム

왓카나이에서 사할린섬까지 가는 철도 연락선 (1923~1945년 운행)에 오르는 승객들의 편의를 위해 세워진 반 아치형 돔. 고대 그리스의 건축물을 연상시키는 70개의 기둥이 400m 넘게 늘어서 있어 웅장한 느낌을 준다. 이국적이고 독특한 분위기 덕분에 다양한 광고, 드라마 촬영지로 쓰였다.

🏃 왓카나이역에서 도보 10분 📍 稚内市開運1丁目
📞 +81-162-23-6161

노샷푸곶 ノシャップ岬

해가 질 때 아름다운 곳이지만, 날씨가 무척 좋아야 아름다운 풍경을 마주할 수 있다고 한다. 맑을 때는 리시리섬, 레분섬이 매우 가까이에 있는 것처럼 보인다고. 예전에는 돌고래가 앞바다를 통과했다고 해서 돌고래 동상도 서있다.

🏃 왓카나이역에서 자동차 10분 📍 稚内市ノシャップ2丁目
📞 +81-162-23-6483

왓카나이 공원 稚内公園

높은 언덕 위에 있어서 시가지가 한눈에 내려다보이는 공원. 왓카나이에 관공서가 설치된 지 100년을 기념하여 세운 '개기 100년 기념탑'이나 '빙설의 문' 등 왓카나이 역사와 관계 깊은 동상들이 서있다. 가장 주목할 만한 동상은 남극 관측 사할린개 훈련 기념비. 1956년 남극 관측을 위해 파견된 월동대가 악천후로 급히 철수하는 과정에서 함께 갔던 썰매견 사할린개들이 남극에 버려졌다. 1년 후 다시 남극으로 간 월동대가 사할린개 중에서 타로와 지로, 2마리가 살아있다는 것을 알게된다. 이 이야기는 일본에서 영화, 드라마로 제작되었고, 이 실화에서 영감을 받아 2006년 〈에이트 빌로우〉라는 미국 작품도 개봉했다. 타로와 지로의 고향이 왓카나이인 만큼 이 작품들을 감명 깊게 보았다면 한 번쯤 동상을 보고 오는 걸 추천한다.

🏃 왓카나이역에서 자동차 5분 📍 稚内市中央1丁目
📞 +81-162-23-6161

밧카이항 抜海港

점박이물범이 겨울을 나는 곳이다. 2014년까지는 관측소가 설치되었지만 지금은 폐쇄되어 눈길 운전에 주의해야 한다. 점박이물범은 몸 색깔이 제방과 비슷하기도 하고 멀리 떨어져 있어 맨눈으로 확인하기 어려우므로 망원경을 준비해 가면 좋다.

🏃 왓카나이 시내에서 자동차 약 30분 📍 稚内市抜海 抜海漁港内

왓카나이를 떠나는 아쉬움을 누르는 곳 ······ ①
후쿠코이치바 稚内副港市場

시장, 식당, 온천이 모여있다. 시장에서는 리시리산 다시마, 라면을 비롯하여 다양한 해산물, 건어물을 판매하니 한국까지 가져오기 쉬운 것으로 잘 골라보자. 1층의 왓카나이 우유 가게도 꼭 가봐야 하는 가게 중 하나. 왓카나이에서 자란 젖소에서 짠 저온 살균 우유, 아이스크림이 매우 인기다. 삿포로까지 장거리 운전을 앞둔 운전자는 2층에 있는 온천 미나노유에서 다리 근육을 좀 풀고 출발해도 좋다.

🚶 왓카나이역에서 도보 11분
📍 稚内市港1丁目6-28
🕐 09:00~16:00(상점, 계절별로 다름)
📞 +81-162-29-0829
🏠 fukkoichiba.hokkaido.jp

출장, 여행객들로 북적이는 ······ ①
구루마야 겐지 車屋·源氏

오쿠다 히데오의 수필 《항구 마을 식당》에도 소개된 문어샤부샤부 맛집. 다시마로 낸 국물에 양상추와 문어를 살짝 익혀 먹는다. 겨울에 방문하면 따뜻한 국물 덕분에 온몸이 녹아든다. 샤부샤부는 마지막에 면을 넣어 먹고, 해산물돈부리, 생선구이, 사시미, 튀김 등 다른 메뉴도 상당히 많아 배부르게 한 끼를 즐길 수 있다. 출장으로 왓카나이를 방문한 비즈니스맨들의 회식 장소로도 인기가 좋다.

🚶 왓카나이역에서 도보 6분　📍 稚内市中央2丁目8-22
🕐 11:00~13:30, 17:00~21:00　💴 문어샤부샤부 2,500엔~,
해산물돈부리 3,500엔　📞 +81-162-23-4111
🏠 kurumaya-genji.jp

리시리후지산이
솟아있는 섬마을

리시리
利尻

후지산보다 규모는 작지만 아름다움은 뒤지지
않는 리시리후지산이 있는 섬. 일본 전국에서
최고로 인정받는 맛있는 다시마가 나는 동그란
모양의 화산섬이다. 레분섬으로 가기 위한
징검다리 정도로 여기고 방문했다가 산과 바다,
들판으로 이뤄진 청정한 자연과 깨끗한 공기,
한적하고 따뜻한 리시리섬의 매력에 흠뻑
빠지고 마는 곳이다.

이동 방법

· **항공편** 삿포로 근교에 있는 오카다만 공항에서 JAL 항
  공기가, 신치토세 공항에서 ANA 항공기(6~9월만 운행)
  가 각각 하루 한 편씩 운행한다. 약 50분 걸리며, 요금은
  20,000엔~.

· **배편** 왓카나이에서 오시도마리 페리 터미널까지 봄~가
  을은 하루 세 편, 겨울에는 하루 두 편 페리가 운행한다.
  약 1시간 40분 걸린다(2등석 2,660엔~).

그 유명한 그림 같은 풍경
시로이코이비토 언덕 白い恋人の丘

'하얀 연인'이라는 뜻의 홋카이도 대표 과자 시로이코이
비토白い恋人 제품 포장에 트레이드마크처럼 자리한 설산
이 바로 이곳에서 보이는 리시리후지利尻富士산이다. 1970
년대에 해당 제과 회사 사장이 마치 알프스가 연상되는 이
산을 보고 유럽풍 과자와도 잘 어울린다고 판단한 게 유명
세의 시작이었다. 이후 리시리섬은 '시로이코이비토 그 산
이 있는 섬'으로 표현되고 있다. 이 언덕의 이름도 원래는
누마우라 전망대沼浦展望台 이지만 지금은 별칭이 더 잘
통한다. 뒤로는 흰 설산, 앞으로는 코발트블루색 바다를
두고 있어 프러포즈 장소로도 인기가 좋다.

🚶 오시도마리 페리 터미널에서 자동차 30분
📍 利尻郡利尻富士町 🕐 24시간

호수 안에 담긴
리시리후지산을 만나러
오타토마리누마
オタトマリ沼

리시리후지산을 비치는 호수의 수면이 한 폭의 그림 같다. 이에 더해 특징을 꼽
으면 리시리섬에서 가장 큰 호수로, 히메누마보다 개방감이 뛰어나다는 점이다.
또 오타토마리가 아이누어로 '모래'라는 뜻이라는 데서 알 수 있듯 모래사장을
품고 있는 점도 눈길을 끈다. 리시리섬 특산물인 다시마를 파는 상점도 있어 관
광객의 발길이 끊이지 않는다.

🚶 오시도마리 페리 터미널에서 자동차 26분   📍 利尻郡利尻富士町鬼脇沼浦

호수 안에 담긴 리시리산
히메누마 姫沼

수면에 리시리후지산이 비치는 절경은 여기도 예외가 아니다. 물론 날씨 운이 따라야 감상할 수 있지만, 산책로 때문에라도 한번쯤 방문할 만하다. 나무 데크로 꾸민 산책로를 따라 1km 남짓한 호수를 한 바퀴 걷다 보면 고요한 숲속에서 새소리, 바람 소리 등 자연의 소리가 들려온다.

🚶 오시도마리 페리 터미널에서 자동차 10분 　📍 利尻郡利尻富士町鴛泊湾内

의외로 재미있다!
리시리정립 박물관 利尻町立博物館

리시리섬의 역사, 자연, 생활상을 이해할 수 있는 박물관. 편벽한 섬마을에 있는 박물관치고는 자료 및 전시 퀄리티가 좋아서 예상보다 오래 구경하게 된다. 가장 눈길을 끄는 것은 불곰의 발톱. 1912년 홋카이도 본토에서 리시리섬까지 무려 20km나 되는 거리를 헤엄쳐 건너왔다는 불곰의 발톱이다. 당시 불곰은 포획 후 사살당했는데, 그로부터 106년 뒤 2018년에 다시 불곰 1마리가 섬에 상륙했다. 이 소식이 전해지자 리시리섬 출신 주민이 할머니에게서 받았다며 1912년에 건너갔던 불곰의 발톱을 박물관에 기증했다고 한다.

🚶 오시도마리 페리 터미널에서 자동차 35분
📍 利尻郡利尻町仙法志本町136
🕐 09:00~17:00, 월 & 연말연시 휴무(7~8월 휴무 없음) ￥ 200엔 📞 +81-163-85-1411

쾌적한 시간을 보낼 수 있어요
오시도마리 페리 터미널 鴛泊港フェリーターミナル

여객선을 통해 리시리섬, 레분섬, 또는 왓카나이를 잇는 관문이다. 규모는 여느 시골의 선착장처럼 아담하지만 대기실, 화장실 등에서 특급 호텔 못지않은 청결한 관리가 눈에 띈다. 또 2층 식당 마루젠食堂丸善은 일본 전국 대회에서 우승해 맛을 인정받은 성게덮밥으로 인기가 많다. 성게 시즌이 아닌 때는 라면, 소바, 수프카레 등도 판매한다. 배 탑승 시간이 남으면 통유리를 통해 바다 전경을 바라보며 한 끼를 즐겨볼 만하다.

🏃 리시리 공항에서 자동차 7분
📍 利尻郡利尻富士町鴛泊港町235
📞 +81-163-82-1121

리시리섬의 특산 음료!
미루피스 상점 ミルピス商店

미루피스는 주인 모리하라森原八千代 씨가 1965년 직접 개발한 수제 발효 음료로, 칼피스에 우유를 더한 맛이다. 입소문을 타고 언론에 소개되면서 다시마 버금가는 리시리섬 대표 특산품으로 자리 잡았고, 지금은 일본 전역으로 배송도 된다고 한다. 한적한 도로변에서 무인으로 운영되는 가게 역시 특색 있다. 시간의 흐름을 견딘 식탁과 의자는 물론, 주인 가족의 옛날 사진과 기사 등이 벽에 빼곡히 걸려있어 복고풍 감성을 자극한다.

🏃 오시도마리 페리 터미널에서 자동차 12분
📍 利尻郡利尻町沓形新湊153
🕐 07:00~19:00 ¥ 1병 350엔, 병을
반납하지 않고 갖고 가려면 430엔
📞 +81-163-84-2227

숨은 인기 빵집

오카다 과자점 おかだ菓子店

작은 섬마을에서 좀처럼 보기 힘든 인기 빵집이다. 특별한 빵은 아니고 단팥빵, 카츠샌드, 멜론빵, 카레빵 등 평범한 30종의 빵을 판매하는데, 일본 빵 마니아 사이에서는 평범한 빵의 특별한 맛으로 명성이 자자하다. 오전 10시에 가게 문이 열리면 점심때쯤 웬만한 빵은 다 팔리므로 서둘러 가야 한다.

🚶 오시도마리 페리 터미널에서 도보 8분
📍 利尻郡利尻富士町鴛泊本町35
🕐 10:00~19:00　¥ 단팥빵 140엔,
고로케빵 162엔　📞 +81-163-82-1596

커피를 좋아한다면 여긴 꼭

포르투 커피 PORTO COFFEE

브라질에서 커피를 배웠다는 주인이 2020년에 작은 카페를 냈다. 스페셜티 콩을 고수하여 훌륭한 커피 맛은 물론 세련된 인테리어를 갖춰 여행객들의 호기심을 자아낸다. 아몬드 로카 카페라테, 딥 마키아토, 크레이지 마키아토 등 다른 카페에선 좀처럼 맛볼 수 없는 메뉴도 있으니 도전해 보면 좋다. 은은한 단맛이 돌며 커피 향이 몹시 향긋한 아몬드 로카 카페라테는 누구의 입맛에도 잘 맞을 추천 메뉴. 발뮤다 토스터에 데워주는 크루아상, 피자 등 베이커리도 커피와 잘 어울린다.

🚶 오시도마리 페리 터미널 바로 앞　📍 利尻郡利尻富士町鴛泊港町200番地　🕐 08:00~16:30, 월 휴무(5~10월 휴무 없음)
¥ 아메리카노 440엔, 아몬드 로카 카페라테 550엔, 크루아상 350엔　📞 +81-163-85-7112
🏠 www.portocoffeerishiri.com

REAL PLUS ···· ③

영화, 소설의 배경이 된
야생화의 섬

레분
礼文

오쿠다 히데오의 소설 《죄의 궤적》, 영화
〈북쪽의 카나리아들〉의 배경이 된 레분섬에는
200종류 이상의 고산 식물이 있어, 매년
6월이면 야생화 트레킹을 즐기는 여행객들로
북적인다. 왓카나이에서 60km 정도 떨어져
있으니 기왕 왓카나이까지 왔다면 리시리섬과
함께 들렀다 돌아가면 좋다.

이동 방법
· **배편** 왓카나이에서 가후카 페리 터미널까지 봄~가을에
는 하루 세 편(한 편은 리시리 경유), 겨울에는 하루 두 편
페리를 운행한다. 약 1시간 55분 걸리며 요금은 2등석 기
준 2,960엔~. 리시리 오시도마리 페리 터미널과 가후카
페리 터미널 간에는 편도로 11~5월 하루 한 편, 6~9월
하루 두 편이 오간다. 다만 배편은 기상 상황에 따라 수시
로 결항할 수 있다는 점을 유의하자.

일본 '최북단'을 놓고 경쟁!

스코톤곶 スコトン岬

무인도를 제외하고 일본의 최북한最北限으로 일컬어지는 땅이다. 최북단崖北端을 놓고 왓카나이의 소야곶宗谷岬과 경쟁했다가 측량 결과에서 밀렸지만 포기할 수는 없어 최북한이라는 애매한 명칭이라도 붙였다고 한다. 주차장에서 내려 10분 정도 걸어가면 닿는 땅이지만 바람이 거센 날이 많아 바람막이 옷차림이 필요하다. 목적지에 도착하면 바다사자가 서식한다는 도도섬卜ド島이 보이고 상쾌한 파란 바다가 펼쳐진다.

🚶 가후카 페리 터미널에서 자동차 30분
📍 礼文郡礼文町船泊村 字スコトントマリ
🕐 24시간

리시리산을 배경으로 인생 사진을

북쪽의 카나리아들 기념 공원

北のカナリアパーク

영화 〈북쪽의 카나리아들〉 촬영 당시 세트를 공원으로 꾸며 2013년 7월에 문을 열었다. 분교 건물에는 옛날 교실 풍경이 그대로 남아있고, 출연자들의 입간판도 전시 중이다. 영화를 보지 않았더라도 들러볼 만하다. 날씨가 좋은 날, 이곳에서 보이는 건너편 리시리후지산의 경치 덕분이다. 분교 건물 바로 옆, 테라스가 근사한 카페 및 식당에서 리시리후지산을 바라보며 인생 사진을 남겨보자.

🚶 가후카 페리 터미널에서 자동차 6분 📍 礼文郡礼文町香深村字フンベネフ621 🕐 공원 24시간, 카페 및 식당 5월 초~10월 중순 09:00~16:00, 5·6·9·10월 화·목 휴무

모모다이 & 네코다이 桃台 & 猫台

레분섬의 풍광을 나열할 때 단골처럼 등장하는 기암들이다. 바닷바람을 맞으며 전망대에 오르면 오른쪽에 모모다이桃台, 왼쪽에 네코다이猫台를 쉽게 찾아볼 수 있다. 우리말로 복숭아 바위인 모모다이는 복숭아 돌기를 연상케 하는 정상 부분이 특징이다. 고양이 바위를 뜻하는 네코다이는 바다를 바라보는 쓸쓸한 고양이의 뒷모습 같다.

🏃 가후카 페리 터미널에서 자동차 8분　📍 礼文郡礼文町香深村　🕐 24시간

지장보살의 합장
지조이와 地蔵岩

약 50m 높이로 뾰족하게 솟은 바위 2개가 마치 지장地蔵보살이 두 손을 모은 모양 같다고 이런 이름이 붙었다. 모모다이, 네코다이와 함께 레분섬의 3대 기암으로 꼽힌다. 아쉽게도 낙석 위험 때문에 접근이 제한돼 약 300m 정도 떨어진 메노 해변メノウ浜에서 감상해야 한다.

🏃 가후카 페리 터미널에서 메노 해변까지 자동차 8분　📍 礼文郡礼文町香深村モトチ　🕐 24시간

레분섬 온천 우스유키 礼文島温泉 うすゆき

나트륨이 함유된 이곳의 천연 온천수에 몸을 담그면 온몸의
긴장이 이완되어 여행 중에 쌓인 피로가 빠르게 회복된다.
페리 터미널 바로 앞에 있어, 페리 탑승 시간까지 한두 시간
여유가 있다면 꼭 방문해 보자. 주민들도 애용하는 동네 목
욕탕 같지만, 2009년에 오픈해 시설도 그런대로 깔끔하고
규모도 상당히 큰 편이다. 특히 이곳 노천탕에서 바라보는
리시리후지산이 일품이다.

🚶 가후카 페리 터미널에서 도보 1분 📍 北海道礼文郡礼文町香深村
ベツシュ961-1 ⏰ 4~9월 12:00~21:00, 10~3월 13:00~21:00
💴 600엔, 수건 200엔~ 📞 +81-163-86-2345

로바타 지도리 炉ばた ちどり

페리 터미널에서 가까워 접근성도 좋고, 로
컬 느낌 나는 가게 분위기도 좋고, 음식 맛까
지 좋다. 이시카리 지방 어부들이 갓 잡은 생선을
드럼통에 구워 먹은 데서 유래했다는 향토 요리 '짱짱
구이'를 맛보자. 그중 임연수어를 구운 홋케짱짱구이ホッケち
ゃんちゃん焼き가 가장 인기가 높다. 점심에 방문하면 라멘, 우
동, 굴튀김 정식 등 점심 메뉴도 매우 맛있다.

🚶 가후카 페리 터미널에서 도보 4분 📍 北海道礼文郡礼文町香深
村字入舟1115-3 ⏰ 11:00~14:00, 17:00~20:00 💴 점심 700엔~,
홋케짱짱구이 1,200엔 📞 +81-163-86-2130

레분섬에서 꼭 맛봐야 하는 버거가 있다

우미 Dining Cafe 海

2019년에 오픈해 세련되고 젊은 감성이 녹아있는 인테리어
와 메뉴 구성이 돋보인다. 특히 이곳의 간판 메뉴 임연수어
버거는 레분섬에 방문하면 꼭 한번 맛봐야 하는 메뉴 중 하
나. 레분섬에서 잡히는 신선한 생선을 올린 시푸드 피자를
비롯하여, 성게알크림파스타 등도 맛볼 수 있다. 지조이와를
가는 길에 방문하면 좋은데, 시간이 별로 없다면 테이크아
웃하여 돌아가는 페리에서 맛보는 것도 추천한다.

🚶 가후카 페리 터미널에서 자동차 7분 📍 北海道礼文郡礼文町大字
香深村字元地454-1 ⏰ 매년 5~9월 11:00~15:00 월 휴무
💴 임연수어버거 700엔, 성게알크림파스타 4,200엔
📞 +81-163-85-7105

© dining cafe umi

PART 5

실전에
강한
여행 준비

차근차근 여행 준비

01
여행 정보 수집

SNS나 방송 프로그램을 통해 홋카이도의 매력을 눈치챘다면 포털 사이트 같은 온라인, 가이드북 등 오프라인 방법을 통해 정보를 수집하자.

한국어 지원 홋카이도 여행 정보 사이트

- **홋카이도 관광진흥기구 공식 홈페이지** 홋카이도의 체험거리, 먹거리, 지역별 각종 이벤트 정보를 볼 수 있다.
  🏠 kr.visit-hokkaido.jp

- **라이브 재팬 홈페이지** '성게 맛집 모음 5곳'과 같은 콘셉트 위주의 정보 제공에 뛰어나다. 빅카메라, 이온몰 등 상업 시설과 연계한 쿠폰북도 이곳에서 다운받을 수 있다.
  🏠 livejapan.com/ko/in-hokkaido

- **어서오세요 삿포로 홈페이지** 맥주 축제·뮤직 페스티벌 등 기간별 이벤트가 잘 정리되어 있다.
  🏠 www.sapporo.travel/ko

- **일본의 맛 홈페이지** 맛집 소개를 전문으로 하는 사이트. 메뉴별, 지역별 분류는 물론 유명 셰프 등 각 분야 전문가 설문으로 랭킹까지 안내한다.
  🏠 kr.savorjapan.com/search-by-area/hokkaido

02
여권 만들기

여권이 아직 없거나 유효기간이 6개월 이하로 남았다면 발급받자. 여권은 각 시·도·구청 여권발급과에서 발급하며, 여권 발급 신청서(기관에 비치됨), 신분증, 발급 수수료, 6개월 이내 촬영한 여권용 사진을 구비하면 된다. 추가로 가족 관계 기록 사항에 관한 증명서(본인이 아닐 경우), 병역 관계 서류(18세 이상 37세 이하 남자), 국적 확인 서류(국적 상실자로 의심되는 경우)가 필요할 수도 있다.

03
항공권 구입

인천에서 신치토세 공항까지는 직항으로 약 2시간 40분 걸리는데 대한항공, 아시아나항공, 제주항공, 진에어, 티웨이항공, 에어부산, 에어서울이 매일 총 10회 이상 승객을 실어 나른다. 부산(김해공항)에서는 직항으로 약 2시간 15분 걸리며, 아시아나항공과 진에어가 매일 각 1회씩 운항한다(2023년 12월 기준). 항공권 가격은 천차만별이라 비수기 때는 왕복 기준 30만 원에도 가능하지만 비수기 때는 70만 원을 훌쩍 넘을 때도 많다. 네이버, 스카이스캐너, 인터파크투어 등 중개 플랫폼으로 검색해 최저가를 선택하길 추천한다.

🏠 **항공권 가격 비교 사이트**
- 스카이스캐너 skyscanner.co.kr
- 땡처리닷컴 mm.ttang.com
- 인터파크투어 tour.interpark.com
- 와이페이모어 whypaymore.co.kr

04
여행 일정 짜기

드넓은 홋카이도 중에서 어느 도시를 방문할지 결정하고, 도시 간 이동에 걸리는 시간을 고려하여 동선을 짜보자. 파트 1에서 소개한 코스를 참고하거나, 각 도시별 추천 코스를 참고해도 좋다. 여행 일정에 따른 이동 수단도 미리 준비해 두면 좋다. 또는 홋카이도 공식 관광 사이트(kr.visit-hokkaido.jp)에서 예시로 제시한 계절 및 여행 기간별 코스도 눈여겨볼 만하다.

05
교통편 예약

렌터카를 이용하면 P.338, 기차 또는 버스를 이용하면 P.336 참고. 특히 기차를 이용할 경우, JR 레일 패스는 한국에서 미리 사는 게 500~1,000엔 더 저렴하다. 네이버 검색을 통해 하나투어 등 한국 여행사에서 판매하는 패스를 사면 된다.

🏠 홋카이도에서 이용 가능한 렌터카 업체
- 도요타렌터카 rent.toyota.co.jp
- 오릭스렌터카 car.orix.co.jp
- 닛폰렌터카 www.nipponrentacar.co.jp

🏠 각종 레일 패스 판매 업체
- 마이리얼트립 www.myrealtrip.com
- 클룩 www.klook.com
- 하나투어 www.hanatour.com
- 모두투어 www.modetour.com

06
숙소 예약

숙소 역시 네이버와 구글에서 호텔 이름으로 검색하면 네이버 호텔 예약, 구글맵 검색에서 각 사이트별 가격 비교가 가능하니 꼭 비교해 보고 예약하자. 같은 날짜, 같은 조건이라도 사이트별로 가격이 10~20만 원 이상 차이 나는 경우도 있다. 숙소 선정이 고민된다면 P.340의 추천 숙소 목록을 참고하자.

07
환전하기

은행을 방문하거나 애플리케이션을 통해 신청한다. 주거래 은행 앱을 통해 신청하면 최대 90%까지 수수료를 우대받으며, 가까운 지점이나 출국 당일 공항에서 수령할 수 있다. 시간이 여유로우면 목표 환율을 설정해 두고 설정한 금액이 되었을 때 자동으로 환전되는 예약 환전 서비스도 있으니 적절히 이용해 보자. 최근에는 트래블 로그, 트래블 월렛 등 선불식 외화 충전 카드에 대한 선호도도 높다. 카드에 개인 계좌를 연결한 후, 앱을 통해 환전 금액을 설정하고 여행지 ATM에서 출금하는 식이다. 일본을 포함해 몇몇 국가에서는 환전 수수료는 물론 ATM 출금 수수료 역시 면제다. 또 최근에는 일본에서도 신용카드나 전자결제수단을 이용하는 경우가 많아졌는데, 이에 맞게 해외에서 사용 가능한 신용카드 1~2장과 라인페이, 네이버페이, 애플페이, 구글페이 등의 수단을 이용하면 환전할 필요 없이 한화에서 바로 당시의 환율이 적용되어 결제되므로 편리하다. 다만 아직까지 삿포로 도심에서도 편의점, 대형마트 등을 제외하고는 신용카드나 전자결제수단을 이용하기 어려운 곳이 많으니 환전은 필수다.

08
여행자 보험 가입하기

여행자 보험은 인터넷 보험사 혹은 공항에서 신청할 수 있으며 상품 종류도 매우 다양하니 자신이 중시하는 가치에 맞게 선택해 가입하자. 가입을 둘 경우 질병, 상해, 휴대품 손해, 항공기 지연 등에 대해 보상받을 수 있다. 무조건 출국 전 가입해야 유효하며 보험비는 최소 2,000원에서 시작해 여행 기간 등에 따라 5만 원 이상으로도 올라간다. 손해보험협회가 운영하는 보험다모아(www.e-insmarket.or.kr) 사이트에 가면 다양한 여행자 보험을 비교해 가입할 수 있다.

09
면세점 쇼핑

인터넷 면세점이나 시내 면세점에서 미리 상품을 구매하고, 출국 시 공항 내 면세품 인도장에서 수령한다. 공항이 붐빌 땐 인도장에서 오래 대기해야 할 수 있고, 인도장과 탑승 게이트가 꽤 멀리 떨어져 있을 가능성도 있으니 평소보다 일찍 공항에 가는 것이 좋다. 면세품 구매·수령 시엔 항공권과 여권이 필요하고, $800 이상 구매할 경우 귀국 시 세관에 신고해야 하니 주의하자.

10
데이터 사용

- **로밍** 통신사 애플리케이션, 또는 공항에서 신청할 수 있다. 특정 국가 한정 할인 상품이나 동행과 데이터를 함께 쓸 수 있는 상품 등 종류가 다양하니 가장 적합한 상품을 선택하자. 자신의 휴대폰 번호까지 그대로 사용할 수 있기 때문에 가장 편리하다.

- **포켓 와이파이** 작은 공유기를 임대해 사용하는 방식으로, 동행이 많거나 노트북, 태블릿 등 인터넷 접속이 필요한 기기가 많을수록 경제적이다. 다만, 공유기를 계속 소지하면서 기기 가까이 두어야 한다는 점과 충전을 해야 한다는 점이 불편하다. 일본의 경우 요금은 1일 2GB 기준 약 4,000원 수준이다.

- **유심USIM 칩** 현지 전화번호를 받아 사용하는 방식으로, 비교적 경제적이다. 다만 유심 칩을 교체해야 하는 게 다소 번거롭다. 한국 전화 유심 칩은 빼놓아야 하므로 연락을 받을 수 없는 것도 불편하다.

- **이심eSIM** 유심 칩과 유사한 원리로, 현지의 새로운 전화 회선을 받는 방식이다. 단지 물리적으로 심SIM을 바꿔 넣을 필요가 없고, 한국 휴대폰 번호로 오는 전화, 문자를 수신할 수도 있어 편리하다. 사용 방법도 어렵지 않다. 포털 사이트에 이심을 검색한 뒤 관련 업체를 골라 온라인으로 구매하면, 이메일로 QR 코드 또는 코드 번호를 받는다. 이메일 등의 안내에 따라 휴대폰 설정을 진행하면 된다. 요금은 1일 2GB 4,000~5,000원 수준이다. 다만 휴대폰이 최신 기종이어야만 사용할 수 있으니, 미리 이심 지원 여부를 확인해야 한다. 휴대폰 통화 키패드에 *#06#을 입력해 EID가 뜨면 이심 지원 기종이다.

11
짐 꾸리기

중요 준비물만 잘 챙기면 웬만한 것들은 현지에서 다 살 수 있다. 그러나 우리나라보다 비싸거나 적합한 제품이 없을 수도 있으니 확인하고 챙기자. 항공사 규정에 맞게 짐 개수와 무게를 미리 체크하는 것도 중요. 최근 출시된 전자 제품은 대부분 프리 볼트이기 때문에 플러그 모양만 변환하면 사용할 수 있다. 변환 플러그(돼지코)는 잊지 말고 챙길 것. 또, 눈이 많이 오는 겨울에 방문한다면 방수가 되는 겉옷과 장화를 챙겨 가면 좋다. 체온을 유지해 줄 모자와 목도리, 핫팩도 유용하다.

D-DAY
출국하기, 입국하기!

STEP 01
인천국제공항 도착
이륙 시간 2~3시간 전에는 공항에 도착해야 한다. 특히 자동차로 이동 시엔 공항 장기 주차장이 만차(네이버 검색 가능)일 수도 있으니 더 여유 있게 가야 한다. 대한항공을 타면 인천공항 제2여객 터미널, 다른 항공사는 제1여객 터미널로 간다.

STEP 02
탑승 수속 & 수하물 부치기
예약한 항공사 카운터에서 수속을 밟거나, 셀프 체크인 기기에서 한다. 리튬 배터리, 보조 배터리는 부치는 짐에 넣으면 안 된다.

STEP 03
로밍, 포켓 와이파이 수령 & 환전 & 여행자 보험
포켓 와이파이, 환전을 예약해 두었으면 수령한다. 공항에서 로밍, 보험 등의 가입이 필요하면 출국 게이트에 들어가기 전에 해야 한다.

STEP 04
보안 검색 & 출국 심사
노트북, 태블릿, 휴대폰은 따로 꺼내 들고, 외투와 벨트는 벗어서 검색대를 통과한다. 시기에 따라 출국장이 매우 혼잡할 때가 있다. 이럴 땐 포털 사이트에서 '인천 공항 출국장'을 검색하면 가장 덜 붐비는 출국장 번호를 알 수 있으니 그쪽으로 이동하자. 보안 검색을 마치면 출국 심사를 받는다. 대한민국 여권 소지자는 자동 출입국 심사도 가능하다.

STEP 05
탑승 게이트로 이동 & 탑승
인터넷 면세점에서 구매한 상품은 인도장에서 수령 후 탑승 게이트로 이동한다. 비행기 탑승 전, 시간 여유가 있다면 비지트 재팬 웹을 통해 입국과 세관 정보를 입력하고 QR 코드를 발급받으면 편하다. 비지트 재팬 웹을 이용하지 못했다면, 탑승 후 기내 승무원이 일본 입국 심사 서류를 나눠주니 수기로 작성한다.

STEP 06
입국 심사
이름 및 머무는 호텔, 비행기 편명 등을 기입한 입국 신고서를 제출하거나, 비지트 재팬 웹을 통해 발급받은 QR 코드를 기기에 찍은 후 지문 채취, 얼굴 사진 촬영을 한다. 심사관이 종종 여행 기간 및 어디를 방문할 예정인지 질문하기도 한다.

비지트 재팬?
휴대폰에서 '비지트 재팬' 웹사이트(vjw-lp.digital.go.jp/ko)에 접속한 뒤, 이어지는 항목에 따라 체크 및 정보를 입력하면 각각 입국 심사와 세관 신고에 해당하는 QR 코드를 받는다. 입국 심사와 세관 신고를 할 때 이 QR 코드를 보여주면 된다. 현지 공항에서는 네트워크 사정이 원활하지 않을 수 있으니, QR 코드 화면을 미리 캡처해 놓는 것도 방법이다.

STEP 07
세관 신고
짐을 맡겼다면 찾은 후, 세관 신고 카운터에 가서 직접 작성한 세관 신고서나 비지트 재팬을 통해 입력한 QR 코드를 제출한다. 여권을 보여주고 금, 마약 등을 소지하지 않았는지 질문을 받는다.

STEP 08
홋카이도에 오신 것을 환영합니다!
세관 신고까지 마쳤다면 렌터카, 버스, 전철 등 시내까지 이동할 교통수단 표지판을 따라 이동하자!

홋카이도 어떻게 다닐까?

홋카이도는 한국의 4/5 크기에 달하기 때문에, 주요 도시로 이동하는 데 상당히 긴 시간과 비싼 교통비가 든다. 상황에 맞게 효율적인 교통수단을 잘 선택해 보자.

JR 홋카이도 🚊

최북단인 왓카나이, 최동단인 네무로를 비롯하여 홋카이도 전역을 잇는 철도. 아오모리현의 신아오모리新青森에서 홋카이도의 신하코다테호쿠토新函館北斗까지는 신칸선이 오가지만, 아직까지 홋카이도를 관통하는 신칸선은 없다. 게다가 지방 도시를 오가는 열차들은 배차 간격이 매우 길기 때문에, 구글맵에서 미리 시간을 알아보고 이동 계획을 세워두는 것이 좋다. 특히 겨울엔 폭설로 인해 지연, 중지 등이 잦다.

- **홋카이도 레일 패스**
  신칸선 제외한 JR 전 노선 이용 가능
- **노보리베쓰 에어리어 패스**
  하코다테·무로란선 일부와 치토세·카쿠엔 토시선을 포함해 이용 가능
- **후라노 에어리어 패스**
  하코다테·네무로 일부와 치토세·후라노선을 포함해 이용 가능

홋카이도 레일 패스

삿포로역에서 왓카나이역까지, 또는 아바시리역까지의 JR 열차 운임 요금은 편도로만 1만 엔을 훌쩍 뛰어넘는다. 이 때문에 신치토세공항역에서부터 이용할 수 있는 세 가지 JR 레일 패스는 훌륭한 선택이다. 노보리베쓰 에어리어 패스는 삿포로·오타루·노보리베쓰, 후라노 에어리어 패스는 삿포로·오타루·후라노·비에이·아사히카와 구간에서 각각 연속 4일간 자유롭게 이용 가능하다. 또 홋카이도 레일 패스 5일권과 7일권은 위 코스를 포함해 홋카이도 내 JR 전 노선(신칸선 제외)에서 사용할 수 있다. 다만 삿포로에 숙소를 잡고 소도시 한 곳만 오가는 일정을 짤 땐 자칫 본전을 못 찾을 수도 있으니, 미리 구글 지도 등으로 동선을 파악해 운임을 계산해 볼 필요가 있다. 예컨대 신치토세 공항, 삿포로, 아사히카와 정도만을 오간다면 단순 계산으로 14,420엔이 들어 19,000엔짜리 홋카이도 레일 패스 5일권을 구매하는 것은 손해다. 구매는 일본에서도 가능하지만 하나투어 등 한국 여행사를 통하면 500~1,000엔 정도 저렴하다. 네이버에서 '홋카이도 레일 패스' 등을 검색하면 다양한 판매 대행 업체가 나온다. 아래 JR 홋카이도 공식 홈페이지에 각 패스의 추천 코스 등이 상세히 소개되어 있다.

🏠 www.jrhokkaido.co.jp/global/korean/ticket/railpass

홋카이도 레일 패스 5일권	20,000엔(21,000엔)
홋카이도 레일 패스 7일권	26,000엔(27,000엔)
노보리베쓰 에어리어 패스(4일권)	9,000엔(10,000엔)
후라노 에어리어 패스(4일권)	10,000엔(11,000엔)

★ 한국 사전 구매 가격 기준(괄호 안은 일본 구매 가격). 환율과 판매 대행 업체에 따라 변동 가능

버스 🚌

열차보다 비교적 저렴하기 때문에 도시 간 이동할 때 잘 활용하면 좋고, 특히 체력이 괜찮다면 야간 버스를 이용해 시간과 여비를 절약할 수도 있다. 다만 폭설이 잦은 홋카이도 기후를 고려하면 겨울에는 지연·연착이 많아 적극 추천하지는 않는다. 버스 역시 레일 패스처럼 패스권을 판매(www.bus.hokkaidox.com/en)하기도 했지만 코로나19 사태로 2023년 12월 현재 중단된 상태다.

야간 버스는 왓카나이, 오비히로, 구시로, 기타미 등 삿포로에서 비교적 거리가 먼 지역을 운행한다. 가격은 JR 열차의 1/2 수준으로, JR 패스를 사지 않았다면 교통비는 물론 숙박비까지 아낄 수 있다. 당일 예약도 가능하지만 공석이 없을 수 있으니 시간 여유를 두고 예약하자. 홈페이지(japanbusonline.com/ko)에서 노선을 검색한 후 한국 신용카드로도 결제 가능하다.

삿포로에서 출발하는 주요 노선

- **삿포로↔오타루** 홋카이도 주오 버스 약 1시간, 680엔
- **삿포로↔하코다테**
  홋카이도 버스 뉴스타 약 5시간 30분 4,800엔
- **삿포로↔아사히카와**
  홋카이도 도호쿠 버스 약 2시간 10분, 2,300엔
- **삿포로↔오비히로**
  홋카이도 버스 뉴스타 약 3시간 30분, 3,800엔
- **삿포로↔구시로**
  홋카이도 버스 뉴스타 약 5시간 10분, 5,800엔
- **삿포로↔왓카나이** 소야 버스 약 6시간, 6,200엔

홋카이도 버스 www.hokkaidoubus-newstar.jp/bus
JR 홋카이도 버스 www.jrhokkaidobus.com
주오 버스 www.chuo-bus.co.jp
도호쿠 버스 www.dohokubus.com
소야 버스 www.soyabus.co.jp

비행기 ✈

홋카이도에는 주요 도시마다 공항이 있어 가장 빨리 이동할 수 있는 교통 수단은 항공편이다. 끝에서 끝까지 가도 45~55분이면 도착할 수 있다. 그러나 운항 편수가 그리 많지 않으며 공항에서 내려 중심가까지 가려면 다시 리무진 버스를 타야 해, 버스나 열차로 4~5시간 이상 걸리는 도시(구시로, 아바시리, 왓카나이, 리시리섬)로 이동 시에나 고려해 볼 만하다. 게다가 일본 국내선은 아주 일찍 예약하거나 프로모션 할인 가격이 아니면 편도 우리돈 15만 원 이상으로 꽤 비싼 편이다.

🏠 **홋카이도 내 주요 공항**

- 단초 구시로 공항 www.kushiro-airport.co.jp
- 메만베쓰 공항(아바시리) www.mmb-airport.co.jp
- 왓카나이 공항 www.wkj-airport.jp
- 리시리 공항 www.town.rishirifuji.hokkaido.jp/
  rishirifuji/1187.htm

렌터카 🚗

삿포로, 오타루, 하코다테 등 큰 도시를 중심으로 여행할 예정이라면 굳이 차를 빌리지 않아도 불편하지 않을 수 있다. 하지만 삿포로에서 먼 동북부 지역을 갈 땐 운전이 부담스럽지만 않으면 렌터카 여행을 추천한다. 홋카이도의 대자연을 가까이서 느껴볼 수 있다.

홋카이도 렌터카, A to Z

준비하기

① 국제운전면허증 발급

신분증, 6개월 이내 촬영한 컬러 사진을 가지고 운전면허시험장이나 경찰서에 가서 발급받는다(수수료 8,500원). 이전에 발급한 적이 있어도 유효 기간이 1년밖에 되지 않으니, 꼭 확인해야 한다. 혹시 발급을 잊었다면 인천국제공항 국제운전면허 발급 센터에서도 발급받을 수 있지만, 평일 09:00~18:00(점심 12:00~13:00)에만 운영하기 때문에 비행기 탑승 시간에 여유가 있어야 한다. 렌터카 수령 시 한국 면허증도 요구할 때가 있으니 잊지 말고 함께 챙겨 가자.

② 렌터카 예약하기

미리 예약할수록 저렴하고 선택지도 넓다. 다양한 예약 사이트가 있으니 가격과 조건을 잘 비교해 보고 선택하자. 신치토세 공항 안에 점포를 둔 렌터카 회사는 도요타, 닛산, 혼다, 월드넷, 오릭스, 버짓 등이 있는데, 이 회사들을 선택하면 공항에서 안내받기 수월하며 점포와 연결하는 버스를 오래 기다리지 않고 이용할 수 있다. 한편 규모가 작은 렌터카 회사들은 가격은 비교적 저렴하지만 공항 연결 셔틀버스가 드문드문 있어서 불편하다. 특히 반납 시에는 탑승 시간보다 여유 시간을 넉넉하게 두는 것이 좋다.

🏠 **주요 가격 비교 예약 사이트**
· 자란 렌터카 www.jalan.net/rentacar
· 타비라이 렌터카 kr.tabirai.net/car/Hokkaido
· 스카이스캐너 www.skyscanner.co.kr/car-hire

자동차 보험 선택(기본 보험/면책 보상 보험/NOC 안심 보험)

대부분의 렌터카 회사에서는 기본 보험을 포함하여 상품을 팔기 때문에 별도로 지불하거나 가입할 필요는 없다. 다만 사고가 나면 대인 보상, 인신 보상, 대물 보상, 차량 보상에 대해 보험료가 발생한다. 배상액 중 일부인 손님이 지불해야 하는 배상금을 면책해 주는 것이 면책 보상 보험. 여기에 더해 영업소는 사고가 난 차량을 수리하는 동안 해당 차량으로 영업이 불가능해지므로, 이에 대한 보상을 NOC라고 한다. 사고가 난 차량을 영업소에 반납하면 20,000엔, 견인차를 불러 반납을 할 경우엔 50,000엔 전후가 드는데 이와 같은 NOC까지 면책 받으려면 NOC 안심 보험까지 가입해야 한다. 면책 보상 보험과 NOC 안심 보험을 함께 가입하는 프로그램은 업체마다 다르지만 하루 1,600~2,000엔 정도가 추가된다. 특히 홋카이도의 겨울 운전은 눈길에 익숙하지 않은 운전자에게 특히 어렵기 때문에 본인의 운전 실력과 경험에 근거해서 가입 여부를 결정하자.

ETC & 홋카이도 익스프레스웨이 패스(HEP)

ETC 카드는 우리나라의 하이패스와 같은 카드다. 고속도로나 유료 도로 이용 시 통행료를 현금으로 내는 것이 번거로울 것 같다면 렌터카를 예약하면서 미리 신청하면 좋다(대여료 330엔~). 외국인에 한하여, 유료 도로 무제한 이용 패스권인 '홋카이도 익스프레스웨이 패스'를 ETC 카드에 탑재해 사용 가능하다. 패스권 가격은 2일 3,700엔, 3일 5,200엔, 4일 6,300엔, 5일 6,800엔. 유료 도로로 이어진 오타루, 하코다테, 아사히카와, 오비히로로 이동하는 여정이라면 구매하는 것이 이득이다. 여행 일정을 알려주면 렌터카 회사에서 친절히 안내해 주니, 계산하기 어렵다면 문의해 보자. ETC나 홋카이도 익스프레스 웨이 패스는 모든 렌터카 회사에서 상시 준비하는 서비스가 아니므로, 예약 시 사전 문의 및 신청은 필수다.

🏠 kr.driveplaza.com/drawari/hokkaido_expass

렌터카 픽업/반납

① 예약 확인

신치토세 공항 1층 렌터카 카운터에 가서 예약 서류를 보여주면 영업소까지 가는 셔틀버스를 예약해 준다. 버스는 10~15분이면 도착하고 영업소까지도 10~15분 정도 걸린다. 공항과 연계가 없는 렌터카 회사에서 예약했다면 전화로 직접 픽업을 요청한다.

② 차량 수령

영업소에 도착하면 국제운전면허증, 한국 운전면허증, 여권 등을 제출하고, 예약 내역, 보험 추가 가입 여부를 고른다. 또 고속도로를 주로 이용할 계획이라면 한국의 하이패스 시스템과 유사한 ETC 기기 장착 여부, 여기에 사용되는 고속도로 정액 요금제 HEP를 선택한다.

③ 차량 체크

준비된 차량의 상태를 직원과 함께 체크하고, 내비게이션 조작법 등을 안내받는다. 크게 파인 흔적이 아니면 문제되지 않지만 혹시 모르니 인수 시 차량 상태를 스마트폰으로 동영상을 찍어두는 것이 좋다.

④ 차량 반납

렌터카 회사에서는 비행기 탑승 시각 2~3시간 전으로 반납 시간을 예약해 둔다. 늦지 않게 반납해야 하며, 영업소에서 사전에 안내한 근처 주유소에 들러 휘발유 혹은 경유를 가득 채워 반납한다. 주유를 잊으면 영업소에서 비용을 지불하면 되지만, 직접 주유하는 것보단 비쌀 수 있다.

운전 시 주의 사항

・좌측 통행

한국과 반대로 운전석이 오른쪽에 있고, 도로는 좌측 통행이다. 와이퍼와 깜박이 레버도 반대다. 운전자 기준 중앙선이 항상 오른쪽에 있어야 한다고 명심하자.

・비보호 우회전

일본은 복잡한 도로에만 우회전 신호가 따로 있고, 대부분 비보호 우회전이다. 반대편에서 차량이 오지 않을 때 보행자가 오는지 주의하며 눈치껏 우회전해야 한다.

・고속도로 1차선은 추월 시에만 이용

일본 고속도로의 1차선은 추월 전용 차로다. 1차선을 비워두지 않고 계속 주행하면 단속에 걸릴 수도 있기 때문에, 추월한 후엔 반드시 2차선으로 들어와야 한다.

・엄격한 주차 위반, 음주 운전 단속

한국에서도 위법이며 해서는 안 되는 일이지만 일본은 특히 주차 위반, 음주 운전에 벌금 및 처벌이 무겁다. 절대 금물이다.

・일시 정지는 철저하게

표지판이나 도로 위에 '토마레止まれ(멈춤)'이라고 쓰여있으면 차나 보행자가 없어도 무조건 정지 후 주변을 살피고 출발해야 한다.

・겨울 운전에는 특히 주의

봄~가을에는 비교적 도로 상황이 괜찮지만, 겨울 운전에는 주의해야 한다. 제설 작업을 잘 해두긴 하지만 언제 어디에서 언 도로를 만날지 모르므로, 천천히 이동한다. 커브나 내리막길에서는 기어를 저단으로 두고, 정지할 땐 브레이크를 짧게 끊어 밟아가며 멈춘다. 그리고 아주 눈이 많이 내릴 땐 중앙선은커녕 도로의 경계도 보이지 않을 때가 많으므로 도로 위에 달린 경계 화살표의 도움을 받자. 눈길에 익숙한 현지인은 스노 타이어(겨울철 렌터카에 기본 장착)만 있어도 무리 없이 운전하지만, 눈 많은 길과 현지 지형에 익숙치 않은 여행자는 현지 마트에서 미리 스노 체인을 준비하는 것도 방법이다.

 숙소는 어디가 좋을까?

일본 47개 도도부현 중 온천지가 가장 많은 홋카이도에서는 여행에 지친 몸을 달랠 온천의 유무가 숙소 선택에서 매우 중요한 포인트다. 게다가 홋카이도는 도시 간 거리가 꽤 멀어 동선을 잘 고려해 숙소를 정해야 한다.

숙박할 도시 결정

홋카이도 여행은 여행자의 스타일에 따라 다양하게 구성할 수 있다. 삿포로에만 머무를 수도, 삿포로에서 오타루, 노보리베쓰까지 하루 일정으로 다녀올 수도 있다. 비에이와 후라노는 삿포로에서 당일 여행도 가능하지만 여유롭게 즐기고 싶다면 아사히카와에 숙소를 잡는 것도 선택지다. 왓카나이, 구시로, 오비히로, 기타미, 아바시리처럼 삿포로에서 이동하는 데만 육로로 반나절 이상 걸리는 곳은 1~2박 이상 계획하는 걸 추천한다. 당연히, 가능한 일찍 여행 일정을 잡고 호텔스닷컴 등 숙박 중개 사이트에서 예약하면 저렴한 숙소를 구할 확률이 높아진다.

01

휴식이 필요한 이들을 위한 료칸

🏠 치토세

시코쓰호 스이잔테이 支笏湖 翠山亭

신치토세 공항 근교에 위치한 시코쓰 호수 온천가에 있는 료칸. 여행을 시작할 때, 혹은 마무리할 때 머물면 좋다. 료칸 자체의 규모가 크고 방도 널찍하며 깨끗하다. 방은 다다미도 있지만 소파와 침대가 있어 불편하지 않고, 느긋하게 하룻밤을 보낼 수 있다. 료칸 전체 분위기가 매우 차분해서 그런지 부부 동반 여행객들이 많은 편. 아침은 일본식을 기본으로 샐러드 등은 뷔페식으로 나와 양도 충분하고 맛도 좋다.

🚶 공항에서 자동차 40분, 삿포로 시내에서 자동차 60분 / 치토세역에서 14:00, 호텔에서 11:00에 출발하는 셔틀버스 있음.
📍 千歳市支笏湖温泉 ¥ 어른 2인 30,000엔대~
📞 +81-123-25-2323 🏠 jyozankei-daiichi.co.jp/shikotsuko

🏠 오타루

오타루 고라쿠엔 おたる宏楽園

오타루 근교에 있는 거의 유일한 고급 료칸. 희소성 때문에 숙박료가 비싼 편이지만, 혼잡한 오타루 시내에서 다소 떨어져 한적하게 시간을 보낼 수 있다. 방 대부분이 온천이 딸린 타입이고, 노천탕이 함께 있는 공용 온천도 2개, 대절할 수 있는 욕실도 1개가 있다. 고라쿠엔의 온천은 알칼리성이 높아서 온천욕을 하고 나오면 피부가 맨들맨들해진다. 홋카이도의 제철 재료를 활용해 신선한 식사는 정갈하게 제공된다. 김희애 주연의 영화 〈윤희에게〉에서 첫사랑을 찾아 떠난 윤희와 딸 새봄이 묵는 료칸으로도 등장했다.

🚶 오타루역에서 아사리가와온천행 버스 약 30분
📍 小樽市新光5丁目18-2 ¥ 어른 2인 50,000엔대~
📞 +81-134-54-8221 🏠 otaru-kourakuen.com

🏠 하코다테

하나비시 花びしホテル

유노카와 온천가에 있는 료칸 스타일의 호텔. 주변에 경쟁 숙소가 많다 보니 비교적 합리적인 가격에 만족스러운 숙박이 가능하다. 치료용으로도 사용되었다는 역사 깊은 유노카와 온천을 충분히 즐길 수 있는 노천탕과 대욕탕이 1층과 7층에 마련되어 있다. 규모도 매우 크고 물이 정말 좋아서 피부가 달라지는 효과를 바로 느낄 수 있다. 저녁과 아침 식사도 맛 좋고 양도 많다.

🚶 유노카와온천역에서 도보 2분　📍 函館市湯川町1丁目16-18　💴 어른 2인 20,000엔대~
📞 +81-138-57-0131　🏠 www.hanabishihotel.com

🏠 후라노

가미호로소 カミホロ荘

도카치 온천 마을에 있는 숙소. 해발 1,200m 지점에 있어 객실이나 대욕탕에서 웅대한 산 풍경을 감상할 수 있다. 시설은 전반적으로 다소 낡은 편이고, 등산 여행객이 많아 단체 숙박객이 많은 날에 묵으면 조용한 시간을 보내기 조금 어려울 수 있다.

🚶 가미후라노역에서 자동차 약 30분　📍 空知郡上富良野町 十勝岳温泉
💴 어른 2인 15,000엔대~　📞 +81-167-45-2970
🏠 kamihorosou.com

🏠 비에이

모리노료테이 비에이 森の旅亭びえい

비에이 시로가네 온천가에 있는 료칸. 한겨울에 이 곳 노천탕에 들어가 눈이 내리는 모습을 보고 있으면 그야말로 신선놀음이 따로 없다. 직원들도 매우 친절하고 식사도 만족스럽다. 특히 일식에 어울리도록 특별히 고안해, 풋콩과 커피콩을 1:1로 블렌딩했다는 커피 맛이 일품(아침 식사 때 제공). 비에이의 대표 명소 흰 수염 폭포와 아오이케가 가까이에 있다.

🚶 비에이역에서 자동차 약 25분 / 버스 30분(시로가네온천보양센터 정류장 하차) 📍 上川郡美瑛町字白金 10522-1 💰 어른 2인 50,000엔대~
📞 +81-166-68-1500 🏠 r-resort.com

🏠 아사히카와 근교

소운쿄 조요테이 層雲峽 朝陽亭

소운쿄 온천 마을에 있는 료칸 호텔. 소운쿄가 시원하게 내려다보이는 노천탕과 대욕탕이 가장 큰 매력이다. 이곳 역시 노보리베쓰의 세키스이테이와 같은 노구치 관광 그룹에서 운영하는 곳인데, 단체 관광객이 많다는 점에서 분위기가 매우 비슷하다. 뷔페식으로 제공되는 식사도 종류가 다양하긴 하지만, 중국 여행객에게 맞춘 중국식 메뉴가 많다.

🚶 아사히카와역에서 자동차 약 1시간 30분 / 삿포로역과 아사히카와역에서 무료 셔틀버스 운행(사전 확인 및 예약 필수) 📍 上川郡上川町層雲峽溫泉
💰 어른 2인 25,000엔대~ 📞 +81-570-026-572
🏠 choyotei.com

🔼 노보리베쓰

노보리베쓰 세키스이테이 登別 石水亭

노보리베쓰 온천 마을에 있는 대형 온천 호텔. 규모가 상당히 크며 내부에 기념품 상점과 노래방 시설까지 갖추고 있다. 객실 타입도 다양하고, 식사도 여러 선택지 중에서 고를 수 있어 여러 모로 즐길 거리, 편리한 점이 많다. 다만 북적이는 곳을 싫어하는 여행자라면 추천하지 않는다.

🚶 신치토세 공항에서 자동차 약 36분 / 삿포로역(무료)과 치토세 공항 (500엔)에서 셔틀버스 운행(사전 예약 필수) 📍 登別市登別温泉町 203-1 ¥ 어른 2인 20,000엔대~ 📞 +81-570-026-570
🏠 sekisuitei.com

🔼 시레토코

기타코부시 시레토코 北こぶし知床 ホテル&リゾート

100년 전 작은 여관에서 시작했다는 기타코부시는 지금은 매우 세련된 현대식 숙소가 되어 있다. 대욕탕과 객실에서 우토로 항구가 시원하게 보이는데, 유빙 시즌엔 유빙도 볼 수 있다. 특히 족욕을 하면서 유빙 관람을 할 수 있는 유빙 테라스도 근사하다.

🚶 아바시리에서 자동차 약 1시간 20분 / JR 시레토코샤리역에서 버스 45분
📍 斜里郡斜里町ウトロ東172 ¥ 어른 2인 20,000엔대~ 📞 +81-152-24-2021
🏠 shiretoko.co.jp

온천 호텔, 료칸 이용 방법

본래 아이누족의 터전이었던 홋카이도에는 전통적인 료칸이 많지 않다. 따라서 료칸 특유의 접객 문화나
예절에 대해선 다소 관대한 편이지만 기본 문화는 익히고 방문하면 좋다.

01
도착 시간 알려주기, 약속 지키기

각종 예약 사이트를 통해 온천 호텔이나 료칸을 예약하면, 도착 시간을 입력하게 되어 있고 이메일이나 전화 예약할 때도 도착 시간을 물어본다. 이때 답변한 도착 시간에 되도록 맞춰 가는 것이 좋다. 도착 시간이 늦어져 예정된 시간에 준비된 저녁을 먹지 못할 경우 곤란한 상황이 생길 수 있다. 일정이 지연되어 늦을 것 같으면 미리 연락해 두자.

02
오카미상 혹은 나카이상의 안내

료칸에 도착하면 오카미상(여주인) 혹은 나카이상(직원)이 안내를 해준다. 웰컴 티를 건네고 각종 시설의 위치 안내 및 온천 이용 가능 시간을 알려주며 저녁 식사 시간을 묻는다.

03
유카타 갈아입기

가져간 실내복을 입어도 괜찮지만, 모처럼 료칸 여행이니 방에 준비된 유카타로 갈아입어 보자. 유카타는 성별에 관계없이 왼쪽 깃이 위로 오게 입고, 함께 준비된 오비(끈)로 단정하게 묶어 여민다. 겨울에는 다비(일본식 양말)를 신고 하오리(겉옷)를 걸친다.

04
저녁 식사 전 온천 즐기기

온천은 정해진 시간 내에 아무 때나 다녀와도 관계없지만 저녁 식사 전에 다녀오면 밥맛도 좋아지고 혈액 순환이 잘되어 소화도 잘된다.

대욕탕, 공용 온천 이용 팁

- 보통 대욕탕에는 수건이 없는 경우가 많으니 방에서 챙겨 가자.
- 입고 간 유카타를 잘 벗어 바구니에 두고, 귀중품은 열쇠가 있는 사물함에 보관한다.
- 작은 수건을 들고 들어가되, 탕 안에는 수건을 담그지 않는다.
- 탕 안에 들어가기 전엔 반드시 샤워를 하고, 머리는 단정히 묶거나 헤어 캡을 쓴다.
- 탕에서 나와서는 따로 씻지 않아도 된다고 하며(개인차가 있음), 탈의실 바닥에 물이 떨어지지 않도록 몸의 물기를 닦고 나온다.
- 대개 수건 수거함이 있으니, 젖은 수건은 그곳에 넣고 나오면 된다.

05
저녁 식사

약속한 시간에 맞춰 식당에 가거나, 방 안에서 식사를 한다. 식당에서 식사하는 경우, 손님이 식당에 간 사이에 나카이상이 방에 이불을 깔아 두는 곳도 있다. 그리고 저녁 먹을 때 다음 날 아침 식사 시간을 예약하게 된다.

06
료칸은 후불제

대부분의 료칸은 체크아웃 시에 숙박료와 식사에 곁들인 음료수 비용을 지불한다.

접근성 좋은 도심의 호텔

🔺 삿포로

게이오 플라자 호텔 京王プラザホテル札幌

삿포로역 가까이에 있으며 4성급인데도 가격이 합리적이다. 전반적으로 체계가 잘 갖춰져 있고 직원들도 친절하며 방 상태가 청결하다. 18층부터는 프리미엄, 럭셔리 플로어여서 삿포로 시내가 아름답게 내려다보인다. 호텔에서 출발하는 공항 버스(1,100엔)가 있어 여행 마지막 날 숙박하면 공항까지 편리하게 이동 가능하다.

🚶 삿포로역에서 도보 5분 📍 札幌市中央区北5条西7丁目2番地1
💴 2인 15,000엔대~ 📞 +81-11-271-0111
🏠 www.keioplaza-sapporo.co.jp

🔺 삿포로

프리미어 호텔 나카지마 공원

プレミアホテル 中島公園

호텔 객실에서 호헤이칸과 나카지마 공원이 내려다보인다. 겨울에는 눈이 아름답게 내려앉은 설경, 가을에는 단풍 절경, 봄과 여름엔 싱그러운 신록을 감상할 수 있다. 스스키노까지도 걸어서 15분 정도 거리라 여행의 밤을 즐기기에도 부족함이 없다. 다만 삿포로역 주변 호텔보다는 교통이 불편하니 삿포로역과 호텔을 오가는 무료 셔틀버스와 공항을 오가는 버스를 잘 활용해 보자.

🚶 지하철 나카지마공원역에서 도보 5분 📍 札幌市中央区南10条西6丁目1-21 💴 2인 10,000엔대~ 📞 +81-11-561-1000
🏠 premier.premierhotel-group.com

🔺 오타루

오센트 호텔 오타루 オーセントホテル小樽

오타루역 근처에 위치한 3성급 호텔로, 시설은 다소 낡았지만 포장마차 거리인 렌가요코초 바로 앞에 있어 밤에 술 마시기도 좋고 오타루역, 스시 거리, 운하 모두 걸어서 이동 가능하다. 오타루는 작은 도시라 호텔의 선택지가 넓지 않고, 호텔 컨디션에 비해서 삿포로보다는 가격이 높다.

🚶 오타루역에서 도보 8분
📍 小樽市稲穂2丁目15-1
💴 2인 15,000엔~ 📞 +81-134-27-8100
🏠 www.authent.co.jp

▲ 후라노

후라노 프린스 호텔&신 후라노 프린스 호텔
富良野プリンスホテル&新富良野プリンスホテル

후라노의 상징 같은 호텔. 후라노 스키장, 골프장이 옆에 있고 호텔 부지 안에 닝구르 테라스, 바람의 가든, 카페 숲의 시계 등 다양한 즐길 거리를 완벽하게 갖췄다. 단, 프린스 호텔은 1974년, 신 후라노 프린스 호텔은 1988년에 오픈했기 때문에 객실은 많이 낡았다. 그럼에도 불구하고 골든 위크, 스키 시즌, 연말연시 등엔 서두르지 않으면 예약이 거의 불가능하다.

🚶 후라노역에서 자동차 10분　📍 **후라노** 富良野市北の峰町18-6,
신 후라노 富良野市字中御料　💴 2인 20,000엔대~
📞 +81-167-23-4111, +81-167-22-1111
🏠 www.princehotels.co.jp/furano, www.princehotels.co.jp/
shinfurano

▲ 하코다테

하코다테 국제 호텔 函館国際ホテル

몇 년 전 리뉴얼을 해서 로비 등 건물 전체 분위기가 세련되고 객실도 깨끗하며 대욕탕이 넓다. 아침도 정갈하고 맛있게 제공된다. 다만 베이 하코다테와 아침 시장 사이에 있어 어디든 10분 정도는 걸어가야 하고, 특히 밤에 방문하는 다이몬요코초도 1km 정도 떨어져 있어서 한겨울이나 날씨가 좋지 않은 날엔 불편할 수 있다.

🚶 하코다테역에서 도보 8분　📍 函館市大手町5-10
💴 2인 10,000엔대~　📞 +81-138-23-5151
🏠 www.hakodate-kokusai.jp

▲ 도마무

호시노 리조트 도마무 星野リゾート トマム

호텔은 리조나레 도마무와 더 타워 각각 2개, 총 4개 동이 있다. 구름을 테마로 꾸민 구름 스위트룸이나 연어룸, 애완동물과 함께 숙박할 수 있는 방, 대가족이 함께 머물 수 있는 방 등 객실 구성이 가족 단위 여행객에 맞춰져 있다. 실제로 가족 숙박객이 많으며 중국인 비중이 상당히 높다.

🚶 도마무역에서 셔틀버스 5~10분
📍 勇払郡占冠村字中トマム
💴 2인 30,000엔대~　📞 0167-58-1111
🏠 www.snowtomamu.jp

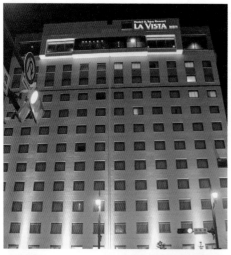

도미인·라비스타 ドーミーイン·ラビスタ

일본 전국은 물론 서울에도 1개 지점을 운영 중인 비즈니스 호텔 체인. 홋카이도에도 12개 지점이 있다. 삿포로, 아사히카와, 후라노, 오타루, 오비히로, 구시로, 왓카나이, 아바시리, 기타미 등 주요 도시마다 지점이 있으며, 어디서든 상향 평준화된 서비스를 제공하는 게 장점이다. 게다가 온천까지 즐길 수 있어 가성비와 가심비 모두 중시하는 여행자라면 도미인이나 같은 회사 브랜드인 라비스타를 권한다.

¥ 2인 10,000엔대~ 🏠 www.hotespa.net/dormyinn

도미인 삿포로 아넥스
🚶 스스키노역에서 도보 7분 📍 札幌市中央区南三条西6丁目10-6
📞 +81-11-232-0011

도미인 프리미엄 삿포로
🚶 스스키노역에서 도보 7분 📍 札幌市中央区南2条西6丁目4-1
📞 +81-11-232-0011

도미 인 프리미엄 오타루
🚶 오타루역에서 도보 2분 📍 小樽市稲穂3-9-1
📞 +81-13-421-5489

도미 인 아사히카와
🚶 아사히카와역에서 도보 15분 📍 旭川市五条通6丁目964-1
📞 +81-16-627-5489

도미 인 왓카나이
🚶 왓카나이역에서 도보 4분 📍 稚内市中央2-7-13
📞 +81-16-224-5489

숙소 예약하기

우선 네이버나 구글에서 지역명+숙박 타입(예 삿포로 호텔, 노보리베쓰 료칸 등)으로 검색해서 원하는 숙박 시설을 찾는다. 숙박 시설명으로 재검색하여 가격 비교를 확인하자. 가격이 가장 저렴하게 나온 사이트로 이동하여 예약해도 좋고, 본인이 즐겨 찾는 사이트로 이동하여 예약을 진행해도 좋다 (10박 시 1박 무료 등의 혜택 있음).

🏠 **예약 사이트**
· 호텔스닷컴 hotels.com
· 아고다 agoda.com
· 부킹닷컴 booking.com
· 자란넷 www.jalan.net/kr
· 트래블 라쿠텐 travel.rakuten.co.kr
· 스카이스캐너 www.skyscanner.co.kr/hotels

주의 사항

① 렌터카로 여행하면 호텔에 주차를 해야 하는데, 대부분의 호텔이 1,000~2,000엔 정도의 주차 요금을 받으니 예약 시 확인해서 예산에 포함하는 것이 좋다.

② 글로벌 숙박 예약 사이트에서는 대부분 선불로 숙박료를 지불하지만, 보통 료칸의 경우 후불제다. 후불제라고 해서 취소 수수료 정책이 없는 것은 아니니 꼭 확인해 두자.

③ 온천이 있는 숙박 시설은 1인당 150엔 정도의 온천 입욕세를 징수하기도 한다. 온천 사용 여부와 관계없이 내야 한다.

찾아보기

찾아보기

🛍 상점

🍴 맛집

찾아보기